I0070642

BIBLIOTHÈQUE DES CONNAISSANCES UTILES

———

LES

VACHES LAITIÈRES

8° S
8743

Cagny. *Précis de thérapeutique, de matière médicale et de pharmacie vétérinaires*, par P. CAGNY, président de la Société centrale de médecine vétérinaire de France. 1892, 1 vol. in-18 jésus avec figures. . . . . 6 fr.

Champetier (P.). *Les maladies du jeune cheval.* 1892, 1 vol. in-18 jésus de 348 pages avec 8 planches en couleurs. . . . 6 fr.

Cornevin (Ch.). *Traité de zootechnie générale*, 1891, 1 vol. gr. in-8 de 1088 pages avec 204 figures et 4 pl. coloriées. . . . 22 fr.

— *Traité de zootechnie spéciale.* I. Les Oiseaux de basse-cour : Cygnes, oies, canards, paons, faisans, pintades, dindons, coqs, pigeons. 1895, 1 vol. gr. in-8, 322 pages, avec 4 planches coloriées et 116 figures intercalées dans le texte. . . . 8 fr.

II. Les petits mammifères de la basse-cour et de la maison : Cobayes, lapins, chats et chiens. 1 vol. *Sous presse.*

Cornevin et **Lesbre.** *Traité de l'âge des animaux domestiques*, d'après les dents et les productions épidermiques. 1893, 1 vol. gr. in-8 de 462 pages, avec 211 fig. . . . . 15 fr.

Buchard. *Le matériel agricole.* Machines, outils, instruments employés dans la grande et la petite culture. 1890, 1 vol. in-16 de 384 pages, avec 142 figures (*Bibl. des conn. utiles*).. . . 4 fr.

— *Les constructions agricoles et l'Architecture rurale.* 1891, 1 vol. in-16 de 392 pages, avec 143 fig. (*Bibl. des conn. utiles*). . 4 fr.

Encyclopédie vétérinaire publiée sous la direction de C. Cadéac, professeur à l'Ecole vétérinaire de Lyon, avec la collaboration de MM. H. Boucher, Bournay, Conte, Guinard, Thary, Careau, Delaud, Gallier, Morey, Stourbe. 20 volumes in-18 jésus de 400 à 500 pages, avec figures, à 5 fr. le volume cartonné.

Pathologie générale et Anatomie pathologique générale des animaux domestiques, par C. Cadéac. 1893, 1 vol. de 480 pages, avec 40 fig.. 5 fr.

Séméiologie et diagnostic, par C. Cadéac. 2 vol. avec fig. . 10 fr.

Hygiène des animaux domestiques, 1894, par H. Boucher, chef des travaux à l'Ecole vétérinaire de Lyon. 1 vol. avec fig.. . . 5 fr.

Médecine opératoire, par C. Cadéac, 1896, 1 vol. . . . . 5 fr.

Maréchalerie, 1896, par Thary. 1 vol. avec fig. . . . . 5 fr.

Thérapeutique vétérinaire, 1896, par M. Guinard, chef des travaux à l'Ecole vétérinaire de Lyon, 1 vol. . . . . 5 fr.

Police sanitaire des animaux, par A. Conte. 1 vol. . . . 5 fr.

Ferville (E.). *L'industrie laitière*, le lait, le beurre, le fromage, 1888, in-18, 384 pages avec 88 figures. . . . . 4 fr.

Rélier (L.). *Guide pratique de l'élevage du cheval*, organisation et fonctions, extérieur, régions, aplombs, proportions, mouvements, allures, âges, robes, signalements. examen du cheval en vente, hygiène, différences individuelles, agents hygiéniques, maréchalerie, reproduction et élevage, art des accouplements. 1889, 1 volume in-16 de 382 pages avec 128 figures, cartonné. . 4 fr.

Signol. *Aide-Mémoire du vétérinaire.* Médecine, chirurgie, obstétrique, formules, police sanitaire et jurisprudence commerciale. *Deuxième édition revue et augmentée.* 1894, 1 vol. in-18 de 648 pages, avec 411 fig., cart. . . . . 7 fr.

CHARTRES. — IMPRIMERIE DURAND, RUE FULBERT.

ÉMILE THIERRY

VÉTÉRINAIRE, PROFESSEUR DE ZOOTECHNIE,

DIRECTEUR DE L'ÉCOLE PRATIQUE D'AGRICULTURE DE LA BROSSE (YONNE)

LES

VACHES LAITIÈRES

Avec 75 figures intercalées dans le texte

CHOIX. — ENTRETIEN.

PRODUCTION. — ÉLEVAGE. — MALADIES.

PRODUITS. — ETC.

PARIS

LIBRAIRIE J.-B. BAILLIÈRE ET FILS

19, RUE HAUTEFEUILLE, PRÈS DU BOULEVARD SAINT-GERMAIN

1895

Tous droits réservés

A Monsieur Ch. Cornevin, *professeur de zootechnie à l'École nationale vétérinaire de Lyon.*

Mon cher Confrère,

Vous accepterez bien d'être le parrain de ce petit livre, puisque vous en êtes déjà le père... *in partibus.* C'est à vos nombreux travaux actuels et à votre bienveillante confiance que je dois de l'avoir écrit.

Quel que soit l'accueil qui lui est réservé, je peux dire que c'est une œuvre de conscience. J'ai cherché à être utile, et surtout à la classe moyenne des petits cultivateurs, plus ou moins instruits et, parfois, assez mal installés et outillés, faute de ressources suffisantes.

Pour ce faire, j'ai dû établir une espèce de tableau de l'état actuel des connaissances en ce qui touche la *vache laitière*, des expériences faites et des résultats acquis. J'ai donc dû emprunter à tous ceux qui se sont occupés de la matière ; à vous particulièrement et surtout, mon cher confrère. J'ai mis à profit votre *Traité de Zootechnie générale*, votré *Traité de l'âge des ani-*

maux domestiques (en collaboration avec M. Lesbre), votre excellent petit livre sur la *production du lait*. Vous aviez bien voulu me donner d'avance la plus large et la plus amicale des autorisations. J'en ai non moins largement usé et je vous en exprime ici ma sincère gratitude.

Vous êtes, d'ailleurs, en excellente compagnie, car j'ai mis aussi à contribution, sans parler des grands journaux agricoles : le *Journal d'Agriculture pratique*, le *Journal de l'Agriculture*, Magne, Eug. Tisserant, MM. Chauveau, Arloing et G. Colin, les travaux récents de MM. Duclaux, Nocard, Peuch, Rossignol, Dechambre, tous maîtres ou amis, de nos confrères Signol, Marlot et Éloire, de Léouzon, d'Aujollet ; et enfin le si précieux ouvrage de M. J. Crevat, *e tutti quanti*.

C'est à l'aide de tous ces collaborateurs que j'ai pu mettre mon travail « au point de la modernité » ; et je ne crois pas avoir omis de nommer aucun de ceux auxquels j'ai dû faire quelques emprunts.

A tous, j'offre l'expression de ma reconnaissance sans oublier MM. Baillière qui ont constamment cherché à me faciliter le travail.

J'ai divisé mon livre en vingt chapitres, dont je vais vous donner quelques titres, afin que vous ne parcouriez que ceux qui pourraient avoir quelque intérêt (?) pour vos travaux habituels : Le premier est consacré à quelques notions d'anatomo-physiologie. C'est vous,

avec votre collaborateur, M. Lesbre, qui faites presque
tous les frais du second. Dans le troisième et le quatrième, j'étudie les principales races bovines françaises
et étrangères, ayant un intérêt particulier au point de
vue de la production laitière.

J'ai consacré un chapitre à la production du lait et
à l'importance économique de la vache laitière, ainsi
qu'à l'anatomie et à la physiologie de la glande mammaire.

Dans le choix des laitières, vous pensez bien que je n'ai
oublié ni Guénon, ni Sanson, ni Baron, ni Rossignol
et Dechambre, ni vous-même. Assez longuement, j'ai
traité de l'hygiène de la vache laitière : habitation et
alimentation. C'est ici surtout que j'ai utilisé les travaux si remarquables de J. Crevat, en tenant compte
de vos recherches et de celles de M. Aimé Girard.

Après avoir parlé de la traite, je suis entré, par un
long chapitre, dans des considérations étendues sur
tout ce qui concerne la production et l'élevage des
bovins. J'ai cru utile de donner quelques conseils pratiques sur l'achat de la vache laitière.

Dans le chapitre XVI, je passe rapidement en revue,
par ordre alphabétique, les principales maladies qui
peuvent affecter la vache et son veau. Puis, il m'a bien
fallu parler de la laiterie, du lait et des dérivés de ce
produit, je l'ai fait brièvement.

Je n'ai pas cru, dans l'état actuel des connaissances

médicales, pouvoir passer sous silence l'emploi thérapeutique du lait de vache.

Enfin, dans le dernier chapitre, je consacre quelques pages à la statistique des vaches laitières en France.

Vous le voyez, mon cher confrère et ami, j'ai eu surtout la préoccupation de réunir, en un nombre restreint de pages, tout ce qui peut intéresser les propriétaires de vaches laitières; ceux qui ignorent les grands travaux scientifiques et ceux qui n'ont pas le temps de les lire. C'est pour eux que j'en ai extrait la « substantifique moëlle ».

Et maintenant... voyez et jugez.

Recevez, mon cher confrère, l'expression de mes meilleurs sentiments.

ÉMILE THIERRY.

La Brosse, le 4 mai 1895.

LES VACHES LAITIÈRES

« La vache réunit en elle tous les caractères, toutes les qualités qui donnent à l'espèce bovine son importance au point de vue de l'Agriculture et de l'économie domestique. » (E. TISSERAND.)

CHAPITRE Iᵉʳ

I. — LES BOVIDÉS DANS LA CLASSIFICATION ZOOLOGIQUE

Le bœuf domestique est un vertébré, de la classe des mammifères, de l'ordre des bisulques, sous-ordre des ruminants, genre *Bos*, espèce *taurus*. Il est herbivore.

Le genre bœuf a 8 incisives à la mâchoire inférieure, 12 molaires, 6 de chaque côté à chaque mâchoire. Mais souvent on trouve 4 petites molaires supplémentaires, 2 en haut et 2 en bas. Il n'y a jamais de crochets ou canines. La formule dentaire peut s'écrire:

$$\frac{0-0-12-2}{8-0-12-2}$$

Les caractères du bœuf domestique sont les suivants : c'est un animal à corps robuste et volumineux dont les membres sont relativement courts. Le bout du nez, confondu avec la lèvre supérieure, est toujours nu et humide à l'état de santé. Le front est large, plat ou plus ou moins concavé. La langue est rude, à papilles cornées. Le mâle et la femelle ont des cornes divergentes, creuses, emboîtées dans des chevilles osseuses, dépendances de l'os frontal. Les cornes, dont la coupe est ronde ou elliptique à la base, apparaissent vers l'âge de 15 à 20 jours recouvertes d'un épiderme velu disparaissant en très peu de temps. La robe ou le pelage est très variable, ne présentant en général que des nuances de quatre couleurs différentes, plus ou moins mélangées deux à deux. Souvent aussi deux couleurs de poils se trouvent sur le même individu par larges surfaces nettement tranchées. Dans ce cas l'une des couleurs est toujours blanche. La femelle, appelée vache, a quatre mamelles inguinales, rarement plus. Cependant certaines races présentent six mamelons, trayons ou tétines. La vache est unipare, son petit se nomme *veau* ou *véle* suivant son sexe. On appelle *génisse* la femelle qui n'a pas encore 3 ans, et *bouvillon* le jeune mâle du même âge. On réserve le nom de *bœuf* pour le mâle émasculé qui s'appelait *taureau* avant l'opération.

La voix de ces animaux est très forte surtout chez les mâles. On l'appelle *mugissement*.

ORIGINE. — Selon Cuvier, le bœuf domestique dérive du *Bos primigenius*. Suivant les paléontologistes modernes, une seule race, la Vendéenne, descendrait du *Bos primigenius*. D'autres races, celle des Pays-Bas, par exemple, aurait pour ancêtre le *Bos longifrons*, tandis que la race des Alpes viendrait du *Bos brachyceros* et celle du Jura du *Bos frontosus*.

Cette descendance du bœuf domestique n'a qu'une bien médiocre importance pour les praticiens; les savants eux-mêmes n'étant pas d'accord sur ce sujet de haute science. Ce qui est certain, c'est l'ancienneté de la domestication des diverses races de bovidés. Il est très probable que dès l'origine, ou à une époque voisine, l'homme a eu le bœuf et sa femelle pour compagnons, lui donnant en même temps leur chair et leur lait.

II. — NOTIONS D'ANATOMIE ET DE PHYSIOLOGIE DES BOVIDÉS

Il ne nous paraît pas utile d'entrer dans de longues considérations anatomo-physiologiques qui ne sauraient être complètes. Outre qu'elles seraient inutiles pour ceux qui savent, elles seraient insuffisantes pour les non initiés à ces études spéciales.

Nous nous contenterons d'indiquer par une figure et une légende, les diverses parties du corps de la vache (fig. 1).

La constitution du squelette n'a aucune particularité intéressante pour le praticien qui produit, élève, entretient des vaches laitières. Cependant nous donnons une figure représentant un squelette de bovidé avec l'indication des noms des diverses parties constitutives (fig. 2).

Le système musculaire ne nous paraît pas non plus devoir arrêter le lecteur, bien que cependant tout bovidé doive être livré à la boucherie à un âge plus ou moins avancé.

La fonction de la respiration n'a pas de caractère particulier à signaler, si ce n'est le peu de densité du tissu propre du poumon qui, dans le cas d'inflammation, présente des lésions tout à fait spéciales.

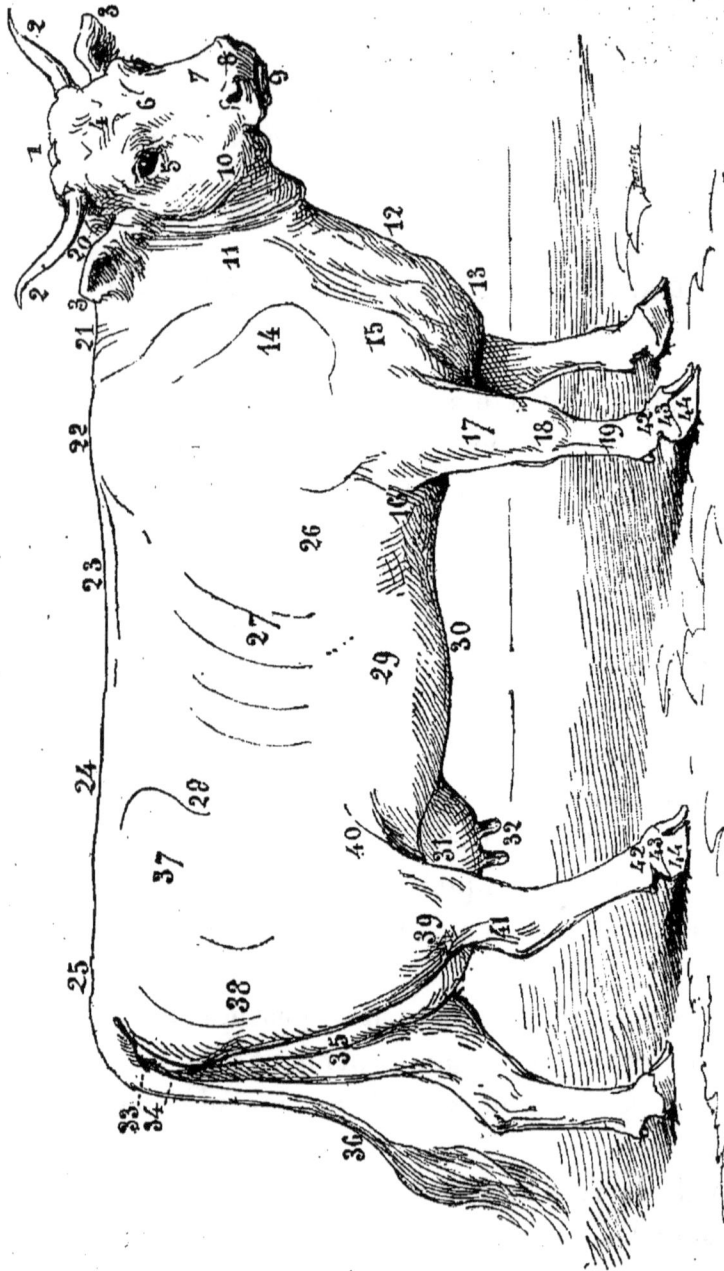

Nomenclature zootomique.

1. La tête.
2. Les cornes.
3. Les oreilles.
4. Le front.
5. Les yeux.
6. La face ou chanfrein.
7. Le mufle.
8. Les naseaux avec le miroir.
9. La bouche et les lèvres.
10. La ganache.
11. Le cou.
12. Le fanon.
13. Le poitrail.
14. L'épaule.
15. L'articulation de l'épaule.
16. Le coude.
17. L'avant-bras.
18. Le genou.

19. Le canon de devant.
20. La nuque.
21. Le chignon.
22. Le garrot.
23. Le dos.
24. Les reins.
25. La croupe.
26. Le thorax ou poitrine.
27. Les côtes.
28. Le flanc.
29. Le ventre.
30. L'ombilic.
31. Le pis.
32. Les trayons.
33. L'anus.
34. La vulve.
35. Le périnée entre la vulve et le pis.

36. La quene.
37. La hanche.
38. La fesse.
39. La cuisse.
40. La rotule.
41. Le jarret.
42. Le boulet.
43. Le paturon.
44. Le sabot.

Fig. 1. — 1 vache avec l'indication des régions du corps.

La circulation offre cette particularité de la prédominance du système veineux sur le système artériel.

Le système lymphatique est très développé. Ses vaisseaux sont nombreux et charrient une grande quantité de lymphe.

L'innervation est, d'une manière générale, la même que chez tous les mammifères. Toutefois le bovin

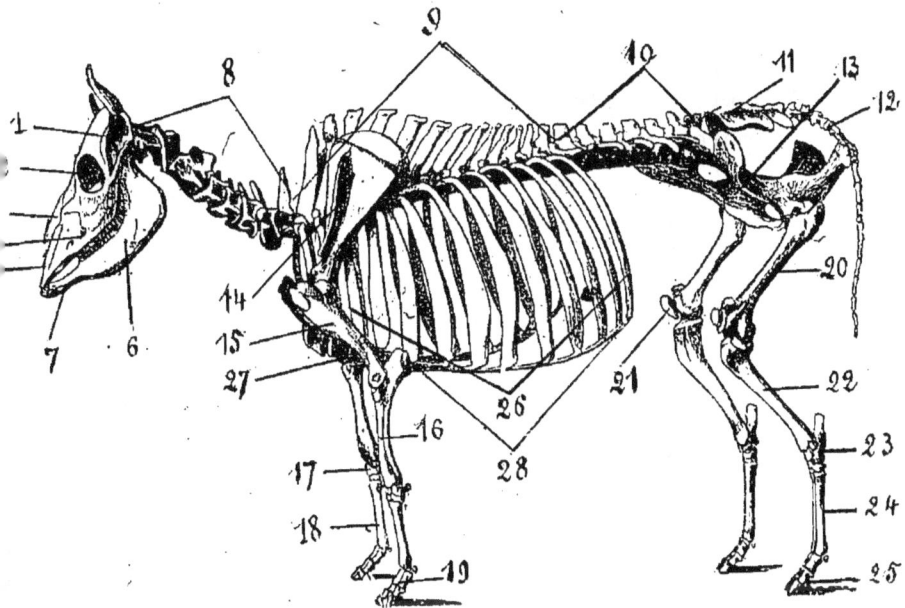

FIG. 2. — Squelette de bovidé.

1. Frontal et chevilles osseuses. — 2. Orbite. — 3. Susnaseaux. — 4. Petit susmaxillaire. — 5. Grand susmaxillaire. — 6. Maxillaire inférieur. — 7. Arcade incisive. — 8. Vertèbres cervicoles. — 9. Vertèbres dorsales. — 10. Vertèbres lombaires. — 11. Sacrum. — 12. Vertèbres coccyginnes. — 13. Bassin ou os coxaux. — 14. Scapulum ou Omoplate. — 15. Humerus. — 16. Radius et Cubitus. — 17. Carpe. — 18. Métacarpe. — 19. Phalanges. — 20. Fémur. — 21. Rotule. — 22. Tibia. — 23. Tarse. — 24. Métatarse. — 25. Phalanges. — 26. Côtes. — 27. Sternum. — 28. Hypochondres.

paraît avoir une sensibilité moins vive que celle qui se rencontre chez d'autres espèces : cheval, chien, etc.

Les organes des sens n'offrent rien de remarquable,

si ce n'est que la sensibilité tactile paraît être, comme la sensibilité générale, peu accusée, en tout cas moins fine que chez d'autres animaux.

Mais comme la vache est, avant tout, une machine de production par transformation de matières alimentaires, nous devons faire une étude spéciale, sinon de tout l'appareil digestif, au moins de l'estomac qui a un rôle tout particulier chez le ruminant.

Après l'étude anatomique de l'organe, nous étudierons la physiologie de la rumination.

L'appareil stomacal, admirablement disposé pour remplir l'acte de la rumination, a un très grand développement. Il se divise en quatre poches bien séparées les unes des autres et qui sont, pour quelques auteurs, considérées comme autant d'estomacs.

C'est le Traité d'anatomie comparée des animaux domestiques de MM. Chauveau et Arloing, que nous allons mettre à contribution pour la description de cet énorme appareil.

Estomacs. — L'estomac, ou mieux, les estomacs de la vache représentent une masse considérable qui remplit la plus grande partie de la cavité abdominale, et dont la capacité moyenne est de 200 à 250 litres. L'un d'eux, le *rumen*, constitue les neuf dixièmes de la masse totale : c'est lui qui porte l'insertion de l'œsophage. Les trois autres, c'est-à-dire le *réseau*, le *feuillet* et la *caillette*, forment une courte chaîne continue avec la partie gauche et antérieure du rumen. La caillette seule doit être considérée comme un véritable estomac capable de digérer les aliments. Les trois autres compartiments ne seraient, en quelque sorte, que des renflements de l'*œsophage*, organe chargé de conduire les aliments de l'*arrière-bouche* dans l'estomac.

RUMEN. — (Fig. 3.) Il est vulgairement appelé *panse*. Il occupe, à lui seul, les trois quarts de la cavité abdominale, dans laquelle il affecte une direction inclinée de haut en bas, et de gauche à droite.

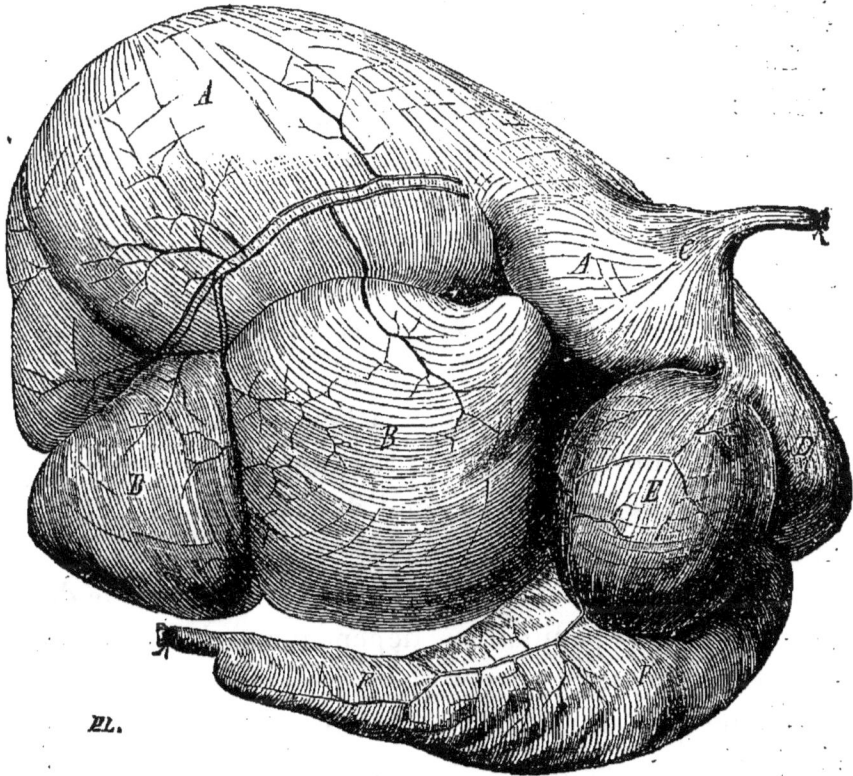

FIG. 3. — Estomacs du Bœuf, vus par leur face droite et supérieure, la caillette étant abaissée.

A, rumen (hémisphère gauche) ; *B*, rumen (hémisphère droit) ; *C*, terminaison de l'œsophage ; *D*, réseau ; *E*, feuillet ; *F*, caillette (Chauveau et Arloing).

Conformation extérieure. — Allongé d'avant en arrière et déprimé de dessus en dessous, il présente :

une *face inférieure* et une *face supérieure* divisées en deux régions par des scissures plus apparentes aux extrémités de l'organe ; un *bord gauche* et un *bord droit*, une *extrémité postérieure* divisée en deux lobes ; une *extrémité antérieure* également échancrée. Ces deux échancrures divisent le rumen en deux sacs, l'un *droit*, et l'autre *gauche*. Cette division est plus manifeste à l'intérieur.

Le *bord gauche* touche la partie la plus élevée du flanc et la région sous-lombaire. C'est précisément la région du flanc gauche qui est le lieu de prédilection de l'opération de la *ponction du rumen*.

Dans la femelle pleine, l'utérus se prolonge en avant sur la face supérieure de la panse.

Intérieur. — (Fig. 4.) On trouve à l'intérieur du rumen des cloisons incomplètes, qui répètent la division en deux sacs déjà si marqués à l'extérieur. Ces cloisons, au nombre de deux, représentent de gros piliers charnus qui répondent au fond des échancrures indiquées aux extrémités du viscère.

La surface intérieure est hérissée d'une multitude de prolongements papillaires, dépendances de la membrane muqueuse.

L'intérieur du rumen présente deux ouvertures situées à l'extrémité antérieure du sac gauche : l'une est l'orifice œsophagien, percé dans la paroi supérieure, dilaté en entonnoir, et prolongé sur la petite courbure du réseau par une courbure sur laquelle nous reviendrons plus loin ; l'autre, placée au-dessous, traverse le fond du cul-de-sac d'avant en arrière, et fait communiquer la panse avec le réseau.

Structure. — Comme tous les organes creux de

l'abdomen, le rumen est constitué par trois membranes:
une *séreuse*, une *charnue* et une *muqueuse*.

La première est une dépendance du péritoine qui se
replie pour former le grand *épiploon*.

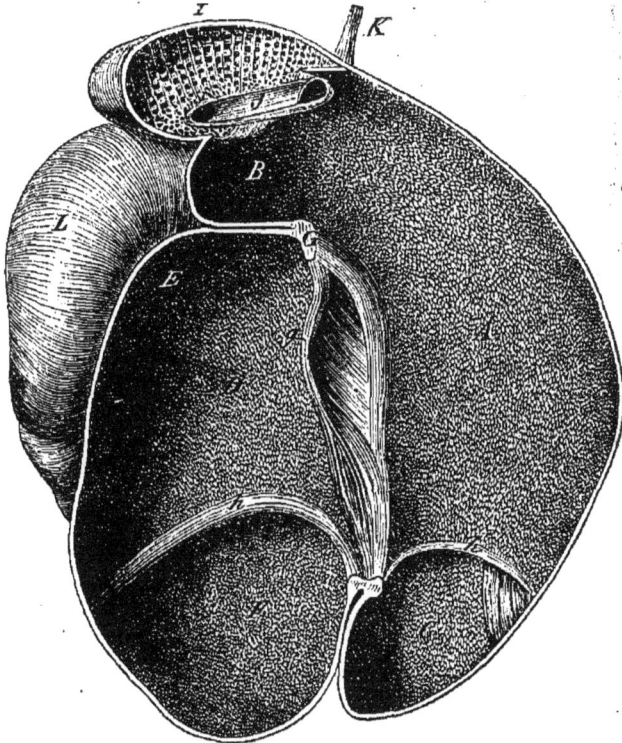

Fig. 4. — Plan supérieur du rumen et du réseau avec la gouttière
œsophagienne.

A, sac gauche du rumen ; *B*, extrémité antérieure de ce sac renversé sur le
sac droit ; *C*, extrémité postérieure du même ou vessie conique gauche ;
D, sac droit ; *E*, son extrémité antérieure ; *F*, la postérieure, ou vessie
conique droite ; *G*, coupe du pilier antérieur du rumen ; *gg*, ses deux
branches supérieures ; *H*, pilier postérieur du même ; *hhh*, ses trois
branches inférieures ; *I*, cellules du réseau ; *J*, gouttière œsophagienne ;
K, œsophage ; *L*, caillette.

La *membrane charnue* ou *musculeuse* est très épaisse
surtout dans les régions où elle constitue les *piliers* du
rumen.

E. Thierry. Vaches laitières.   1.

La muqueuse est d'une grande épaisseur ; c'est elle qui porte l'appareil papillaire susindiqué. Elle a un *epithelium* pavimenteux très fort et friable d'une réparation rapide et facile.

Réseau. — Il est aussi désigné sous le nom de *Bonnet*. Cet estomac, le plus petit de tous, est allongé d'un côté à l'autre, légèrement incurvé sur lui-même et placé transversalement à l'extrémité antérieure du sac gauche du rumen dont il ne paraît être qu'un prolongement.

Il a deux faces, deux courbures et deux extrémités.

La surface *intérieure* de cet organe est divisée par les lames de la membrane muqueuse en cellules polyédriques d'un joli aspect (fig. 4). Ces cellules, rappelant les cellules des abeilles, sont de dimensions variables et plus larges et plus profondes dans le fond de l'organe.

C'est dans le réseau que s'arrêtent, se piquent et s'implantent le plus ordinairement les corps étrangers avalés par les vaches. On en trouve toujours ; ce sont des pierres, des aiguilles, des épingles de toute sorte. Les plus dangereuses sont les aiguilles qui, sortant du réseau, vont, par un mécanisme particulier, se piquer dans le péricarde ou dans le cœur même, amenant ainsi la mort assez rapide. Nous reviendrons sur cet accident en traitant des maladies de la vache laitière.

Le réseau est en communication, par deux ouvertures particulières, avec le rumen et avec le feuillet. L'ouverture qui fait communiquer le réseau au feuillet est très petite et se trouve reliée à l'infundibulum œsophagien par une gouttière appelée œsophagienne dont il va être question plus loin.

La séreuse du réseau ne l'enveloppe pas tout entier.

En avant il y a interruption résultant de l'accolement de l'organe au diaphragme. La musculeuse est assez mince. L'epithelium de la muqueuse très épais est corné à l'extrémité des papilles.

Gouttière œsophagienne. — Cette gouttière (fig. 4), ainsi appelée parce qu'elle semble continuer l'œsophage à l'intérieur même des estomacs, s'étend sur la petite courbure du réseau, depuis l'ouverture de l'œsophage dans le rumen jusqu'à l'entrée du feuillet. Elle a 15 à 20 centimètres de longueur. Les deux lèvres de la gouttière renflées à leur bord libre se rejoignent très facilement pour former un canal complètement fermé.

FEUILLET. — Ce troisième estomac est vulgairement appelé *mille-feuilles, livret, psautier.* Il est plus grand que le réseau. Il est situé au-dessus du cul-de-sac de ce dernier et à l'extrémité antérieure du cul-de-sac droit du rumen (fig. 3). Quand il est plein, le feuillet présente une forme ovoïdale légèrement incurvée en sens inverse du bonnet, et déprimé d'avant en arrière. Il a une *face antérieure* touchant le diaphragme ; une *face postérieure* appuyée sur la panse ; une *grande courbure* en haut, une *petite courbure* en bas répondant au réseau, une *extrémité gauche* avec un col répondant à l'orifice de communication entre le réseau et le feuillet ; une *extrémité droite.*

A l'intérieur, le feuillet présente les deux orifices placés à ses extrémités. Le droit, qui s'ouvre dans la caillette, est plus large que le gauche communiquant avec le réseau. La cavité du feuillet est remplie par des lames inégalement développées, qui suivent la longueur du feuillet. Ces lames ont un bord adhérent attaché, soit dans la grande courbure, soit sur les faces de l'organe, et au bord libre tourné vers la petite courbure.

Les faces des lames sont couvertes de mamelons très durs, gros comme des grains de millet. Entre les lames principales de grande dimension, il en existe d'autres de plus en plus étroites et assez régulièrement disposées. L'espace compris entre les lames est toujours rempli par des matières alimentaires très atténuées, ordinairement imprégnées d'une très petite quantité de liquide, souvent sèches et quelquefois durcies en plaques compactes.

Il y a, comme pour les autres divisions de l'ensemble stomacal, trois membranes superposées, composant le feuillet : une séreuse, une musculeuse et une muqueuse. On trouve des fibres musculaires dans la structure des lames. L'épithelium de la muqueuse est très épais.

CAILLETTE. — (Fig. 3.) La caillette, qu'on appelle aussi *franche-mule,* doit tenir son nom de la propriété que possède sa muqueuse, macérée dans l'eau légèrement salée, de faire cailler le lait. Elle a une capacité moindre que celle du rumen et plus grande que celles du réseau et du feuillet, à la suite duquel elle est placée au-dessus du sac droit de la panse. La *grande courbure* de la caillette est tournée en bas ; la *petite courbure* regarde en haut. La *base* ou grosse extrémité est en contact avec le cul-de-sac du réseau ; la *pointe* dirigée en haut et en arrière se continue avec la première portion de l'intestin grêle ou duodenum.

Intérieur. — La caillette est l'estomac proprement dit des ruminants. Sa muqueuse a tous les caractères de celle de l'estomac des animaux monogastriques et du sac stomacal droit des solipèdes. Elle est fine, mince, molle, spongieuse, douce au toucher, rougeâtre ou plutôt *rosâtre*. L'épithélium de la muqueuse très mince lui-même recouvre une grande quantité de glandules qui sécrètent le suc gastrique.

La caillette a deux ouvertures, l'une à la base qui aboutit dans le feuillet, l'autre plus étroite située à l'extrémité aiguë constitue le pylore circonscrit par un anneau musculeux qui ne permet pas normalement le retour des aliments de l'intestin dans l'estomac.

La membrane séreuse se continue avec les épiploons. La musculeuse ou charnue est mince.

Rumination. — C'est un des actes les plus importants de la fonction digestive des ruminants. Quelle que puisse être la quantité d'aliments contenus dans les estomacs d'un ruminant, l'animal mourra d'inanition si la fonction mérycique est arrêtée ou trop longtemps suspendue.

Chacun des quatres sacs constituant l'estomac des ruminants a un rôle particulier à remplir.

Le *rumen* reçoit les aliments qui y sont mis comme en réserve pendant le repas et d'où ils sont ramenés dans la bouche par l'acte de la rumination. Pendant leur séjour dans ce premier estomac, les matières alimentaires se ramollissent, subissent pendant un temps variable, mais toujours assez long, non seulement l'action des liquides, mais encore l'action de la salive. Celle-ci, en dehors de son eau de composition, renferme des principes, véritables ferments, qui transforment les hydrates de carbone (sucres, fécule, amidon, cellulose) en glycose.

Le ramollissement des aliments dans la panse et l'action prolongée de la salive expliquent comment la vache peut être nourrie avec des substances grossières, peu nutritives en général. Toutefois ces influences n'agissent guère que sur la cellulose brute contenue dans le ligneux des substances fourragères sèches que n'utilisent que peu ou pas les animaux monogastriques.

Le *réseau* participe aux fonctions du rumen, dont il n'est qu'une sorte de diverticulum. Il emmagasine surtout les liquides ; les substances solides qu'on y rencontre sont toujours délayées dans une grande quantité d'eau.

La *gouttière œsophagienne* amène dans le feuillet et dans la caillette les substances dégluties pour la seconde fois, c'est-à-dire après la rumination, ou celles que l'animal ingère en très petite quantité pour la première fois.

Le *feuillet* achève la trituration des aliments qui ne sont pas encore assez divisés pour subir utilement l'action du suc gastrique.

La *caillette* est le véritable estomac qui sécrète le suc gastrique. C'est dans cette cavité que s'opèrent les phénomènes de digestion stomacale sur les matières albuminoïdes ou quaternaires.

MÉCANISME DE LA RUMINATION. — Pendant le repas la vache saisit, avec sa langue, une grande quantité d'aliments, autant presque que la cavité buccale peut en contenir. Elle les mastique grossièrement, les enroule, en réduit le volume en les humectant de façon qu'ils puissent glisser dans l'œsophage qui les conduit à la panse. Mais celle-ci n'est jamais en état de complète vacuité. Il faut toujours un certain niveau de matières alimentaires, véritable lest, pour que la rumination puisse s'effectuer. M. G. Colin (d'Alfort), qui jusqu'ici a le mieux, parmi les physiologistes modernes, étudié cette fonction, a rencontré jusqu'à 75 et 100 kilogrammes de matières dans le rumen d'animaux à jeun depuis 24 heures.

Quand la bête a achevé son repas, elle se couche et, au bout d'un instant de repos, la rumination commence. Si on observe attentivement le sujet, on voit un soubresaut partant du flanc gauche et secouant toute la masse. Puis, immédiatement on entend un glouglou et une éructation résultant de l'expulsion de gaz par la bouche. Aussitôt, en regardant le bord inférieur de l'encolure, au niveau de la gouttière jugulaire gauche, on aperçoit une tumeur oblongue remontant rapidement de l'entrée de la poitrine à la tête. C'est le bol alimentaire de retour. C'est alors que la mastication mérycique commence.

Dans cette seconde mastication, les aliments sont complètement triturés et sont de nouveau déglutis. Ils venaient de la panse quand ils ont été amenés à la bouche, ils retournent, après cette nouvelle trituration, pour une part dans la caillette s'ils sont réduits en pulpe fine et très liquide, et pour une autre part dans le feuillet. Mais qu'ils aillent dans l'une ou l'autre de ces cavités, ils sont conduits par la gouttière œsophagienne.

La durée de la rumination est variable. Si l'animal est tranquille à l'étable, il ruminera pendant une demi-heure, une heure et plus. Il s'interrompra pendant quelques instants et reprendra jusqu'à ce qu'il soit gagné par le sommeil.

Quand les animaux ne sont pas dérangés, la rumination est continue. Dans le cas contraire ils la suspendent et la reprennent ensuite. Il n'est pas rare de voir une vache, en train de ruminer, arrêter le mouvement de la mâchoire pour chasser une mouche et continuer ensuite la trituration du bol alimentaire.

Comme je l'ai dit plus haut, pour que la rumination s'accomplisse, il faut que la panse soit modérément remplie. Si elle est surchargée, distendue, ses parois plus ou moins paralysées ne peuvent plus se contracter et réagir sur la masse alimentaire. Il importe aussi que les aliments soient suffisamment détrempés.

Il est des causes qui peuvent suspendre la rumination ou même l'empêcher de s'établir. La suspension trop longue de la rumination est toujours un signe grave de maladie. Il faut à tout prix chercher à la rétablir. Parmi les causes de la suspension de la rumination, se placent en première ligne les maladies du début, même les maladies les plus légères. L'excès d'aliments, la présence d'une grande quantité de gaz dans l'estomac, l'ingestion de plantes vénéneuses ou narcotiques sont encore des causes d'irrumination. On peut y ajouter l'époque des chaleurs, l'inquiétude des mères séparées de leurs veaux, les souffrances de toutes sortes, les opérations chirurgicales, la non délivrance, etc.

Quelles que soient les causes qui amènent la suspension de la fonction, si cette suspension se prolonge, elle devient un obstacle à son rétablissement. Les aliments se dessèchent dans la panse ; ceux du feuillet forment des tablettes très dures qu'il devient difficile de ramollir ; la musculeuse perd son ressort et la désobstruction ne s'obtient, quand c'est possible, qu'avec beaucoup de peine (G. Colin).

CHAPITRE II

CONNAISSANCE DE L'AGE

Tous les animaux de la ferme ont une valeur intrinsèque et une valeur commerciale, toutes deux variables avec l'âge du sujet. Il est dès lors nécessaire pour l'éleveur, l'acheteur et le vendeur de pouvoir apprécier aussi exactement que possible l'âge de l'animal exploité ou faisant l'objet d'une transaction.

A partir de la naissance, le jeune sujet a une valeur graduellement croissante jusqu'à l'époque du sevrage, c'est-à-dire jusqu'à l'âge de cinq à six mois. De cette époque jusqu'à un an environ, s'il s'agit d'une jeune bête bovine, la valeur commerciale reste sensiblement la même. Mais de cet âge de un an jusqu'à celui de cinq à six ans, ou plutôt jusqu'après le troisième veau, la valeur s'accroît dans une proportion notable. On considère que c'est entre cinq à six ans qu'une vache a atteint son maximum de valeur intrinsèque et commerciale, et cette valeur est à peu près invariable jusqu'à sept ou huit ans. Ensuite l'animal, ayant de moins en moins de qualités laitières, une moins grande aptitude à l'engraissement, va en déclinant jusqu'au terme fatal de la mort naturelle ou, ce qui est le plus ordinaire, du sacrifice pour la boucherie. Ces différentes valeurs, présentées par un même sujet, indiquent bien la nécessité de l'étude des caractères à l'aide desquels il est possible de déterminer très approximativement, à quelques mois près, l'âge d'une vache quelconque

Toutefois, passé dix à onze ans, il n'est plus guère possible d'arriver à cette approximation.

Il y a deux procédés différents d'appréciation de l'âge. On peut connaître l'âge à l'aide des dents ou à l'aide des cornes. Mais le plus souvent on contrôle les indications des unes par les indications des autres.

Les auteurs, assez nombreux, qui ont traité de la connaissance de l'âge, ont fait intervenir dans les caractères qu'ils indiquent, les modifications subies par les dents molaires. Mais ces caractères sont assez difficiles à préciser pour que nous ne jugions pas à propos de les utiliser dans cette étude rapide. Nous nous contenterons des observations faites sur les dents incisives et sur les cornes.

Nous croyons devoir donner quelques notions anatomo-physiologiques sur les dents incisives sans lesquelles il nous paraît impossible de déterminer l'âge exact des sujets soumis à l'examen de l'observateur. Pour cette étude, nous nous aiderons de l'excellent *Traité de l'âge des animaux domestiques* de MM. Cornevin et Lesbre.

I. — DES DENTS.

Comme chez tous les mammifères, il y a deux périodes parfaitement distinctes dans l'évolution et le développement des dents des bovidés. En d'autres termes il y a réellement *deux dentitions*.

La première dentition court de la naissance jusqu'à l'époque où ces dents, dites *dents de lait* ou *dents caduques,* tombent pour faire place à d'autres qui sont appelées *dents de remplacement, dents persistantes* ou dents de seconde dentition.

- Il y a, suivant l'âge des animaux, deux formules dentaires :

Formule de la première dentition : -

$$\frac{0—0—6}{8—0—6}$$

C'est-à-dire pas d'incisives supérieures, 8 incisives inférieures, pas de canines, 6 molaires supérieures et 6 inférieures.

Formule de la seconde dentition ou dentition d'adulte :

$$\frac{0—0—6—6}{8—0—6—6}$$

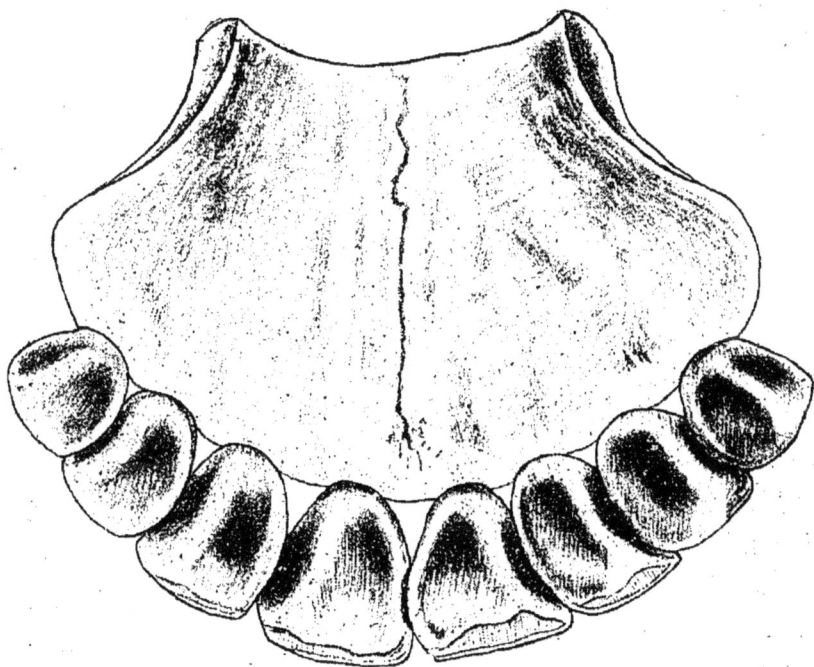

Fig. 5. — Incisives de 2ᵉ dentition (Cornevin et Lesbre).

En langage ordinaire : Pas d'incisives supérieures, 8 incisives inférieures, pas de canines, 6 premières.

molaires supérieures et 6 inférieures, 6 arrière-molaires
supérieures et 6 inférieures.

On voit quelquefois apparaître une quatrième molaire de lait très petite, de chaque côté de la mâchoire
supérieure ou même aux deux mâchoires, dent qui
n'est jamais remplacée et peut persister dans la dentition
de l'adulte (Cornevin et Lesbre).

Incisives. — (Fig. 5 et 6). Il y a huit dents incisives
disposées en claviers sur un arc de cercle à la partie

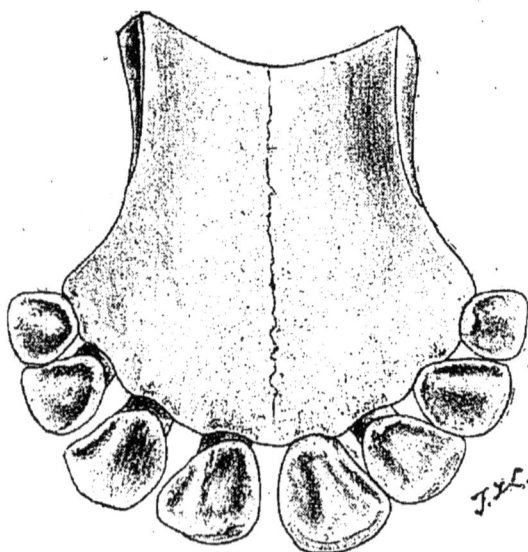

Fig. 6. — Incisives de 1ʳᵉ dentition (Cornevin et Lesbre).

antérieure du maxillaire inférieur. On leur a donné
des noms indiquant en quelque sorte leurs situations
respectives : on appelle *pinces* les deux dents situées au
milieu de l'arc ; les deux dents immédiatement conti-
guës se nomment *premières mitoyennes;* celles qui
touchent les dernières se nomment *secondes mitoyennes;*
enfin les dents placées aux extrémités de l'arc prennent
le nom de *coins.*

Au lieu de dents, l'extrémité antérieure de la mâchoire supérieure porte un bourrelet, recouvert par la

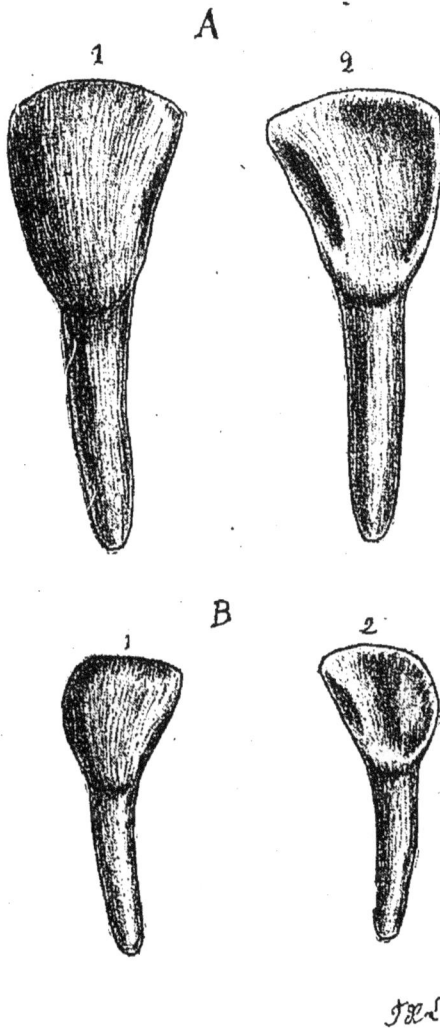

FIG. 7. — (Cornevin et Lesbre).

A, Pince de 2ᵉ dentition ; 1, vue par devant ; 2, vue par derrière.
B, Pince de la 1ʳᵉ dentition ; 1, vue par devant ; 2, vue par derrière.

muqueuse buccale, dur, résistant, lisse, appelé *bourrelet gingival* et dont la base est un fibro-cartilage.

Les dents, chez la vache, quel que soit son âge, sont toujours mobiles, sans doute pour ne pas entamer le bourrelet muqueux qui les remplace à la mâchoire supérieure (Cornevin et Lesbre). Ces dents sont peu profondément enchassées dans des alvéoles peu profondes.

La forme de ces dents (fig. 7) est caractéristique. Chaque incisive ressemble assez à une pelle, le manche étant représenté par la *racine* qui est séparée de la *couronne* par un rétrécissement ou *collet* analogue à celui de la dent de l'homme.

La *couronne* est sensiblement triangulaire, un peu incurvée et plus ou moins relevée du côté de la mâchoire supérieure. Elle présente à considérer deux faces, une externe ou antérieure et une interne ou postérieure, un bord supérieur ou antérieur ou libre et deux bords latéraux dont l'un est interne et l'autre externe (Le bord interne est celui qui est le plus rapproché du plan médian de l'animal).

La face externe, assez régulièrement convexe, présente à sa surface, dans la dent vierge, des stries longitudinales très fines et chagrinées. Mais par l'usure résultant du frottement de la lèvre, cette face se présente bientôt lisse et luisante.

La face postérieure, un peu concave vers le bord libre, présente dans son milieu une éminence arrondie, un peu conique et plus ou moins développée suivant la dent examinée et aussi suivant les individus. Girard a donné le nom d'*avale* à cette face postérieure.

Le bord libre ou supérieur est très tranchant dans une dent vierge. C'est lui qui apparaît le premier quand la dent fait son éruption. C'est sur lui encore que se marquent les divers degrés de l'usure.

Le bord interne est convexe ; l'externe est concave, de sorte que la dent paraît courbée en dehors.

La racine, qui a une longueur moyenne de un centimètre et demi à deux centimètres, est arrondie, ou plutôt cylindro-conique tronquée. Elle présente, dans la jeune dent, à son extrémité profonde, une ouverture communiquant avec une cavité intérieure remplie de la pulpe dentaire qui s'ossifie peu à peu et se prolonge jusque dans l'intérieur de la couronne (fig. 8).

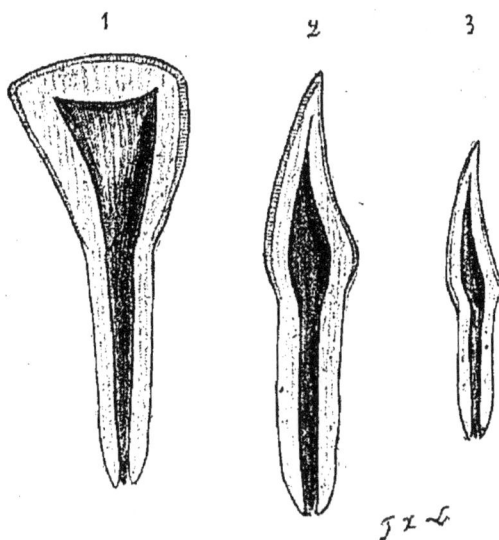

Fig. 8. — 1. Coupe longitudinale d'un côté à l'autre d'une incisive remplaçante. — 2. Coupe longitudinale antéro-postérieure d'une incisive remplaçante. — 3. Coupe longitudinale antéro-postérieure d'une incisive de lait (Cornevin et Lesbre).

L'ouverture inférieure va toujours se rétrécissant au point de ne plus livrer passage qu'au nerf et aux vaisseaux chargés de l'entretien de la vie de la dent.

Deux substances dures, ayant des qualités physiques différentes, constituent une dent : l'émail et l'ivoire. Dans la dent vierge, l'émail forme autour de la couronne ou partie libre une couche continue, plus mince sur la face postérieure et qui se prolonge en s'amincissant de plus en plus sur la partie la moins profonde de la racine. L'ivoire forme le reste de l'organe.

La cavité intérieure se remplit, elle aussi, d'une substance osseuse appelée *ivoire de nouvelle formation* un peu moins dur que l'ivoire primitif et qui, à mesure de l'usure, apparaît sur la table de la dent. La table n'est autre chose que la surface résultant de l'usure par frottement.

Quand une dent a fonctionné, son bord supérieur s'émousse, devient rectiligne et forme la surface dont il vient d'être parlé, s'étendant en arrière aux dépens de la face postérieure (fig. 9). En définitive, l'usure fait disparaître complètement l'éminence conique. La dent est alors *nivelée*. Elle n'est que *rasée* quand l'émail du bord libre est disparu pour faire place à une bande transversale plus jaune qui est l'ivoire.

A mesure que le nivellement s'avance la bande jaunâtre se raccourcit, s'élargit et finit par donner une surface à peu près carrée, puis ronde d'un jaune plus pâle dû à l'apparition de l'ivoire de nouvelle formation qui a rempli la cavité. Cette sorte de tache sur la table de la dent prend le nom d'*étoile dentaire*.

Fig. 9. — Profil d'une incisive montrant les lignes d'usure successives. (Cornevin et Lesbre).

Il semble, par suite de l'usure, que les dents s'écartent les unes des autres bien qu'occupant la même place. Cela tient à ce que les incisives, dans la jeunesse, ne se touchent que par leur extrémité libre et pas du tout par la base comme chez les solipèdes. Les dents sont d'autant plus écartées qu'elles sont davantage usées.

Quand la dent est usée à son extrême limite, il ne reste plus que la racine apparaissant, par suite du retrait de la gencive, sous la forme d'un chicot jaunâtre, très éloigné de ceux qui forment avec lui les restes de l'arcade incisive (Lecoq).

Caractères distinctifs des dents de première et de seconde dentition. — Les premières incisives caduques, ou dents de lait, sont moins volumineuses que les remplaçantes. Elles sont aussi moins larges, et leur forme est plus incurvée en dehors. L'émail, moins épais, est plus transparent. Les deux pinces de lait sont plus éloignées l'une de l'autre que les pinces de seconde dentition.

Pour peu que l'observateur soit attentif, il est absolument impossible de prendre une dent de lait pour une dent de remplacement et *vice versa.*

Anomalies dentaires. — Peu communes chez la vache, les anomalies dentaires peuvent cependant se rencontrer, mais jamais on n'a signalé qu'un excès de nombre. C'est ainsi que M. Morot cite une vache pourvue de 9 incisives d'adulte ; la surnuméraire était une seconde mitoyenne.

II. — Indications données par les dents.

Eugène Renault, le premier en France, a observé la variabilité des renseignements fournis par les dents chez les animaux de l'espèce bovine soumis à des soins particuliers et rendus *précoces*. La précocité en effet, en hâtant la maturité, en favorisant le développement des os et la soudure de leurs extrémités, a activé l'évolution des dents de seconde dentition. Il y a en ce moment, comme le disent avec juste raison MM. Cornevin et Lesbre, deux sortes de populations bovines ; l'une est restée ce qu'elle a toujours été, appartenant à de petits cultivateurs ignorant des procédés d'amélioration du bétail ; l'autre modifiée profondément par une alimentation intensive et la suppression de tout travail, ou ayant reçu, par croisement, du sang de races améliorées depuis près d'un siècle.

Il y a donc lieu d'étudier l'évolution des dents chez les animaux communs et chez ceux qui ont été améliorés. Mais qu'il s'agisse des uns ou des autres, que l'évolution soit lente ou rapide, les bases de l'étude de l'âge restent les mêmes. Nous posons donc les principes suivants :

1° Apparition des incisives de première dentition ;

2° Usure de ces premières dents ;

3° Chute des premières incisives et éruption des dents de seconde dentition ou de remplacement ;

4° Usure et nivellement de ces dernières ;

5° Formes successives de la table et de son étoile dentaire ;

6° Raccourcissement et écartement progressifs des incisives.

Avant de faire l'application de ces bases de la connaissance de l'âge, il est peut-être utile de signaler les observations judicieuses faites par MM. Cornevin et Lesbre afin d'éviter, comme ils le disent, des surprises aux débutants.

Les deux incisives d'une même paire ne tombent pas toujours simultanément. « Il est commun d'en voir tomber une et sa remplaçante arriver à peu près au niveau avant que sa congénère ne tombe à son tour. Inversement nous avons vu quelquefois quatre incisives tomber à la fois. » (Cornevin et Lesbre.)

Les dents de seconde dentition sont, comme nous l'avons indiqué précédemment, beaucoup plus larges que les dents de lait. Il en résulte que, quand les pinces, les premières et les secondes mitoyennes sont poussées, elles cachent à l'œil inattentif le coin de lait non encore tombé. Il y a là une cause possible d'erreur.

Il ne faut pas confondre non plus l'écartement des dents de lait avec l'écartement des remplaçantes chez l'adulte. L'écartement des premières tient plutôt à l'accroissement de la mâchoire en tous sens qu'à leur usure réelle.

Dans tous les cas, il y a encore de notables différences dans les caractères susindiqués entre les divers individus de l'espèce. Mais il suffit d'une certaine expérience judicieuse et attentive pour être mis en garde contre les chances de confusion.

III. — Caractère des différents ages
chez les bêtes bovines communes.

A la naissance (fig. 10), le veau a toujours 4, 6 et quelquefois 8 incisives. Jamais, dans une pratique de plus de trente ans, nous n'avons rencontré un veau naissant sans incisives comme l'ont écrit Lecoq et d'autres auteurs. Dans tous les cas, vers *15 à 20 jours,* le veau a toutes ses incisives ; mais les coins sont moins avancés que les autres. La mâchoire n'est pas encore au *rond*.

L'usure de ces premières dents est très variable. Chez les veaux élevés exclusivement au lait, pour la boucherie, l'usure est moins rapide que chez ceux qui sont destinés au sevrage.

De *3 semaines à 3 mois*, il n'y a aucun caractère certain.

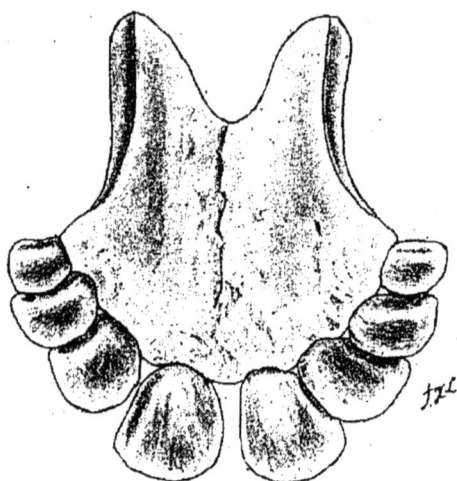

Fig. 10. — A la naissance (veau mâle hollandais).
(Cornevin et Lesbre).

De *3 à 4 mois*, les coins ont accompli leur évolution, l'arcade incisive est au *rond*.

De *4 à 5 mois* (voy. fig. 6), les pinces et les premières mitoyennes commencent à s'user, le bord supérieur est moins tranchant.

A *6 mois*, l'usure se manifeste légèrement sur les secondes mitoyennes.

De *6 à 9 mois*, usure progressive de toutes les dents ; mais variable selon le régime alimentaire.

De *10 à 12 mois,* nivellement des pinces.

A *14 mois,* nivellement des premières mitoyennes.

De *15 à 18 mois* (fig. 11), nivellement des secondes mitoyennes. Les dents se raccourcissent, s'espacent les unes des autres. Les pinces s'ébranlent.

Le nivellement est plus tardif chez les sujets nourris avec les résidus industriels ou les farineux que chez ceux qui vivent au pâturage.

Jusqu'à l'époque de remplacement des incisives, la

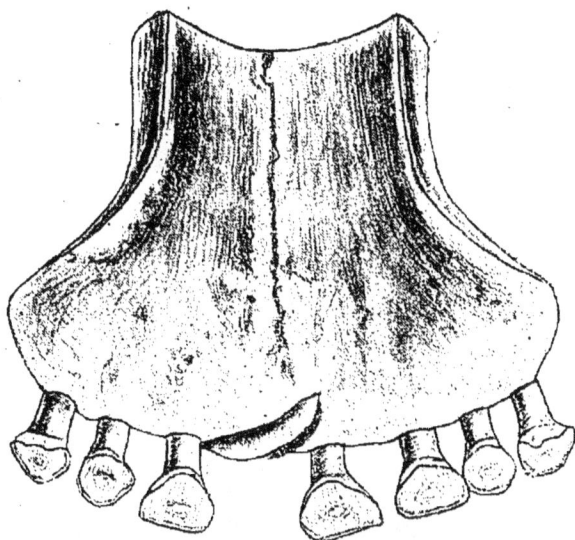

Fig. 11. — 18 mois. L'une des pinces est tombée et l'on voit le bord de la remplaçante (Cornevin et Lesbre).

longueur des cornes et la taille de l'animal sont des indices moins trompeurs que le degré d'usure des incisives (Cornevin et Lesbre).

De *20 à 22 mois,* chute des pinces et apparition des remplaçantes.

De *22 à 24 mois,* les pinces de remplacement ont atteint leur longueur.

De *25 à 30 mois*, commencement d'usure au bord supérieur des pinces.

A *32 mois*, les premières mitoyennes sont tombées, et les remplaçantes montrent leur bord supérieur. Ordinairement l'une d'elles est en avance de 15 jours sur l'autre.

A *33 mois* (fig. 12), les premières mitoyennes persistantes ont atteint leur longueur.

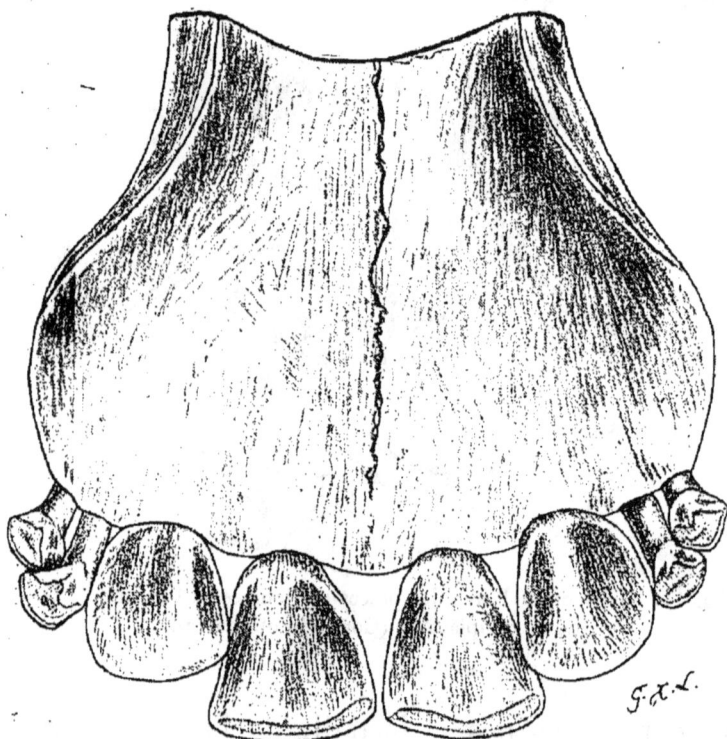

Fig. 12. — 33 mois. Les 1ʳᵉˢ mitoyennes achèvent leur éruption. Les pinces sont entamées sur tout leur bord antérieur (Cornevin et Lesbre).

Les premières mitoyennes achèvent leur éruption. Les pinces sont entamées sur tout leur bord antérieur.

De *38 à 40 mois* (fig. 13), chute et remplacement des

secondes mitoyennes qui n'évoluent pas simultanément.

De *41 à 50 mois*, l'usure progresse sur les pinces
et les premières mitoyennes ; elle se manifeste sur les
secondes mitoyennes. Le contrôle par les cornes
devient utile.

De *50 à 54 mois*, chute et remplacement des coins.
Ceux-ci n'évoluent jamais ensemble, et il y a souvent

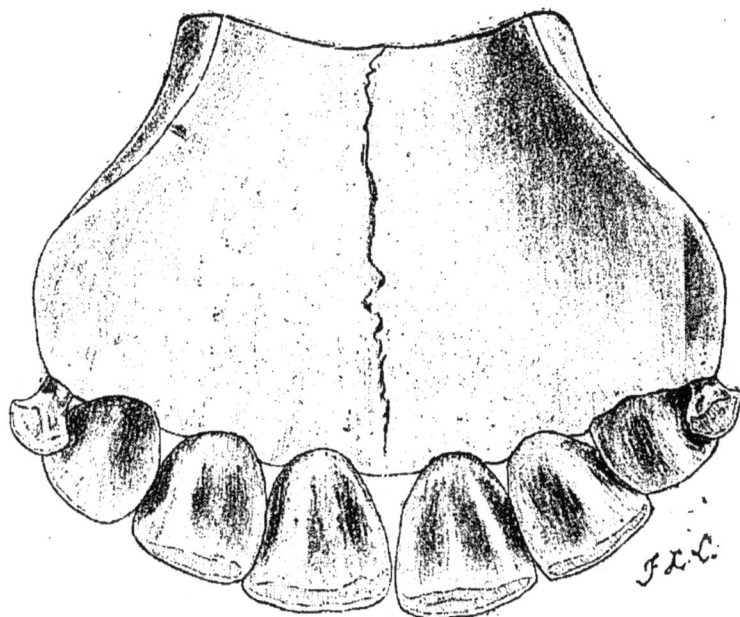

Fig. 13. — 40 mois. Les 2ᶜˢ mitoyennes achèvent leur éruption.
(Cornevin et Lesbre).

un long intervalle entre l'évolution de l'un et celle
de l'autre.

A *5 ans*, les coins commencent à user.

A *6 ans* (fig. 14), coins usés sur tout leur bord supérieur.

A *7 ans*, les pinces sont nivelées.

A 8 *ans*, nivellement des premières mitoyennes.

A *9 ans* (fig. 15), nivellement des secondes mitoyennes ; la table des pinces et celle des premières mitoyennes deviennent un peu concaves.

A *10 ans*, nivellement des coins, concavité des secondes mitoyennes. Les tables des pinces, des pre-

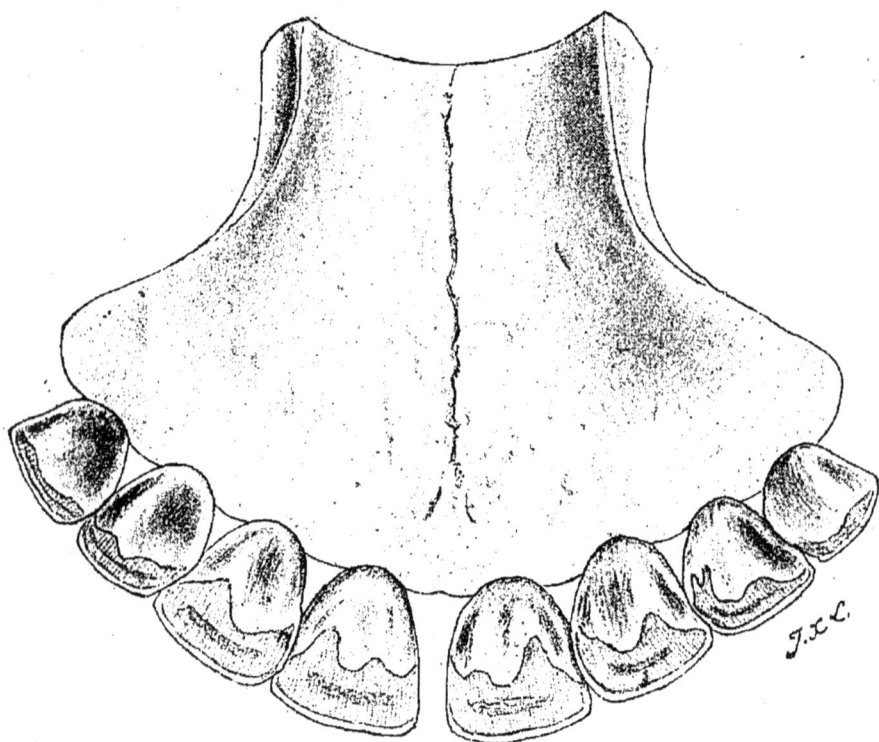

Fig. 14. — 6 ans 1/2 (Bœuf manceau). Les pointes sont sur le point de se niveler (Cornevin et Lesbre).

mières et des secondes mitoyennes apparaissent plus ou moins carrées et présentent l'*étoile dentaire*.

De *10 à 11 ans*, les dents s'espacent, la table des pinces s'arrondit.

De *12 à 13 ans*, les incisives sont très raccourcies; la table est arrondie.

A *13 ans*, l'écartement progresse.

De *14 à 15 ans*, la table s'allonge en arrière en empiétant sur la racine qui se dénude par rétraction de la gencive.

A partir de cet âge, on ne trouve plus que des chicots jaunes, faciles à arracher. Mais d'ailleurs, on n'a aucun intérêt sérieux et pratique à connaître exactement l'âge des très vieilles vaches qui, d'ordinaire, ne sont plus bonnes à rien, pas même à donner une viande passable.

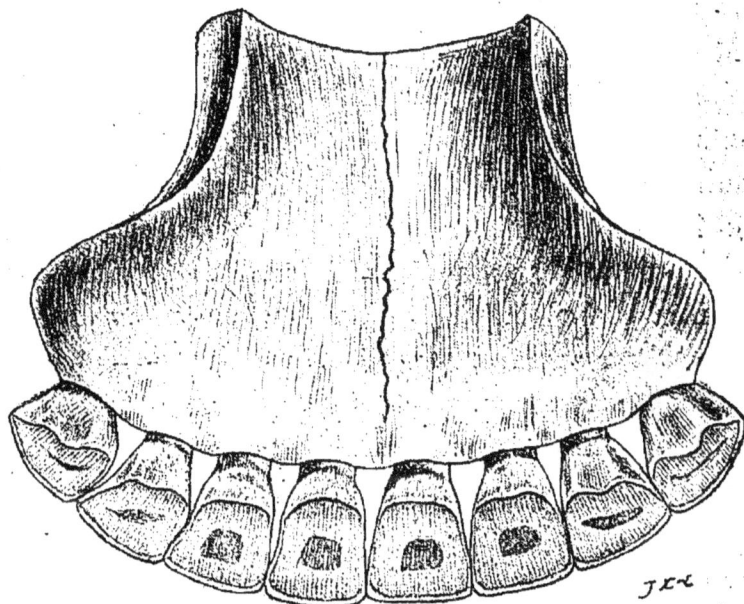

Fig. 15. — 9 ans. Les 2ᵉˢ mitoyennes nivellent la table à 4 dents du centre, posées à la forme carrée, elle est concave (Cornevin et Lesbre).

IV. Caractère de l'age chez les bêtes bovines améliorées.

L'amélioration des bêtes bovines consiste dans un développement plus rapide, *développement hâtif* de

M. Sanson, et dans l'augmentation des rendements par l'accroissement des aptitudes. Mais nous aurons occasion de revenir sur ce sujet ; qu'il nous suffise de répéter en ce moment que l'évolution plus rapide des dents accompagne et caractérise la précocité.

Il n'y a rien de particulier ni d'intéressant à signaler sur les caractères fournis par les dents de lait. Ce sont seulement les dents de remplacement qui, évoluant plus vite, s'usent plus tôt et semblent ainsi vieillir le sujet, si on ne tient pas compte de la précocité, qui varie toutefois avec les individus.

MM. Cornevin et Lesbre ont très justement fait remarquer que la précocité, le remplacement des dents de lait et l'usure des dents permanentes se manifestent sous trois modes différents :

« 1° La chute des pinces se fait prématurément et chaque paire de dents tombe ensuite à intervalles réguliers et plus courts que chez les animaux communs ; il y a cumul de l'avance du point de départ et de celle des remplacements successifs ;

« 2° La chute des pinces s'effectue à la date habituelle, mais les paires suivantes accélèrent leur remplacement ;

« 3° Il y a chute de quatre dents à la fois. »

L'observation de tous les praticiens enseigne que les deux premiers modes de chute des dents de lait et de leur remplacement se rencontrent particulièrement chez des sujets dont l'amélioration et la précocité sont, par fixité, devenues inhérentes à la race et, jusqu'à un certain point, transmissibles par hérédité.

Le troisième mode, que nous avons été à même d'observer depuis sept ans sur des animaux de la race cotentine, se présente sur des sujets poussés à l'alimentation en vue des concours, ou entraînés par une alimentation succulente et abondante en vue de les améliorer, sans que les ascendants aient été soumis à un régime particulier tendant à les rendre précoces.

Il y a donc lieu, dans l'étude des caractères de l'âge des animaux améliorés ou en voie d'amélioration, de tenir compte des trois cas particuliers qui peuvent se présenter. C'est précisément ce que MM. Cornevin et Lesbre ont clairement résumé dans le tableau que j'emprunte à leur *excellent Traité de l'âge des animaux domestiques :*

PRÉCOCITÉ DU 1ᵉʳ DEGRÉ	PRÉCOCITÉ DU 2ᵉ DEGRÉ	PRÉCOCITÉ DU 3ᵉ DEGRÉ
14 à 15 m. rempl. des pinces	A 18 m. rempl. des pinces	19 à 20 m. rempl. des pinces
Vers 18 m. — 1ʳᵉˢ mitoy.	A 24 m. — 1ʳᵉˢ mitoy.	28 à 30 m. — 1ʳᵉˢ mitoy.
Vers 24 m. — 2ᵉˢ mitoy.	28 à 30 m. — 2ᵉˢ mitoy.	35 à 37 m. — 2ᵉˢ mitoy.
39 à 41 m. — des coins	37 à 39 m. — des coins	40 à 45 m. — des coins

Tous les caractères des différents âges, qui viennent d'être indiqués, n'ont de valeur qu'au point de vue général. Il est en effet une foule d'exceptions et de différences inhérentes aux individus, à leur mode d'alimentation, à la consistance et à la densité des substances constituant les dents, à des irrégularités d'éruption et d'usure, etc. Il importe donc que, dans l'examen de la bouche pour l'appréciation de l'âge, on apporte la plus grande attention. Et, dans tous les cas, à partir de l'âge de 4 à 5 ans, il y a toujours lieu de contrôler les caractères fournis par les dents par ceux que donne l'examen des cornes. Avant cet âge, les caractères fournis par les cornes ont, selon nous, une moins grande importance, l'animal étant jeune et gagnant de la valeur au lieu d'en perdre comme plus tard.

V. — INDICATIONS DONNÉES PAR L'EXAMEN DES CORNES.

Tous les auteurs qui se sont occupés de cette question, et en particulier Lecoq, ont considéré que les sillons tracés dans la corne par une poussée plus accentuée à certaines époques de l'année sont peu marqués jusqu'à l'expiration de la troisième année, et que ces sillons peuvent même disparaître. La vérité est qu'il faut un examen bien attentif pour les distinguer ; mais cependant ils existent.

L'accroissement de la corne est en effet fonction de l'alimentation. Or, pendant la saison d'été, les animaux étant mieux alimentés que pendant l'hiver, il en résulte une plus grande vigueur dans la pousse de la corne, vigueur qui s'accuse par un bourrelet succédant à un sillon produit à l'époque où l'alimentation est moins succulente ou plus pauvre. Chaque année de la vie du sujet est donc marquée par un creux et par un relief qu'avec raison on a utilisé pour la détermination de l'âge ou au moins comme marque de contrôle des signes fournis par les dents.

Mais de même que les indications données par les dents ne sont pas les mêmes chez les animaux communs et chez les animaux précoces, chez ces derniers, en raison précisément d'une alimentation constamment riche et abondante, les sillons sont beaucoup moins profonds et plus difficiles à constater.

Quoi qu'il en soit, on peut dire d'une manière absolue, pour déterminer l'âge d'une vache, que le 1er sillon compte pour *trois* et les suivants chacun pour *un* (fig. 16). De telle sorte qu'une vache sur la corne de laquelle on constaterait cinq sillons aurait assez exactement l'âge de 7 *ans*.

MM. Cornevin et Lesbre donnent encore des indications assez précises, fournies par les cornes, de la naissance à l'âge de 17 mois[1]. Ces indications sont

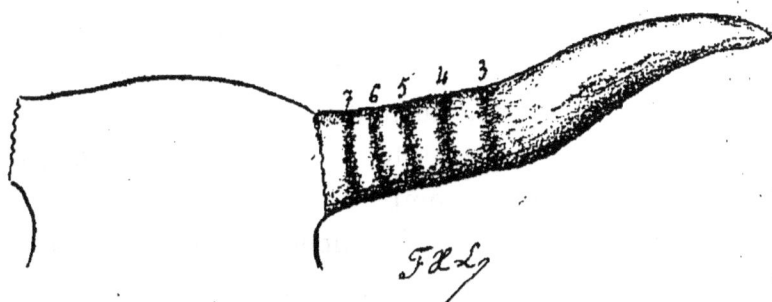

FIG. 16. — Schéma d'une corne frontale d'une vache prenant 8 ans. (Cornevin et Lesbre).

basées sur ce que l'organe *s'accroît régulièrement de un centimètre par mois.*

Dans l'examen de la corne, il y a lieu de tenir compte d'une ruse des marchands qui consiste à la râper de façon à faire disparaître les sillons. Mais il est assez facile de s'apercevoir de la fraude par les traces laissées par la râpe, par le papier de verre ou par l'instrument tranchant et, à la rigueur, par le vernis appliqué pour dissimuler la fraude.

---

1. Cornevin et Lesbre, *traité de l'âge des animaux domestiques d'après les dents et les productions épidermiques.* Paris, 1895.

CHAPITRE III

RACES BOVINES. — MÉTHODES DE DÉTERMINATION. DES CARACTÈRES ETHNIQUES

Le mot *Race*, un des mots les plus difficiles à définir de la langue française, est peut-être un de ceux auxquels on a attribué le plus de significations différentes. Les ethnologistes, les zoologistes, pas plus que les zootechniciens, ne montrent le moindre accord sur la signification attribuée au mot *race*.

Il faut aussi tenir compte, dans le choix des définitions données par les nombreux auteurs, des opinions scientifiques de ceux-ci sur les théories évolutionniste ou transformiste, et créationniste. Tandis que pour les uns, la race est susceptible de se modifier au point d'arriver à constituer une espèce (Baron); pour les autres ou contraire la race est immuable et se perpétue avec les caractères qui lui ont été attribués à l'origine par le créateur (Linné); ou se perpétue avec les caractères qu'elle possédait quand elle est apparue sur le globe terrestre (A. Sanson). On conçoit dès lors quelles différences tranchées se rencontrent dans les diverses définitions de la race. Mais nous ne pouvons entrer ici dans ces considérations qui n'ont aucun intérêt pratique et sont bonnes tout au plus pour ceux qui font de la science pure. Contentons-nous de dire que, parmi les zootechniciens, qui se sont particulièrement attachés à l'étude, à l'amélioration, à l'hygiène et à la reproduction des animaux domestiques, seul M. le professeur

A. Sanson regarde la race comme immuable, invariable dans les caractères essentiels, selon lui, tirés de la forme des os du crâne et de la face et du nombre et de la forme des pièces du rachis ou colonne vertébrale. En dehors de cela, le même auteur n'admet pas que les caractères secondaires, tels que la finesse du squelette, la variation de la robe ou du pelage, les aptitudes diverses puissent servir à caractériser une race.

Cet exclusivisme systématique fait d'ailleurs le plus grand tort à la théorie de M. Sanson dans l'esprit des hommes de bonne foi, savants ou praticiens.

Voici quelques définitions de la race parmi celles qui nous paraissent les meilleures, laissant au lecteur le soin de choisir celle qui satisfera le mieux son esprit et ses besoins pratiques :

Selon M. A. Sanson, la race ne serait que « la descendance d'un couple primitif. »

C'est purement et simplement le dogme de la création, ne tenant aucun compte des influences infinies pouvant modifier, transformer l'individu. On néglige systématiquement, dans cette définition, les influences nombreuses exercées par l'homme sur les animaux, comme aussi les influences diverses de milieu. En un mot, avec M. Sanson, il n'y aurait pas de variations possibles. Or, c'est précisément le contraire qui a lieu.

MM. Rossignol et Dechambre ont donné une définition nettement darwinienne de la race, et cette définition nous paraît donner pleinement satisfaction à l'idée que les praticiens se font de la race : « La race, disent-ils, est dans l'espèce un groupe défini, formé sous l'influence des milieux et de l'homme et dont les caractères sont rigoureusement transmissibles par hérédité. »

« Les éleveurs, dit le professeur Cornevin, dans leur langage n'emploient guère que deux termes : ceux de *race* et de *sous-race*, et ils les appliquent plutôt à l'appréciation des caractères qu'à la filiation qu'ils considèrent comme trop sujette à hypothèse. Quelques zootechnistes, Magne et Tisserant entre autres, avaient adopté cette manière de parler qu'il n'y a pas d'inconvénient à conserver, et que nous emploierons aussi ».

C'est également notre avis comme c'était celui de Baudement, de Moll, de Gayot et de beaucoup de savants zootechniciens pratiques.

C'est d'ailleurs la pensée de ces maîtres que nos confrères Rossignol et Dechambre ont traduite en disant qu'une classification *économique* des animaux domestiques, basée sur les aptitudes, les *vocations*, aurait l'avantage de ne tenir compte d'aucun esprit de doctrine et de donner aux animaux des qualificatifs tirés exclusivement de la fonction qu'ils remplissent. Et pour corroborer leur opinion, ils ajoutent que « déjà, par suite de nombreux croisements, bien des races locales ont perdu leurs caractères et ne sont plus guère reconnaissables; la fusion ne fera que s'accroître et fatalement on abandonnera la nomenclature actuellement employée, pour la nomenclature économique adaptationnelle, beaucoup plus générale et universelle. »

Malgré ces diverses opinions nous ne devons pas moins préciser les méthodes par lesquelles on arrive assez facilement à déterminer la race de tel ou tel type de vache laitière.

Les caractères subspécifiques ou de races n'ont, à proprement parler, en lisant les divers auteurs qui ont traité la question, rien d'absolument fixe. Jusque vers 1865, époque à laquelle M. A. Sanson eut l'idée, à l'exemple de ce qu'avait fait Broca pour caractériser les races humaines, de baser la détermination de nos races domestiques sur les formes anatomiques des os du crâne et de la face, sur la direction des chevilles osseuses chez les bêtes à cornes, sur le nombre et la forme des pièces du rachis, etc., les zootechniciens se contentaient des caractères fournis par la taille, les formes générales de l'ensemble de l'animal et par les robes et pelages en même temps que par les aptitudes.

Selon nous, le *système* adopté par M. Sanson a été un progrès réel, très scientifique, mais ayant le sérieux inconvénient d'être trop exclusif. En effet, cet auteur ne tient que très relativement compte des poils, des « *phanères* », de M. Cornevin. Et cependant celui-ci a montré expérimentalement que la coloration de la robe ou pelage, c'est-à-dire des phanères, pouvait parfaitement servir à caractériser telle ou telle race déterminée.

M. Sanson, dans l'étude des os du crâne, est arrivé, de même que Broca, à faire deux grandes catégories d'animaux : les *Brachycéphales* et les *Dolichocéphales ;* c'est-à-dire non pas des types à tête courte ou à tête longue, mais des types à crâne court ou à crâne long, considérant que la boîte crânienne constituait seule la tête, parce qu'elle renferme la partie centrale, principale du système nerveux. Mais, comme l'a dit avec raison M. Baron et, avant lui, Moll, rien n'est difficile à préciser comme les dimensions du

crâne, malgré les indications pratiques de M. Sanson
établies sur la distance qui sépare la base des deux
oreilles et sur la distance qui sépare la base d'une
oreille de l'angle externe de l'œil du même côté.

La direction de la cheville osseuse, qui supporte la
corne, se détachant horizontalement ou obliquement
du frontal est un caractère qui a une grande valeur.
Nous attachons du reste la même valeur à la crête de
la région appelée *chignon* qui, par sa ligne plus ou
moins brisée, donne encore des caractères certains.

Les dimensions des os propres du nez, leur con-
nexion ou leur insertion avec les frontaux qui donnent
au profil de la face un caractère particulier le faisant
paraître concave, convexe ou droit; l'incurvation plus
ou moins prononcée de la branche externe du petit sus-
maxillaire qui rend la bouche grande ou petite et donnant, avec les formes précédentes, une expression particulière à la physionomie, sont des caractères utiles.

Nous prendrons donc, pour déterminer les races,
parmi les caractères donnés par M. Sanson : 1° la
crête du chignon ; 2° la direction des cornes ; 3° la
largeur des sus-naseaux ; 4° l'incurvation de la branche
externe du petit sus-maxillaire. La figure 17 indique
les divers os de la tête dont quelques-uns seront utilisés à la détermination des caractères ethniques.

Le professeur Baron, d'Alfort, considère le volume
de l'animal comme important pour l'ethnographie. Il
a appelé *Eumétriques* les animaux d'un volume normal
moyen, *Ellipométriques* ceux qui sont au-dessous de la
moyenne et *Hypermétriques* ceux qui sont au-dessus.

Nous utiliserons également les caractères indiqués
par M. Baron.

Les disciples de ce dernier, MM. Rossignol et Dechambre, ont classé les races d'après leurs profils, *droit,* *convexe* ou *concave* et aussi d'après les dimensions de l'ensemble. Ils ont ainsi établi trois grandes catégories : profils droits, profils convexes et profils concaves ; et chacune de ces catégories a été divisée en

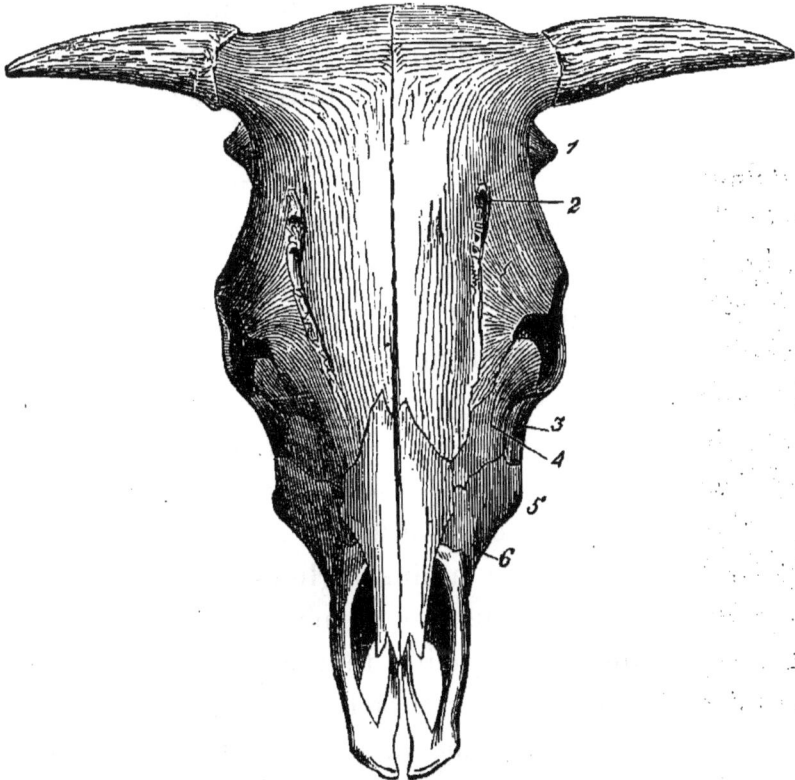

FIG. 17. Tête de bœuf.

1. Apophyse massoïde. — 2. Trou sourcilier. — 3. Os zygomatique. — 4. Lacrymal. — 5. Épine maxillaire. — 6. Orifice inférieur du conduit dentaire supérieur. — 7. Frontal (Chauveau et Arloing).

trois sous-catégories suivant les dimensions en *médio-* *lignes, longilignes* et *brévilignes,* rappelant les eumétriques, les hypermétriques et les ellipométriques de M. Baron.

Nous aurons sans doute occasion d'utiliser également les indications de MM. Rossignol et Dechambre.

M. Cornevin, sans esprit de système, mais avec une méthode très judicieuse, a utilisé, pour déterminer les races, les caractères les plus divers et les plus complets, ne rejetant rien de parti pris, se servant au contraire de toutes les parties de l'individu. C'est ainsi qu'il trouve dans la peau, suivant son épaisseur, sa finesse, sa souplesse, son amplitude, des caractères utiles : par exemple le fanon, repli cutané s'étendant quelquefois de la lèvre inférieure jusqu'en arrière et entre les membres antérieurs. De même, il considère la longueur, la finesse, la couleur des poils comme des caractères ethniques et subethniques. Il tient grand compte de la direction, de la forme, des dispositions, du volume et de la pigmentation des cornes comme aussi des pigments variés de la peau. Comme M. Sanson, il fait encore intervenir la morphologie, la capacité et le volume des os du crâne et de la face. Les oreilles et les yeux ne sont pas non plus négligés. Le volume, les formes variées des membres comme ceux du tronc, et en particulier la capacité thoracique, donnent au savant zootechnicien des caractères qu'il met à profit. Enfin M. Cornevin estime qu'on ne doit pas négliger les modifications subies par l'ensemble des sujets dans la distinction des races. Nous ferons, dans la plus large mesure, l'application des données si bien présentées par le professeur de Lyon.

Quand on examine sans parti pris les principes exposés par MM. Sanson, Baron, Rossignol, Dechambre et Cornevin, on constate le progrès manifeste accompli dans les sciences zootechniques depuis l'époque déjà lointaine où Magne, Tisserant et leurs contemporains pouvaient dire : qu'il est facile, à celui qui observe et compare, de reconnaître que l'espèce se divise en groupes composés de sujets ayant entre eux une grande analogie, et différant de ceux des autres groupes, d'une manière plus ou moins tranchée. C'est à ces groupes, dont les caractères distinctifs essentiels sont *transmissibles par hérédité*, que l'on donne le nom de *races*.

Eh bien ! malgré les distinctions savantes et subtiles de nos contemporains, nous estimons qu'il y a lieu de tenir le plus grand compte des réflexions si justes et si sensées des maîtres qui nous ont précédé dans les études zootechniques.

Nous pensons aussi que les classifications des races bovines d'après leurs aptitudes, les localités où on les rencontre à l'état de pureté, la coloration du pelage, établies par Magne d'abord et par Tisserant ensuite, peuvent encore aujourd'hui satisfaire aux besoins de la pratique.

CHAPITRE IV

PRINCIPALES RACES FRANÇAISES ET ÉTRANGÈRES UTILISÉES EN FRANCE COMME LAITIÈRES

A proprement parler il n'est pas une race bovine qui ne soit ou ne puisse devenir une race laitière.

Certes il y aura toujours des sujets, voire des familles, qui seront plus laitiers que d'autres ; mais l'activité de la mamelle, indépendamment de sa fonction sécrétoire normale, peut être accrue, dans une proportion très appréciable, par une gymnastique particulière sur laquelle nous aurons à revenir ultérieurement.

Nous n'étudierons toutefois ici que les races bien caractérisées comme laitières, c'est-à-dire produisant une quantité de lait suffisante pour donner des bénéfices notables à l'éleveur soit par la vente du lait en nature soit par la vente des dérivés du lait : fromage et beurre.

Il est de remarque que, par un véritable amour-propre de clocher, chaque pays producteur de bovins entend et veut avoir *sa race particulière*. Il n'y a pas lieu de tenir compte de cette sorte de vanité locale que rien ne justifie scientifiquement.

I. — RACES FRANÇAISES.

Les principales races bovines laitières françaises nous paraissant dignes d'intérêt, dans leurs régions respectives, sont les suivantes : La race NORMANDE et ses sous-races *cotentine* et *augeronne ;* la race FLAMANDE et les principales sous-races qui en dérivent : la *picarde*, la *boulonnaise*, les *maroillaise, berguenarde, casseloise ;* la race BRETONNE comprenant la *grande* et la *petite* variétés et la variété *bordelaise ;* la race COMTOISE qui présente deux sous-races : la *tourache* et la *fémeline ;* la race BRESSANE ; la race AUVERGNATE et ses sous-races dont la *salers* est la plus importante ; la race TARENTAISE ; la race LIMOUSINE, la race LOURDAISE ou d'URT.

Nous avons inscrit les principales races par ordre d'aptitude laitière. Mais au point de vue de la quantité de lait donné pendant une année, M. Cornevin a établi une autre classification, d'ailleurs très légitime, sur laquelle nous aurons à revenir en traitant de la production du lait.

Race normande. — Nous ne connaissons pas, en France, une race plus régulièrement laitière que la race normande.

Pour M. A. Sanson, elle est une variété de sa race germanique, (*B. T. Germanicus*), qui serait dolichocéphale.

La crête du chignon présente deux-sommets séparés par une courbe légèrement infléchie en avant. Les chevilles osseuses, qui supportent les cornes, sont insérées horizontalement et très arquées en avant. Leur coupe est très nettement circulaire. On distingue deux sous-races de la race normande : la *cotentine* et l'*augeronne*.

A. *Sous-race cotentine* (fig. 18). — Elle serait, d'après M. de Kergorlay, la première race laitière du monde pour la qualité sinon même pour la quantité du lait.

MM. Rossignol et Dechambre font une race particulière de la sous-race ou variété cotentine. C'est, pour ces auteurs, une hypermétrique, médioligne à profil concave.

Les animaux du Cotentin sont de très grande taille ; mais il y a une notable disproportion entre les mâles et les femelles. Cependant les vaches sont encore d'une taille élevée pouvant atteindre jusqu'à 1^m,45. La tête est forte, courte, à profil concave. La bouche est

grande et le mufle est très large. Les oreilles sont
grandes et assez épaisses. Les cornes, relativement
courtes, arquées en avant et quelquefois relevées à la
pointe, sont lisses et présentent dans le milieu de
leur longueur un reflet blanc mat d'ivoire qui manque
très rarement.

Le squelette est volumineux et laisse voir de grosses
saillies osseuses, particulièrement dans la région de la
croupe. La base de la queue est noyée dans les ischions
très volumineux. La fesse est rectiligne et assez des-

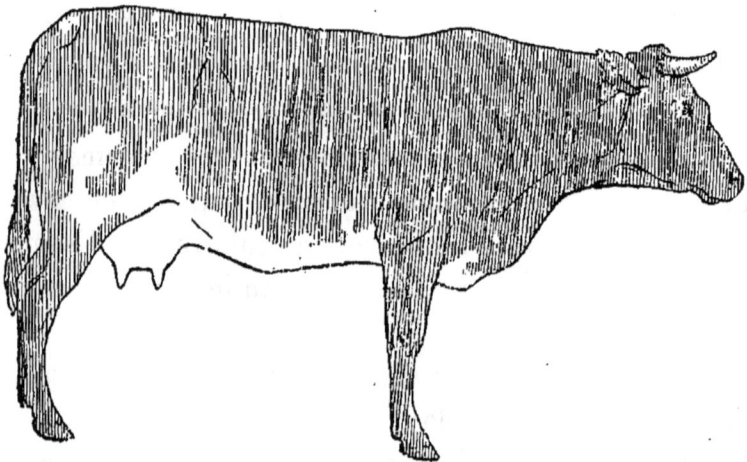

FIG. 18. — Vache cotentine.

cendue. Le cou est grêle. La poitrine a une faible
capacité eu égard au volume du sujet. La côte est plate
surtout dans la partie antérieure de la poitrine qui
paraît sanglée en arrière de l'épaule. Le garrot est
tranchant, le dos assez saillant, mais souvent aussi
ensellé. Les reins longs sont peu larges de même que
les hanches assez grosses. La croupe paraît étroite. Le
ventre est toujours volumineux, descendu et quelque-

fois avalé. Les mamelles attachées haut, volumineuses, à trayons gros régulièrement disposés en carré, **sont** généralement bien conformées. Chez les vaches un peu âgées, on les trouve pendantes et irrégulières.

La peau est assez épaisse ; mais elle est souple, se comprimant à la pression des doigts ou de la main. Le fanon est peu développé et ne part que de la partie moyenne ou inférieure du bord inférieur de l'encolure.

Le pelage de la sous-race cotentine est rouge plus ou moins foncé, allant de l'alezan clair au rouge-marron, et mélangé de bandes noires transversales qui rendent la robe *bringée*. Ces *bringeures* sont caractéristiques en Normandie, bien qu'elles se trouvent chez d'autres races artificielles créées par croisement, comme l'a démontré M. Cornevin. Le pelage, aussi foncé qu'il puisse être, présente toujours des surfaces blanches plus ou moins étendues dans diverses régions du corps, mais toujours à la tête. Ces taches blanches sont parsemées de petits îlots de poils rouges. Les paupières, le mufle et les ouvertures naturelles sont rosés. Cependant à l'anus et à la vulve on trouve souvent une coloration jaunâtre, beurre frais.

La physionomie douce indique le bon caractère des animaux de cette race. Généralement les taureaux ne sont pas trop méchants.

La sous-race cotentine donne assez communément des vaches très fortes laitières. On en a cité plusieurs qui donnaient, au moment de leur plus forte lactation, jusqu'à 45 litres de lait par jour (A. Sanson). En général le rendement paraît être de 10 litres par jour pendant 340 jours, ou 3,400 litres par an (A. Sanson). Il est possible que ce rendement soit atteint dans les pâturages de la Normandie. Il nous paraît cependant exagéré, et nous considérons comme plus exact, d'après nos propres observations, le chiffre de 2,700 litres par an, indiqué par M. Cornevin.

La proportion de beurre provenant du lait des cotentines est assez élevée d'après les analyses au galactobutyromètre de Marchand, de Fécamp. Cette proportion serait de 3,88 sur 12,40 de matière sèche (Aujollet). Dans tous les cas il ne paraît pas y avoir de beurre plus succulent, plus délicat que celui que fournit la vache cotentine. On sait aussi que c'est la crême, c'est-à-dire le beurre, qui donne au lait son arome particulier. La cotentine qui n'est plus laitière est d'un engraissement facile mais tardif (E. Tisserant).

L'éleveur du Cotentin cherche à conserver, par une sélection qui pourrait être plus minutieuse, les caractères de pureté de sa race bovine.

La sous-race cotentine constitue, d'une manière exclusive, le bétail du département de la Manche. Elle occupe la plus grande partie de celui du Calvados. On la rencontre également dans l'Orne. Elle est très répandue dans les départements de l'Oise, de Seine-et-Oise, de Seine-et-Marne, du Loiret, d'Eure-et-Loir, et de l'Yonne. Mais elle ne s'y maintient, sans trop dégénérer, ni perdre ses aptitudes laitières et beurrières remarquables, qu'à la condition que les éleveurs prennent les reproducteurs mâles dans le Calvados ou la Manche.

Nous pourrions citer, à cet égard, l'exemple d'une des meilleures vacheries de l'Yonne, appartenant à un agriculteur fort distingué, M. de Fontaine, qui a dû renoncer à l'utilisation comme reproducteurs des veaux mâles nés chez lui. Et tous ceux, à notre connaissance, qui ont voulu utiliser ces veaux comme taureaux, ont vu leurs troupeaux péricliter et déchoir. Cela s'explique par les différences climatologiques et hygrométriques, sans même parler de la différence des pâturages qui sont incomparablement plus plantureux, plus succulents dans le Cotentin, dans le Bessin, voire dans la vallée d'Auge que dans les régions du centre de la France.

La sous-race cotentine, dont le squelette est relativement grossier, manque de précocité. Nous savons bien que les Normands la considèrent comme à peu près parfaite et irréprochable ; mais cela ne veut pas dire que cette opinion soit l'expression de l'exacte vérité. Nous pensons au contraire qu'avec une sélection plus soignée des reproducteurs, qu'avec des soins particuliers dans le jeune âge, il serait facile de corriger les défauts de conformation et de donner plus de finesse et de précocité, dût-on recourir à une alimentation supplémentaire concentrée pendant l'hiver.

Nous ne pensons pas qu'il y ait lieu de mettre en pratique le croisement avec le durham pour obtenir des résultats satisfaisants. La sous-race cotentine est assez bien douée en soi, le pays qui la produit est assez riche pour qu'il soit possible et facile de l'améliorer par elle-même.

B. *Sous-race augeronne.* — Elle est eumétrique, longiligne, à profil concave (Rossignol et Dechambre).

L'augeronne est en général plus petite, moins massive, moins lourde que la cotentine. Ses formes sont plus belles ; mais elle est un peu moins laitière.

La tête est plus courte et camuse, le mufle est

large. Le cou est moins grêle, la poitrine plus ample dans toutes ses dimensions et le ventre est moins descendu. Le corps est long et porté par des membres un peu hauts.

Le pelage est rouge et blanc, ou blanc régulièrement truité. Si le blanc domine on retrouve le rouge bordant les oreilles, autour du mufle et sur les régions inférieures des membres.

L'augeronne ne donne guère plus par an que 2,000 à 2,700 litres d'un très bon lait, moins riche en beurre que celui de la cotentine; mais elle est plus apte à s'engraisser.

De la vallée d'Auge, elle s'est répandue dans le Calvados. Sa taille varie avec la fertilité du sol qui la nourrit (Rossignol et Dechambre).

La vacherie nationale de Corbon avait été créée dans le but d'améliorer l'augeronne par le durham. Les résultats n'ont pas été bien satisfaisants et on a supprimé l'établissement. Le meilleur mode d'amélioration de ces animaux, qui demandent peu de chose pour être excellents, consisterait, comme l'a dit le regretté Magne, à réserver pour la reproduction les meilleures femelles laitières et à utiliser, comme reproducteurs, leurs produits mâles et femelles. C'est encore, comme on le voit, l'amélioration de la race par elle-même.

Race flamande (fig. 19). — Cette race, qui compte infiniment plus de femelles que de mâles, est considérée par M. Sanson comme une variété de la race des Pays-Bas (*B. T. Batavicus*). Elle est dolichocéphale. La ligne du chignon présente deux petits sommets faisant fortement saillie entre les chevilles osseuses.

Celles-ci se détachent horizontalement et leur coupe est elliptique.

Fig. 19. — Vache flamande (d'après une photographie communiquée par M. Cornevin).

C'est une hypermétrique, longiligne, subconcave (Rossignol et Dechambre).

La vache flamande est généralement de grande taille. La tête est fine, assez allongée, légèrement concave, à chanfrein étroit, ce qui donne à la face une forme sensiblement triangulaire. La bouche est assez grande, avec des lèvres épaisses ; le mufle étroit est noir, brun foncé ou marbré. Les yeux sont bien ouverts, mais la physionomie est douce et expressive. Les cornes sont courtes, un peu aplaties et recourbées en avant ; elles sont blanches à la base et plus ou moins noires aux extrémités.

L'encolure droite est fine et grêle ; le garrot est un peu saillant. Le dos long s'enselle avec l'âge. Le rein est toujours un peu creux. Toute la région dorso-lombaire paraît faible. La côte est un peu plate et la poitrine haute et sanglée en arrière des épaules. Le bassin est ample avec des hanches saillantes. La queue fine et longue est attachée un peu bas et noyée entre les ischions. Le ventre volumineux s'avale chez les bêtes âgées.

Les mamelles, toujours bien conformées et à trayons petits, sont volumineuses. Les membres sont grêles, les épaules maigres, les fesses et les cuisses minces et peu musclées.

La peau est fine et souple, et plutôt moelleuse que trop fine. Le fanon est peu étendu et peu marqué. Le pelage, dont le poil est lustré, est rouge acajou, uniforme, un peu plus foncé et tirant sur le brun sur la ligne dorso-lombaire et vers la tête. Mais on trouve quelquefois des taches blanches dans les régions inférieures des flancs et de l'abdomen et souvent aussi sur les joues. La robe, selon Magne, serait caractéristique. Cependant on trouve des familles avec le pelage rouge clair, d'autres sont bruns, pie-rouge ou même rouannes (E. Tisserant). Certains auteurs considèrent ces taches ou ces variations de pelage comme indiquant des croisements remontant à des époques plus ou moins éloignées.

Les taureaux de cette race ont toujours une meilleure conformation que les femelles, mais sont le plus souvent disgracieux quand ils sont âgés (Magne).

La vache flamande a tout à fait l'aspect féminin ou femelin (*vocation féminine* de Rossignol et Dechambre). Elle est excellente laitière et donne jusqu'à 3,800 litres de lait (A. Sanson), 3,100 (Cornevin). Son lait n'est pas très butyreux. Elle est assez exigeante pour la nourriture, mais elle s'engraisse facilement quand la lactation a cessé.

La race flamande, qu'on trouve aussi dans la Flandre belge, habite les départements du Nord et du Pas-de-Calais où se rencontrent les sujets les plus purs. On la trouve aussi dans la Somme, dans l'Aisne, dans l'Oise, dans les grandes fermes de la Brie, où elle concourt à la fabrication du fromage si renommé. Les laitiers de Paris et des environs la préfèrent à cause de l'abondance de son lait, mais ils ne la font pas venir directement du pays d'origine. Ils ne l'achètent que lorsqu'elle a été acclimatée dans les fermes de l'Oise ou de Seine-et-Oise, d'où le nom de *fermière* sous lequel elle est connue dans les laiteries parisiennes ou de la banlieue de Paris.

Il ne serait guère facile d'améliorer la race flamande au point de vue de la production du lait. Mais il serait

facile de l'amender au point de vue des formes par la
sélection des reproducteurs de choix que les éleveurs
ont le tort de vendre, à des prix très élevés il est vrai,
au lieu de les conserver et de n'employer que des sujets
défectueux.

Le croisement avec le durham ne peut que favoriser
l'aptitude à l'engraissement aux dépens de l'aptitude
laitière. Mais, pas plus que M. Aujollet, nous ne comprenons à aucun point de vue l'avantage qu'il peut y
avoir au croisement flamand-schwitz.

A. Sous-race picarde. — On la trouve surtout aux
environs d'Amiens, d'Abbeville, de Péronne, de Saint-
Quentin, de Beauvais et de Compiègne, dans les vallées de l'Oise et de la Somme. Selon M. A. Sanson,
cette sous-race, qu'il appelle variété, se confond facilement avec la flamande sous le nom de boulonnaise.

La picarde est, à tous égards, inférieure à la flamande. Elle est plus petite, mais bien conformée, et
son pelage est toujours pie-rouge ou rouge-pie. C'est
une bonne laitière dont le produit n'est inférieur que
de quelques centaines de litres à celui de la race dont
elle dérive.

M. Aujollet prétend que la tête est grosse et que les
cornes sont plus relevées. Evidemment cela dépend
des familles considérées.

B. Sous-race boulonnaise. — Elle vit sur de bons
pâturages. Tout en ayant un pis volumineux, elle est
moins bonne laitière que la flamande proprement dite.
Elle a le ventre très développé, ce qui tient à la
richesse en eau des aliments. La taille est moyenne
et les membres sont grêles. Le pelage est assez variable.

C. Sous-races maroillaise, berguenarde et *casseloise.*
— Elles doivent leurs noms respectifs aux localités où
on les trouve le plus ordinairement. Elles ont, à des
degrés divers, les qualités et les défauts de la souche
primitive, la flamande. Elles ne diffèrent guère que
par la taille et par le pelage qui pourtant rentre dans
l'ensemble des robes que nous avons déjà indiquées.

Les défauts de la race flamande et des sous-races,
qu'on devrait plutôt appeler variétés, qui en dérivent,
proviennent de l'insouciance et de l'avarice des éleveurs. « Le paysan flamand, dit M. Aujollet, est très
positif, *donner peu et exiger beaucoup* paraît être sa
formule d'élevage. Le canton de Bergues excepté, on
ne constate aucune amélioration dans les centres de
production ; comment pourrait-il en être autrement ?
La nourriture des jeunes est toujours insuffisante,
l'alimentation des mères n'est jamais en rapport avec
leur rendement, aussi elle s'usent vite et leur remplacement s'impose fréquemment. »

Nous avons dit plus haut combien aussi est défectueux le système de reproduction. Tous les bons taureaux sont vendus et on ne garde que les médiocres ou
mauvais par lesquels on fait saillir un grand nombre
de vaches. Nous le répétons, avec une vache aussi
bonne que l'est la flamande ou que le sont les variétés
ou sous-races, on pourrait aisément faire des animaux
parfaits par la simple sélection aidée d'une alimentation rationnelle et abondante des mères et des jeunes.

Race bretonne (fig. 20). — Cette race, que M. Sanson
considère comme une variété de l'irlandaise (*B. T.
Hibernicus*), est dolichocéphale et présente la crête du
chignon en courbe ondulée. Les chevilles osseuses,

insérées haut, se détachent des frontaux obliquement de bas en haut et un peu d'arrière en avant. La face présente une légère concavité entre les orbites. Les os propres du nez sont droits. Les branches du petit sus-maxillaire étant peu arquées en dehors, il en résulte une arcade incisive petite. La face est étroite, pointue, allongée (A. Sanson).

La race bretonne est ellipométrique, longiligne, à profil droit (Rossignol et Dechambre).

Aucune race bovine n'est mieux à sa place que la race bretonne en Bretagne.

Fig. 20. — Vache bretonne.

La vache bretonne, « utile aux riches, providence du pauvre » (Bellamy), est un joli petit animal, rustique, gai, leste, vif, gracieux, doux et caressant qui réalise, dans une large mesure, tous les bienfaits qu'on peut attendre de la vache : Abondance du lait, beurre délicieux, viande exquise.

On considère qu'il y a plutôt deux variétés de la vache bretonne que deux sous-races ou races proprement dites ; car les sujets de l'une et de l'autre ne diffèrent que par la taille ou le volume et par les localités qui les hébergent.

La petite variété se trouve aux environs de Vannes, sur toute la côte du département du Morbihan. C'est un pays de landes, pauvre en fourrages. Elle s'étend un peu vers le nord du Finistère, d'Ille-et-Vilaine et des Côtes-du-Nord. On la rencontre un peu dans la Loire-Inférieure sur la rive droite du fleuve. Dans cette variété la taille, toujours petite, ne dépasse pas $1^m,07$ chez le mâle et reste souvent au-dessous de 1^m, $(0^m,95)$ chez la vache (A. Sanson). Il n'est pas rare de trouver des bêtes de cette variété ne pesant que 150 à 200 kilogrammes.

La tête (fig. 21) est petite, fine, mais un peu longue et sèche. Le mufle et les paupières sont noires. Rarement le mufle serait, dit-on, marbré. Les cornes, rarement blanches dans toute leur étendue, sont noires et, dans tous les cas, toujours noires à la pointe. Elles sont fines, longues et gracieusement contournées en lyre et quelquefois en croissant. Le cou est mince, déprimé

Fig. 21. — Tête de Vache bretonne.

à son bord supérieur (col de cerf) chez la vache. Il est légèrement renflé chez le taureau. Il y a peu ou pas de fanon. Le garrot est saillant, mince ; le dos et les reins sont droits mais un peu tranchants. La poitrine est bien développée dans toutes ses dimensions. Le corps est assez long avec les hanches larges et saillantes. La croupe est courte, tranchante dans la région du sacrum, pointue aux ischions. La queue fine, courte, terminée par un gros toupillon, est attachée un peu haut. Ses membres sont fins et courts, avec des épaules et des cuisses maigres. Souvent les jarrets sont rapprochés. L'onglon est petit, très solide, dur et noir.

Les mamelles sont très bien faites, prolongées en avant sous l'abdomen, bien régulièrement globuleuses, assez grosses, très souples, avec les trayons petits, rapprochés et bien disposés en carré. La peau des mamelles est très fine, presque glabre ou recouverte de poils très fins qui, dit M. Sanson, sont souvent de couleur jaunâtre.

Le pelage est noir-pie avec forte prédominance du noir. On trouve aussi des animaux rouge-pie. Les taches blanches se montrent sur les membres, sur les épaules et sur la croupe. L'extrémité de la queue est presque toujours blanche. Les connaisseurs (?) recherchent les marques en tête, avec le mufle et les paupières noires. Le pie-rouge domine sur le versant septentrional des *Monts de Bretagne*, le pie-noir sur le versant méridional et le gris-étourneau aux environs de Quimper (Aujollet). Le poil est court, fin et brillant.

La peau est très fine et très souple. Elle est toujours ou presque toujours noire aux ouvertures naturelles.

Dans les régions les plus fertiles, sur le littoral du Finistère, dans cette contrée appelée « Ceinture dorée » par les Bretons, tout en conservant leurs qualités les animaux acquièrent un plus grand poids. C'est la grande variété qui est moins sobre et plus exigeante quant à la quantité et à la qualité des aliments (E. Tisserant).

En considérant la petite taille de la vache bretonne, on constate un grand rendement en lait qui, d'après Bellamy et M. A. Sanson, atteindrait 1,400 à 1,800 litres par an, avec une grande proportion de beurre. M. Cornevin attribue à la bretonne une production moyenne annuelle de 1,600 litres. La matière sèche atteindrait 15 0/0 dont 5,704 de beurre (A. Sanson). Le beurre de Bretagne est d'ailleurs justement renommé. L'habitude du pays, dit M. A. Sanson, est d'estimer les vaches, non point d'après la quantité de lait, mais d'après la quantité de beurre qu'elles produisent par semaine. Cette quantité serait de 2 kilogrammes à 3 kilog. 500.

Le meilleur moyen d'améliorer la bretonne, à laquelle on reproche l'exiguïté, parfois excessive, de sa taille, serait de lui fournir en tout temps une alimentation plus succulente dont elle profiterait malgré même sa sobriété. Et, au lieu d'abandonner la reproduction et les soins des veaux au hasard, il serait plus sage de la diriger avec une sélection rigoureuse des vaches et des taureaux et de soigner les veaux en leur abandonnant tout le lait des mères et ensuite en les nourrissant fortement, même pendant l'allaitement, et surtout après le sevrage.

En ce qui concerne l'élévation de la taille de la race bretonne, nous avons fait une observation très significative. Nous avions acheté, au mois d'avril 1885, un lot de six vaches et un taureau bretons qui furent amenés à l'école pratique d'agriculture de La Brosse. Le lot était composé de trois vaches dont une âgée de 10 ans au moins, une seconde de 6 ans et une troisième de 3 ans 1/2 à 4 ans. Les trois autres étaient génisses et âgées de 1 à 2 ans. Les trois pre-

mières, adultes, n'ont pas changé. Les trois autres
sont devenues beaucoup plus fortes. Les deux plus
âgées nous ont donné chacune une femelle qui ont été
conservées jusqu'à l'âge de 3 ans et de 4 ans. Elles
sont devenues beaucoup plus fortes que leurs mères
qui étaient très petites. Elles ont été de passables laitières mais bien inférieures à leurs mères.

Depuis une douzaine d'années, M. Jules Guichard,
sénateur de l'Yonne, a introduit des bretonnes dans
son beau domaine de Forges, près Montereau (Seine-
et-Marne) ; en 1892, toutes les bêtes que j'y ai vues,
bien que nées de types purs et petits, étaient considérablement grandies. Et, pour les non initiés aux caractères ethniques, elles pouvaient, à cause de la robe,
être prises pour des hollandaises de taille moyenne.

D'après notre expérience personnelle nous considérons que dans les générations successives, la vache
bretonne souvent exportée, d'un acclimatement facile
et d'une remarquable longévité, qui a quitté les bords
de l'Océan et de la Manche, ne se trouvant plus dans
le milieu hygrométrique qui lui convient, perd une
partie de ses qualités laitières en même temps que,
par la taille et l'ampleur acquises, elle devient une
meilleure bête de boucherie. On peut du reste dire
qu'en tout cas, la viande de la bretonne est exquise.

En 1887, au Concours régional de Nevers, nous avons
eu occasion de voir un lot parfaitement réussi de métis
durham-bretons. Tous les sujets, très grandis, avaient
conservé la robe du type breton. Mais il était facile
de voir l'influence du sang durham à l'examen du
crâne, aux formes générales et à l'accumulation de la
graisse au maniement du *cimier*. La race a assez de

qualités par elle-même pour être conservée pure sans
qu'il soit jamais nécessaire de l'altérer par l'infusion
du sang durham.

Le croisement du breton par le durham donnerait-il
des sujets réellement améliorés ? Nous le pensons d'autant moins que l'extrême aptitude à l'accumulation de
la graisse est physiologiquement incompatible avec
une production, même ordinaire, de lait.

Le bovidé breton a assez de mérite en soi pour pouvoir être amélioré par lui-même ; et son amélioration
résultera nécessairement des améliorations culturales
de son pays d'origine, d'une sélection rigoureuse des
reproducteurs, du long allaitement, c'est-à-dire du
sevrage aussi tardif que possible, et d'une forte alimentation des jeunes.

Sous-race bordelaise. — Les animaux qu'on rencontre aux environs de Bordeaux paraissent n'être,
dit M. A. Sanson, qu'une famille bretonne établie
depuis longtemps dans la contrée où elle est connue
sous les noms de *race bordelaise* et de *race gouine*.
Les sujets de cette sous-race sont plus grands, plus
développés dans l'ensemble que ceux de la race bretonne proprement dite.

Cette variété ou sous-race bordelaise ne serait,
d'après certains auteurs, que le produit d'un croisement breton-hollandais qui aurait donné d'excellents
résultats. « Sous la douce influence d'un climat
maritime, d'une nourriture abondante et de soins
incessants, cette sous-race s'est maintenue excellente
laitière. Elle tient de la race hollandaise par la taille
et l'ampleur des formes, elle emprunte à la race
bretonne la finesse et la richesse du lait, et elle

rappelle les deux par son pelage pie-noir. » (Aujollet.)

Pour Magne, la vache bordelaise serait également
un métis breton-hollandais ayant une grande aptitude
laitière. Magne considère même que cette « race »
créée par croisement serait un fait démonstratif de la
possibilité d'acclimater une race loin de son pays.
Mais le maître ne paraît pas tenir compte, dans son
appréciation, que le bordelais est un pays à climat
maritime comme la Hollande et la Bretagne et que
l'hygrométrie atmosphérique joue le plus grand rôle
dans la production du lait ou dans l'accroissement de
l'aptitude laitière.

Race comtoise. — Y a-t-il plusieurs races comtoises ou seulement une seule race dans laquelle on
distingue deux principales sous-races : La sous-race
de montagne et la sous-race de plaine ? ou bien ces
deux sous-races constituent-elles des races distinctes ?
Bien qu'il y ait des différences très tranchées et bien
nettes entre les deux types comtois, quelques auteurs
les décrivent comme des sous-races et d'autres comme
des races particulières. Mais, tenant compte des caractères communs, M. Sanson ne distingue que deux
variétés comtoises d'une grande race qu'il appelle
Jurassique.

Quoiqu'il en soit, nous considérons que les différences, qui existent entre les animaux de la plaine et
ceux de la montagne sont assez marquées pour qu'on
étudie deux races distinctes dont, d'ailleurs, les aptitudes ne sont pas les mêmes. Dans tous les cas,
cependant, les vaches de ces deux races peuvent être
considérées comme d'assez bonnes laitières, bien

que l'une ait en outre l'aptitude au travail et l'autre une aptitude notoire à la production de la viande.

1° RACE TOURACHE OU MONTBÉLIARDE. — Cette race n'est que la variété comtoise de la race jurassique (*B. T. Jurassicus*) de M. A. Sanson; selon le même auteur, c'est une race brachycéphale, dont la crête du chignon est légèrement ondulée. Les chevilles osseuses du frontal se détachent horizontalement ; elles sont à base circulaire, un peu arquées en avant à partir de la moitié de leur longueur et un peu relevées à la pointe. Le frontal présente une légère convexité entre les bases des cornes. Les os du nez sont larges et sans dépression à leur suture avec le frontal. La branche externe du petit sus-maxillaire est arquée en dehors ; l'arcade incisive est par conséquent large. Le profil est droit, la face large, aplatie et courte.

MM. Rossignol et Dechambre font de la race tourache ou « montbéliarde » une race eumétrique, bréviligne à profil convexe. Je considère qu'il faut un peu forcer la note pour trouver ce caractère de convexité de la face, soit dans le taureau soit dans la vache de Montbéliard (fig. 22).

Le type tourache bien caractérisé présente une tête relativement courte, mais grosse avec un chignon couvert de poils rudes et frisés. Les oreilles sont épaisses et garnies d'un long poil rude. La bouche est grande ; les naseaux sont bruns (E. Tisserant). L'œil est vif. Les cornes, volumineuses, surtout à la base, sont relevées vers les pointes, parfois rejetées en arrière. L'encolure est forte et courte, le garrot épais, le dos assez droit, la poitrine ronde et haute. La

E. THIERRY. Vaches laitières.   4.

croupe est un peu étroite avec les hanches prononcées. La région sacrée est saillante et l'attache de la queue élevée, au point que c'est disgracieux chez beaucoup de sujets. Les membres courts sont très forts et solides. D'ailleurs tout le squelette est volumineux et grossier. La cuisse et la fesse sont bien musclées et la région postérieure, la « culotte » des bouchers, très prononcée et convexe, fait saillie en arrière entre les ischions et les jarrets.

La peau est épaisse, dure, peu souple. Le fanon, très développé et pendant, commence à la lèvre inférieure

FIG. 22. — Vache Montbéliarde.

et s'étend en arrière de l'espace interaxillaire. Le pelage est jaune ou roussâtre avec de larges taches blanches. Le poil est hérissé et dur le long du dos.

L'ensemble de l'animal manque d'harmonie, le train postérieur paraissant très étroit relativement aux régions antérieures plus développées.

On rencontre la race tourache, race de Montbéliard, dans le département du Doubs, dans la partie montagneuse de l'arrondissement de Lure qui confine au

Doubs et à la Haute-Alsace. On la rencontre aussi dans le Jura et dans quelques régions avoisinant les Vosges et les monts Faucilles.

La race, dont nous nous occupons, est assez bonne laitière. Elle donne jusqu'à 2,400 litres (Cornevin) d'un lait riche en caséine qu'on utilise dans les *Fruitières* [1], pour la fabrication des fromages de Gruyère. D'après M. A. Sanson, la production moyenne ne serait que de 1,839 litres de lait.

Les bœufs sont assez bons travailleurs, mais aussi médiocres que les vaches pour la boucherie.

Dans certaines contrées montagneuses de la Franche-Comté et en particulier dans le Jura, le type tourache paraît un peu plus petit. Mais il est vrai de dire qu'il a été souvent amoindri par des croisements avec le schwitz.

« Cette race, dit M. Aujollet, tend à disparaître, cédant sa place aux races suisses, plus belles de formes, plus laitières et plus aptes à l'engraissement. »

L'amélioration de la race tourache par elle-même nous paraît assez difficile, étant donné le rude climat qu'elle habite. Nous ne pensons pas, comme l'a conseillé Magne, que le croisement avec la fémeline soit avantageux à moins d'élever les jeunes en stabulation.

---

1. Les *fruitières* sont des établissements, appartenant à des associations de propriétaires de vaches laitières. Le lait des vaches des membres de l'association est apporté, chaque jour, à la fruitière où il est transformé en fromage. Il est tenu compte des apports de chacun des associés et, après la saison, quand les fromages sont vendus, le produit net, défalcation faite du prix de fabrication, du gage du *fruitier* ou *fromager*, du local, etc., est partagé entre tous les associés au prorata de leurs apports respectifs en lait.

Mais alors on perdrait tout le bénéfice de la rusticité qui résulte du pâturage, par tous les temps, dans la montagne et à d'assez grandes altitudes. Néanmoins une sélection plus attentive et suivie, en même temps qu'un plus long allaitement des jeunes donneraient certainement de meilleurs sujets. Malheureusement l'allaitement artificiel et le sevrage prématuré sont à peu près seuls mis en usage par le comtois.

2° RACE FÉMELINE. — Au point de vue de la caractéristique zoologique et zootechnique, MM. A. Sanson, Rossignol et Dechambre placent la fémeline à côté de la tourache dans leurs classifications respectives. En vérité, il est facile de voir dans ces deux types, de nombreux caractères communs. On sent même, à premier examen, que les différences ne proviennent que des milieux dans lesquels ils sont produits et où ils sont élevés.

Si on appelle *tourache* la race précédemment étudiée et *fémeline* celle dont nous nous occupons en ce moment, c'est à cause du peu de féminisme des femelles de celle-là qui ont toujours quelque ressemblance avec les mâles ; et parce que les mâles dans celle-ci paraissent, eux-mêmes, avoir la « vocation féminine » de MM. Rossignol et Dechambre.

La fémeline est très fine dans l'ensemble. Le corps est grand et élancé.

La tête sèche paraît un peu longue. Les cornes sont fines et souvent assez mal contournées et réjetées en dehors. Elles sont toujours blanches ou, parfois, jaunâtres dans toute leur longueur. Les oreilles sont minces. L'œil est doux. Le mufle est toujours rosé ainsi que les paupières.

Le corps est long avec un col fin et grêle ; la ligne du dessus est assez droite. La poitrine est plutôt haute et profonde qu'ample dans toutes ses dimensions. Les hanches peu larges sont apparentes. Les membres sont fins en raison de l'ensemble du squelette, mais peu musclés. Cependant dans la région postérieure se trouvent une cuisse et une fesse assez développées. La queue est le plus souvent attachée trop haut. Comme conformation générale la fémeline est supérieure à sa voisine la tourache.

La peau est fine, le fanon, apparent cependant, est moins développé que celui de la précédente race. Le pelage, assez uniforme, est couleur froment plus ou moins foncé et plus ou moins lavé. On rencontre à peu près toutes les nuances de l'alezan ou du blond.

La vache fémeline, qui passe généralement pour être plus laitière que la tourache, donne plutôt moins que plus de lait, M.Cornevin, dans son échelle des vaches laitières, la classe au vingtième rang avec une production annuelle de 1,800 litres d'un lait caséeux, aussi employé par les *fruitières*. Elle est d'un engraissement facile et son rendement est assez élevé.

Cette race se rencontre particulièrement dans le département de la Haute-Saône, dans les vallées du Doubs, de l'Oignon, de la Lanterne, de l'Amance et de la Saône, dont les premières sont des affluents. On la rencontre en bandes considérables dans les immenses prairies et pâturages qui bordent ces importants cours d'eau.

La fémeline est une des races bovines qui nous paraissent faciles à améliorer. Elle est, en soi, très malléable. Il suffirait d'une sélection rigoureuse et d'une forte alimentation des jeunes avec un long allaitement. Nous avons vu, dans un grand nombre d'étables du département de la Haute-Saône, particulièrement aux environs de Gray et à l'École pratique d'agriculture de Saint-Rémy, alors que cet établissement était dans toute sa splendeur sous la direction d'un homme distingué, le regretté Cordier, des animaux presque irréprochables, n'ayant pas encore été pollués par l'infusion du sang durham. C'est aussi à Saint-Rémy que M. Binder, avant sa disgrâce imméritée, a pu nous montrer des produits superbes d'un croisement expérimental durham-fémelin.

Dans les concours, on rencontre aujourd'hui, présentés comme types purs, des fémelins provenant, à n'en pouvoir douter, de croisements avec le durham. Il est facile de distinguer ce mélange qui n'a rien de recommandable. Mais c'est d'ordinaire la règle, dans les concours, que les exposants cherchent à tricher aux dépens de leurs concurrents, et à mettre les membres des jurys dans la nécessité ou de faire des erreurs volontaires ou de déclasser leurs animaux.

Race bressane. — La race bressane, dans l'ensemble de sa population, est moins homogène que la fémeline. Il est présumable que ces deux races ont une commune origine (Rossignol et Dechambre). Cette assertion nous paraît être l'expression de la vérité. C'est également l'avis de M. A. Sanson qui considère cette race, ainsi que les deux dernières étudiées, comme des variétés de sa race jurassique. Il est vrai qu'il est facile de reconnaître, chez la bressane, comme chez les deux autres, un certain nombre de caractères com-

muns et parfaitement fixés, décrits par M. A. Sanson
comme univoques et n'appartenant qu'à la race jurassique.

Pour MM. Rossignol et Dechambre la race bressane
a une origine commune avec la fémeline.

Cette race ne mériterait pas, selon nous, une description particulière, elle n'est pas, comme le dit
M. Aujollet, en voie de dégénérescence, elle disparaît
absorbée ou remplacée par la fémeline et d'autres
races voisines de la Suisse. En vérité on ne rencontre
plus guère de bressanes que dans les parties pauvres
du département de l'Ain, dans les Dombes en particulier. On les trouve aussi, mais plus rares, dans l'arrondissement de Lons-le-Saulnier (Jura), dans Saône-et-
Loire du côté de la Bresse et de Châlon-sur-Saône et
même dans le Dauphiné. Nous en avons vu encore de
très bons types au dernier concours régional de
Bourg en 1891.

Si la bressane ressemble beaucoup à la fémeline
avec laquelle elle peut quelquefois être confondue, elle
est généralement moins bien conformée, moins régulière et plus anguleuse. La taille est souvent au-dessous
de la moyenne. La tête est allongée, sèche et relativement grosse. Les cornes longues sont grêles, de couleur claire et à courbure prononcée. La bouche est
grande avec le mufle rosé et parfois un peu brun. Le
col est mince, maigre. Le corps allongé et étroit présente un garrot assez saillant et épais, une poitrine
étroite, à côtes antérieures plates. Le ventre est trop
volumineux, ce qu'explique une mauvaise alimentation
plus riche en ligneux qu'en principes assimilables. Le
dos est sec et assez droit. La croupe est haute avec des

hanches peu larges et saillantes ; elle est un peu oblique en arrière et se rétrécit vers les fesses.

Les membres sont fins et grêles ; les épaules et les cuisses toujours un peu maigres.

La peau est fine, jaunâtre ; le fanon bien apparent n'est pas très développé. Les poils sont peu fournis. La robe est froment pâle ; mais souvent, chez les sujets métis, on trouve du roux et même du noir.

La bressane est une laitière passable qui donne à peu près la même quantité que la fémeline (1,800 litres par an) d'un lait riche en beurre assez délicat. Elle s'engraisse facilement, donnant une bonne viande. Elle est bonne travailleuse. Malheureusement, si, en été, le bétail bressan est passablement nourri, en hiver il l'est fort mal. « Si l'on songe que c'est pendant la saison d'hiver que la plupart des vaches sont en état de gestation, on comprendra que leurs veaux ne peuvent être que chétifs ; d'un autre côté l'éleveur bressan garde pour lui les plus mauvais, et vend ses meilleurs pour la boucherie. » (Rossignol et Dechambre.)

Certains auteurs, Magne en particulier, reconnaissent une variété bressane, vivant dans la montagne, plus forte et mieux conformée et qui a certains caractères la faisant considérer comme descendant de la race tourache.

On a essayé divers croisements pour améliorer la bressane. On ne s'est pas contenté du croisement avec les races suisses, on a même voulu infuser du sang breton et ayr mais sans succès. On ne s'explique pas bien ce que pourraient devenir des métis, provenant de races plus exigeantes et moins sobres que la bressane, dans une contrée où ils ne seraient pas l'objet de soins particuliers et où ils ne trouveraient pas l'alimentation succulente dont ils auraient besoin.

La sélection, une alimentation convenable des mères et des jeunes pourraient améliorer le bétail de la Bresse. Mais, comme le font remarquer avec raison MM. Rossignol et Dechambre, « les améliorations, dont ce pays humide pourrait être l'objet, contribueraient dans une large mesure à améliorer la taille et les formes du bétail qui l'habite. Que l'on transforme les étangs en prairies, que l'on draine les terres, qu'on leur donne le calcaire qui leur manque, et la Bresse ne tardera pas à posséder une race bovine qui sera encore sienne, mais dont le niveau économique atteindra celui de ses voisines, la fémeline et la tourache. »

Nous pensons que ces améliorations seront la conséquence de l'enseignement agricole pratique. Aujourd'hui encore le cultivateur bressan ne sait pas utiliser convenablement son lait. Cependant il est juste de reconnaître que, grâce à l'impulsion donnée par le distingué professeur départemental d'agriculture de l'Ain, grâce à son enseignement si pratique et si bien approprié à la région, des *fruitières* ont été organisées depuis quelques années. Le bressan trouvant là un écoulement fructueux de ses produits ne tardera pas, sans doute, à se lancer dans la voie des améliorations dont il sera le premier à profiter.

Race auvergnate. — Comme toutes les races animales et les habitants, qui peuplent le pays des Arvernes, l'ancienne province d'Auvergne, c'est-à-dire les départements du Puy-de-Dôme et du Cantal, voire de l'Aveyron, la race bovine auvergnate est brachycéphale. La ligne du chignon sinueux ne présente qu'un seul sommet pas très prononcé. Les chevilles osseuses ont une base large, circulaire. Elles se détachent horizontalement du frontal, s'infléchissent en avant et se relèvent à partir des deux tiers de leur étendue jusqu'à leur pointe dirigée en arrière avec une faible obliquité (A. Sanson). Le front est plat, le chanfrein est peu large et parait faire une petite saillie au point où il se confond avec le front. L'arcade incisive est petite en raison de la faible arqûre des branches externes du petit sus-maxillaire. Le profil (fig. 23), d'après M. A. Sanson, est droit avec une petite saillie à la racine du nez ; la face est courte, triangulaire, à base large.

Les animaux de cette race sont ordinairement de grande taille qui va, chez les mâles, de 1m40 à 1m50. Mais il y a une grande disproportion, à cet égard, entre le mâle et la femelle.

Fig. 23. — Auvergnate.

La tête et les membres sont forts en raison du squelette volumineux. Le dos est long, rectiligne, de même que les reins. La croupe est large et longue, avec une queue saillante à sa naissance. Le corps est assez volumineux avec une poitrine ample. Les membres assez courts sont charnus dans leurs rayons supérieurs.

« Les mamelles, d'un volume moyen, ont des trayons un peu longs, dont les antérieurs sont le plus ordinairement situés très près de leur limite. La peau est épaisse et forme au cou un fanon partant de la lèvre inférieure, mais se rétrécissant vers sa partie moyenne, pour s'élargir ensuite jusqu'entre les membres antérieurs. » (A. Sanson.)

Si on rencontre des poils blancs et des poils noirs, ce n'est qu'exceptionnellement. Le plus ordinairement le pelage est rouge acajou, et quelquefois pie-rouge. Le chignon, particulièrement chez le mâle, est couvert de poils longs, épais et frisés. Le mufle rose présente quelquefois des marbrures bleuâtres ou noirâtres. Il en est de même des paupières. Les cornes blanches, ou plutôt grises, sont d'un noir plus ou moins foncé à la pointe.

Il n'y aurait, selon M. A. Sanson, pas d'aptitude prédominante, lait, viande ou travail, pour cette race dans laquelle on distingue deux sous-races assez nettement caractérisées : La sous-race de salers et la sous-race ferrandaise.

A. *Sous-race de Salers.* — MM. Rossignol et Dechambre l'ont décrite comme une race spéciale. Pour ces auteurs c'est une eumétrique, à profil convexe et à proportions longilignes.

La sous-race de Salers se rencontre particulièrement dans le département du Cantal. Elle est d'une taille grande, à grosse charpente osseuse, de forme beaucoup plus régulière aujourd'hui qu'elle n'était autrefois. La tête est grosse, à front large, à chignon couvert de poils longs, épais, frisés. Les cornes grosses sont assez longues, blanches ou grises, luisantes et noires aux pointes. La bouche est moyennement grande. Le mufle rose ou marbré est souvent marron clair. L'encolure forte est bien musclée. Le dos est droit, long et tranchant; les reins sont larges et épais mais tranchants comme le dos. Le flanc est creux ; les hanches sont larges et saillantes. La croupe, assez longue, paraît plus maigre et moins musclée qu'elle ne l'est en réalité; mais elle est un peu rétrécie vers les ischions. La queue attachée haut est saillante à son origine.

Les membres assez courts paraissent être plus musculeux au bipède antérieur qu'au bipède postérieur. Ce dernier présente des cuisses assez rapprochées l'une de l'autre et plutôt maigres que charnues. Les jarrets sont larges et droits et bien disposés pour la marche dans la montagne.

La peau est épaisse et souple. Elle forme un fanon ample et long. Le pelage uniforme est rouge plus ou moins foncé de nuance acajou assez caractéristique. Le poil long et vrillé paraît quelquefois brun.

La vache de Salers, beaucoup plus petite que le mâle et de formes plus parfaites, est docile, vigoureuse, dure à la fatigue, sobre, facile à élever. Elle est assez bonne laitière, donnant par an jusqu'à 2,000 litres d'un lait riche en caséine employé à la confection des fromages du Cantal. Elle est d'un engraissement facile et donne une chair abondante et d'excellente qualité. Elle est aussi employée au travail pour lequel elle a de réelles aptitudes. Elle est encore d'une grande fécondité.

La sous-race de Salers a pour berceau exclusif le département du Cantal qui est seulement centre de production et d'élevage. Les animaux en partent vers 1 an à 18 mois.

Il n'y a pas d'autre procédé d'amélioration à mettre en pratique que la sélection et la gymnastique fonctionnelle pour que cette excellente sous-race de travail et de boucherie devienne bonne laitière. Il faudrait en outre que les veaux ne fussent pas privés aussi jeunes du lait de leurs mères.

Les croisements avec les races anglaises de Hereford,

de Durham et de Devon ont donné, il y a quelque quarante à cinquante ans, des déboires que n'ont pas oublié les éleveurs de Salers qui ne sont pas prêts à recommencer une aussi désastreuse expérience. Tous les métis ont succombé à la tuberculose.

B. *Sous-race ferrandaise.* — Elle n'a aucun intérêt pour nous qui ne voulons étudier ici que les bonnes productrices de lait. La ferrandaise diffère de la Salers par le pelage pie-rouge ou pie-noir. On la rencontre particulièrement dans le Puy-de-Dôme où elle est employée au travail. Elle est beaucoup moins estimée à tous points de vue, et à juste titre, que la Salers.

Race tarentaise ou **tarine** (fig. 24). — « La race tarentaise, dit M. Aujollet, peut bien être une variété de la race brune de la Suisse, mais ses caractères sont aujourd'hui si bien fixés et si constants, que dans les concours on ne lui conteste plus ses titres de race distincte. »

Le professeur A. Sanson en fait en effet, non sans raison à notre avis, une descendante de la race alpine (*B. T. Alpinus*), qui a aussi donné naissance à la sous-race ou variété brune de Suisse, malgré les éleveurs savoisiens et alpins qui tiennent à ce que la tarine « soit considérée comme une race distincte, sans relation de parenté avec la race brune de la Suisse. »

Cependant en examinant les animaux de la Tarentaise avec quelque attention, on constate sans peine qu'ils sont dolichocéphales ; qu'ils ont le chignon sinueux, à deux sommets assez élevés au-dessus de la base des cornes. Celles-ci, qui sont en lyre chez la tarentaise, diffèrent sensiblement quant à leur direction avec celles de la race suisse.

Pour MM. Rossignol et Dechambre, c'est une eumétrique, bréviligne, à profil droit.

L'ensemble des formes de la vache tarine laisse à désirer. Elle est plutôt de taille petite que moyenne. Elle est, dit encore M. Aujollet, plus élevée que la race bretonne dans l'échelle agricole. « C'est la race des fortunes modestes et des terrains médiocres. »

La tête est forte, les cornes disposées en lyre sont assez grosses et d'une longueur moyenne. La face est large et aplatie. La bouche est grande, à lèvres épaisses avec le mufle bleuâtre ainsi que les paupières. Les oreilles grandes et larges sont garnies à leur intérieur de poils clairs et longs.

L'encolure est courte, le dos un peu ensellé avec le rein bas. La croupe est courte et la queue attachée haut. Les membres sont forts et courts, les jarrets souvent très arqués (Aujollet). Les épaules sont maigres et les cuisses minces. Le corps, fortement charpenté, est trapu.

La peau est dure avec des poils rudes. Pour quelques observateurs, au contraire, la peau serait épaisse mais souple. Dans plusieurs circonstances, et particulièrement au dernier concours régional de Bourg, où la tarine ne manquait pas, nous avons trouvé la peau plutôt dure que souple.

Le pelage est fauve plus ou moins jaunâtre, ou allant du gris clair au gris foncé, paraissant même brun tirant sur le noir dans les régions antérieures, avec nuances dégradées autour des yeux et du mufle, sur le dos, à la face interne des membres et sous l'abdomen.

Les mamelles, ordinairement volumineuses et irré-

Fig. 24. — Vache Tarentaise (d'après une photographie communiquée par M. Cornevin).

gulières, sont presque toujours recouvertes de longs poils blancs. Les trayons sont très gros et très longs.

La race tarine donne de bons animaux de travail susceptibles de s'engraisser assez bien, donnant aussi une viande assez bonne, *ordinaire*. Les vaches aussi bonnes travailleuses que les mâles sont assez bonnes laitières avec un produit annuel, malgré leur taille relativement petite, de 1,800 à 1,900 litres d'un lait riche en caséine. Elle est sobre, plus exigeante sur la quantité que sur la qualité des aliments.

La race tarentaise se rencontre particulièrement dans les deux départements savoisiens et se répand dans les Hautes et les Basses-Alpes. Elle tire son nom de la partie d'une ancienne province italienne connue sous le nom de diocèse de Tarentaise. Elle est chaque jour plus appréciée comme laitière. Nous l'avons vue importée à Paris où elle a donné des résultats satisfaisants.

Race limousine. — Si la race limousine, dont M. A. Sanson fait une importante variété de la race d'Aquitaine (*B. T. Aquitanicus*), n'est pas, à proprement parler, une race laitière, elle est selon nous très susceptible d'amélioration dans le sens de la production suffisante du lait. Elle a des caractères généraux de finesse, de précocité et de rusticité qui, à notre avis, doivent la faire considérer comme une race précieuse pouvant, dans un milieu favorable et sous l'influence d'une gymnastique fonctionnelle spéciale, donner un important rendement en lait.

C'est avec raison que suivant la voie tracée par son éminent et regretté père, M. Teisserenc de Bort fait, par sa parole, ses écrits et ses bons exemples pratiques, d'admirables animaux de race limousine.

« La race limousine, disent MM. Rossignol et Dechambre, pourrait être avantageusement employée pour améliorer le bétail du bassin de la Garonne, à cause de sa meilleure conformation et de ses aptitudes laitières plus marquées. »

Nous croyons donc avec raison pouvoir ranger cette magnifique race parmi les laitières françaises.

La race limousine est dolichocéphale, avec le chignon à un seul sommet accentué. Les chevilles frontales sont à coupes elliptiques et assez grosses à la base et insérées un peu obliquement de haut en bas. L'arcade incisive est relativement peu large. Le profil de la tête est droit ; la face est allongée, triangulaire, ni aplatie ni tranchante (A. Sanson).

C'est une eumétrique, médioligne, à profil convexe (Rossignol et Dechambre). Nous considérons qu'il faut mettre assez de bonne volonté pour trouver le profil véritablement convexe.

Si on se reportait aux anciennes descriptions des auteurs qui ont étudié la race limousine, Magne, E. Tisserant, etc., il serait impossible de reconnaître la race que nous voyons aujourd'hui dans les concours comme étant la race limousine. Ce qui prouve bien que, par suite des améliorations culturales, elle a été elle-même l'objet de soins particuliers qui l'ont complètement transformée.

De taille moyenne ou un peu au-dessus, la race limousine présente une tête peut-être un peu volumineuse avec des cornes assez grosses, aplaties à la base, noirâtre aux extrémités. Le mufle, les paupières et les ouvertures naturelles sont rosés. La bouche est moyennement grande.

E. Thierry. Vaches laitières.   5.

L'encolure un peu forte présente à son bord inférieur un fanon parfois assez développé, partant de la lèvre inférieure et s'étendant jusqu'entre les membres de devant. Le dos droit paraît un peu fléchi en raison de la croupe large et élevée. La poitrine est ample avec la côte ronde.

La vache est généralement beaucoup plus petite que le mâle avec un squelette fin. La mamelle, s'étendant peu en avant sous l'abdomen, est mal conformée. Au concours de Paris (1895), nous avons rencontré de très belles vaches avec un pis magnifique et assez étendu en avant.

Les membres assez forts sont très charnus dans la région supérieure, avec des fesses et des cuisses convexes.

La peau est généralement fine et souple chez les vaches. La robe est blonde, froment foncé plutôt que clair. Beaucoup d'individus ont des poils fins et frisés.

L'aptitude générale de la race est un peu le travail et beaucoup la production d'une viande succulente et abondante. Au point de vue de la qualité et du rendement la race limousine est bien supérieure à la race Durham et, à ce point de vue, comme à bien d'autres, comme le dit M. A. Sanson, elle n'a pas dit son dernier mot.

Le rendement moyen annuel est de 1,500 à 1,600 litres d'un lait riche en caséine pouvant être employé à la fabrication d'excellents fromages.

La race limousine se rencontre dans la Creuse, la Vienne, la Haute-Vienne, la Dordogne et les contrées limitrophes où elle a formé un certain nombre de bonnes variétés de boucherie.

« On a cherché, dit M. Aujollet, à augmenter la taille et le poids de la race limousine, en la croisant avec le Salers ou le Durham ; l'expérience a montré que c'était une folie. Une race si précieuse doit être conservée avec ses qualités ; c'est par les soins et par la sélection qu'on parviendra à développer encore les parties qui fournissent les morceaux de premier choix ».

Nous ajoutons que, quand on le voudra, en faisant une sélection rigoureuse, en donnant de bonne heure la femelle au taureau, en soumettant la mamelle à une gymnastique convenable et précoce, on créera des familles qui deviendront, par la suite, une variété bonne laitière de la race limousine.

Race lourdaise ou d'Urt. — Elle habite, sous ces deux noms différents, les départements des Hautes et des Basses-Pyrénées. Elle paraît être très voisine de la race limousine dont elle se distingue par son moindre volume et son pelage plus clair.

En même temps que travailleuse, la vache de Lourdes est assez bonne laitière, arrivant à un rendement annuel de 1,400 litres de lait employé à la fabrication du beurre.

Soit dans la variété de Lourdes, soit dans celle d'Urt, qu'il est impossible de distinguer réellement l'une de l'autre, on trouve des familles remarquables très améliorées.

II. — RACES ÉTRANGÈRES.

La France n'a pas la spécialité des races laitières remarquables. Parmi les races étrangères, il en est

un certain nombre qui possèdent des qualités au moins
égales et mêmes supérieures à celles des nôtres. De
même que pour les vaches laitières françaises nous ne
nous occuperons ici que des races pouvant, avec profit,
être exploitées sur notre territoire, ou utilisées pour
des croisements en vue de l'augmentation de la production du lait. Nous étudierons donc seulement les

FIG. 25. — Vache hollandaise (fig. empruntée à Cornevin, zootechnie).

races HOLLANDAISE, DANOISE, SUISSES comprenant la
schwitz, les races de Berne et de Fribourg, etc. ; d'AYR,
des ILES DE LA MANCHE, de KERRY et de DURHAM. Ce
n'est pas que nous considérions cette dernière comme
une laitière, mais elle a joué et joue encore un rôle si
considérable dans les croisements des races bovines

que nous ne pensons pas pouvoir nous dispenser d'en faire une étude spéciale.

Race hollandaise (fig. 25). — Cette race constitue, pour le professeur A. Sanson, plusieurs variétés importantes de la race des Pays-Bas (*B. T. Batavicus*). Elle est dolichocéphale, avec un chignon sinueux et saillant entre les cornes et en avant. Cette ligne du chignon est particulièrement caractéristique. Les chevilles frontales se détachent horizontalement et perpendiculairement au plan médian du corps. Elles sont peu développées, très arquées en avant, quelquefois relevées ou un peu abaissées à la pointe. La coupe de leur base est elliptique à grand diamètre oblique de haut en bas et d'arrière en avant. Les cornes semblent donc un peu comprimées dans le même sens au lieu d'être coniques (A. Sanson).

Le chanfrein est étroit, l'arcade incisive petite, la face triangulaire avec profil saillant.

MM. Rossignol et Dechambre font, de la hollandaise, une hypermétrique longiligne à profil concave (?) (fig. 26). Il y a là une petite exagération systématique de la théorie ethnologique des auteurs.

La race bovine hollandaise, telle que nous la connaissons, surtout en France, par les femelles infiniment plus nombreuses que les mâles, présente des caractères tels qu'il est difficile de la confondre avec aucune autre race, si ce n'est avec la flamande qui a tant de points de ressem-

Fig. 26. — Profil de vache hollandaise.

blance qu'on peut penser, avec M. Sanson, qu'elles ont toutes deux la même origine.

Les auteurs zootechnistes distinguent plusieurs variétés hollandaises qui ne paraissent pas avoir de différences tranchées ; et ces différences, qui résident dans la taille plus ou moins élevée et, un peu dans les formes plus ou moins régulières, sont dues à un ensemble de conditions locales climatologiques, géologiques et culturales différentes. Nous signalerons d'ailleurs ces variétés quand nous aurons terminé l'étude du type hollandais.

La race, dont s'agit, est d'une taille qui dépasse ordinairement la moyenne.

La tête est fine (fig. 27), un peu longue, avec un front ordinairement large et une face étroite[1]. La bouche est relativement petite avec un mufle noir comme les paupières. Les cornes petites, courtes, aplaties sont recourbées en avant et un peu en haut, mais souvent aussi en bas. Elles sont le plus souvent noires ou grisâtres, mais toujours noires aux extrémités, comme les onglons.

FIG. 27.

L'encolure est fine, mince ; le corps long avec la poitrine assez ample. On ne trouve plus guère aujourd'hui de sujets à « poitrine conique et étroite » (E. Tis-

---

1. D'après la description de M. Sanson et la figure 27. Il est facile de voir que le profil serait plutôt convexe que concave quoi qu'en disent MM. Rossignol et Dechambre.

serant). Le dos est droit, les reins larges comme le
bassin. Les hanches sont assez sorties. La queue assez
courte, bien attachée ou attachée bas, est noyée entre
les pointes des fesses. La culotte et toute la région
de la fesse et de la cuisse ne sont pas très musclées.
Cependant nous connaissons en Bourgogne, et particulièrement dans le département de l'Yonne, un certain
nombre de familles de la race hollandaise qui, bien
soignées, fortement alimentées, ont acquis, après deux
ou trois générations au plus, une fesse descendue, convexe avec une croupe très charnue (*cul de poulain*) qui
auraient souvent fait penser, n'était la pureté des caractères de la robe et de l'ensemble, à des croisements
avec le nivernais (Durham-Charolais). Et cependant nous
avons la certitude qu'il n'y a jamais eu mélange de ces
familles avec d'autres familles d'autres races quelles
qu'elles soient. Nous avons eu, dans divers concours
régionaux, occasion d'assister et de prendre part à de
sérieuses discussions relatives à la pureté contestée des
animaux exposés comme hollandais, en raison de la
conformation acquise des régions postérieures.

Les membres sont fins et même un peu grêles. Ce
qui tient à la finesse même de tout le squelette.

Les mamelles sont bien développées, de forme len-
ticulaire, régulières, s'avançant sous l'abdomen, avec
des trayons petits disposés en carré.

La peau fine et souple ne présente qu'un fanon
rudimentaire. Le pelage est ordinairement pic-noir ou
pic-rouge et quelquefois même complètement rouge.
Nous avons vu au commencement d'octobre 1892, chez
un agriculteur fort distingué et très habile éleveur du
Loiret, M. C. Bizouerne, de Secval, près Pithiviers,

une très belle famille de hollandais purs qui, chez
certains individus à peu près complètement rouges,
rappelaient à s'y méprendre les caractères de la flamande. Ceci semble donner une fois de plus raison à
l'opinion ferme du professeur A. Sanson qui veut que
le hollandais et le flamand ne soient que des variétés
d'une même race, celle des Pays-Bas. Aussi bien :
mêmes formes générales, mêmes caractères spécifiques
du crâne et de la face, mêmes aptitudes, mêmes défauts
chez les deux types.

La vache hollandaise a les formes anguleuses ; et si
elle paraît avoir la poitrine étroite, cela tient au développement considérable de l'abdomen, fait qui se
remarque chez toutes les femelles éminemment laitières. Or, on sait que la hollandaise est une laitière
remarquable donnant une moyenne annuelle de 3,400
litres d'un lait relativement pauvre en matières grasses;
on trouve même des sujets donnant jusqu'à 4,000 litres (A. Sanson), et jusqu'à 4,800 litres pour une
période de lactation de 340 jours (Rossignol et Dechambre). Nous avons connu, chez un agriculteur
d'Auxerre, M. T. Geste, une vache hollandaise donnant, pendant les trois premiers mois après le vêlage,
45 litres d'un très bon lait. Cette race, dont la production allait *decrescendo,* donnait encore 10 litres de
lait par jour après le huitième mois de la gestation.

D'après M. Aujollet, l'analyse moyenne du lait de
vache hollandaise ne donnerait que 10,30 % de matière
sèche dont 2,70 de beurre et 3,20 de caséine. C'est
en somme un lait pauvre propre surtout à être vendu
et consommé en nature, du moins en France.

Si la race bovine hollandaise est impropre au travail,

elle a une disposition marquée pour l'engraissement. Et, de fait, nous avons souvent constaté qu'après leur troisième veau, des vaches hollandaises bien nourries, devenaient impropres à la production laitière et s'engraissaient très rapidement, fournissant une viande de première qualité. Mais ce sont des animaux délicats pour lesquels il faut choisir les aliments, et plus exigeants sur la qualité que sur la quantité.

La race hollandaise, originaire des *polders*, se rencontre dans les provinces de Frise, de Groningue et de presque toute la Hollande. On la trouve très répandue en Belgique et dans le nord de la France. Elle s'est propagée avec ses qualités dans le bassin de la Seine, dans le centre et dans l'est de la France, et particulièrement dans la Haute-Saône où nous en avons trouvé de singuliers échantillons dans le canton d'Héricourt chez un agriculteur, grand coureur de concours plutôt qu'éleveur de mérite. On la rencontre aussi dans le Doubs où on l'a croisée, sans grand succès d'ailleurs, avec le Durham. Mais elle ne paraît pas avoir réussi au sud de la Loire, non plus que dans la vallée du Rhône pour des raisons que nous exposerons plus loin.

Pour M. A. Sanson, il y a trois variétés bien distinctes de vaches hollandaises. L'une, qui est la grande variété que nous venons de décrire ; « l'autre, la moyenne, habite la province de Zélande, dans le nord et le sud-Beveland et la Flandre hollandaise ; la troisième enfin, qui est la petite, se rencontre dans les landes et les terres sableuses des provinces de Drenthe, d'Overyssel, de Gueldre, d'Utrecht, de Brabant septentrional et de Limbourg. »

En vérité, dans toutes ces contrées il y a des échanges

des diverses variétés de la race bovine hollandaise qui, à des degrés différents, sont toutes de bonnes laitières, en tenant compte bien entendu de la taille et de la richesse de l'alimentation à laquelle on les soumet.

Race danoise. — M. Aujollet décrit une race danoise « comprenant plusieurs variétés se distinguant entre elles par la taille et par la robe variant du rouge paille uni au rouge blanc, au rouge noir ou au pie-noir ». Cette race, originaire du Schlwig-Holstein, comporterait une variété particulièrement intéressante, celle d'Angeln habitant le Jutland.

Ce ne sont en somme, et à vrai dire, que des variétés plus ou moins pures du hollandais, ayant des qualités laitières moindres et ne paraissant avoir qu'un intérêt médiocre pour les éleveurs français.

Races suisses. — Notre petite voisine, la République helvétique, possède des races bovines remarquables ayant toutes des titres sérieux à l'attention des éleveurs, des nourrisseurs, de tous ceux enfin qui exploitent les bovidés au point de vue de la production laitière, du travail ou de la viande. Ces races, avec des caractères particuliers varient selon les contrées et le milieu climatologique. Nous n'étudierons ici que les races vraiment intéressantes comme laitières et qui sont plus particulièrement importées et exploitées en France. Nous nous restreindrons donc à deux races qui ont, en Suisse même et en France, quelques variétés assez estimées; ce sont la race schwitz et la race de Berne ou de Fribourg.

A. RACE SCHWITZ (fig. 28). — Cette race, tant par elle-même que par ses variétés, est répandue dans environ la moitié du canton de la Suisse sous le nom de

FIG. 28. — Vache Schwitz (d'après une photographie communiquée par M. Ch. Martenot).

Braunwich ou *bétail brun*. M. A. Sanson n'en fait qu'une variété importante de la race des Alpes (*B. T. Alpinus*). Elle est dolichocéphale, elle a, comme la race tarine, dont elle paraît bien être la souche, la ligne du chignon sinueuse à deux sommets assez élevés au-dessus de la base des cornes. « Les chevilles osseuses, à base large et circulaire, sont insérées à peu près horizontalement, un peu courbées en avant d'abord puis relevées à leur pointe. Elles sont courtes relativement au volume ordinaire du crâne » (A. Sanson). L'arcade incisive est large. L'ensemble de la tête est court et camus avec la face large et plate.

La race schwitz est une eumétrique, bréviligne à profil droit (Rossignol et Dechambre).

Elle est de taille moyenne et même un peu au-dessus. Son squelette est souvent assez volumineux. La tête paraît courte, large, avec des cornes en lyre basse (Rossignol et Dechambre), fortes, grises ou noires. Les oreilles sont grandes et épaisses et garnies à l'intérieur de longs poils blancs ou grisâtres. L'œil est vif. La bouche est grande avec un mufle large de couleur noire ou bleuâtre, ainsi que les paupières. « L'anus, les lèvres de la vulve, le scrotum sont toujours tachés de noir. Jamais ils ne se montrent rosés ou couleur de chair chez les sujets purs. » (A. Sanson.)

L'encolure est assez musclée. Le corps est long, rond, avec le dos assez droit mais souvent aussi un peu creux. Le poitrail est large, la poitrine ample. La croupe est haute avec les hanches larges. Les membres sont forts, avec de belles articulations et de bons aplombs. Les onglons sont noirs. Les épaules, les cuisses et les fesses sont bien fournies.

Les mamelles volumineuses, à gros trayons irrégu-
liers, sont souvent taillées à pic à leur bord antérieur
ne s'étendant jamais en avant sous l'abdomen. Cependant dans certaines familles très améliorées on trouve
des mamelles assez prolongées en avant. Elles sont toujours recouvertes de poils blancs, fins et longs.

La peau est épaisse, un peu dure. Mais on la trouve
assez souple chez les animaux bien entretenus. Le
fanon est large et épais sous le cou. Les poils sont
rudes. « Le pelage va du brun foncé au café, au gris
clair, jaunâtre ou blanchâtre, et entre ces extrêmes se
trouvent toutes les nuances intermédiaires. Mais toujours les sujets sont d'une seule couleur, et ils
ont tous le signe caractéristique d'une zône plus
claire, blanche ou d'un gris brillant autour du mufle.
Sur toute la longueur de l'épine dorsale il y a une raie
de poils aussi plus clairs, nettement tranchée, gris
blanchâtre ou jaunâtre qui va parfois jusque sur le
chignon. A la face interne des cuisses, sur les mamelles
et sous le ventre, jusque sur la poitrine et les membres
antérieurs, il y a de même, ordinairement du moins,
une dégradation de la nuance des poils (A. Sanson).
Aux parties antérieures du tronc et sur les membres
antérieurs, le pelage est toujours plus foncé, de
même que les poils du chignon très fournis et frisés.

La robe, facile à reconnaître, est en vérité difficile
à décrire. Mais elle est certainement caractéristique
de la race; car, dans les croisements mêmes elle se
perpétue après de longues années. Encore aujourd'hui,
dans certaines communes du canton de Flogny (Yonne),
on trouve des animaux avec cette robe fixée, mais un
peu modifiée, par des taureaux schwitz introduits dans

la contrée en 1852 par le marquis Anjorrant, bien que depuis 1857 aucun sujet pur n'ait été amené. Cette fixité de la robe donne raison à la théorie de M. Cornevin qui considère que les phanères et leur coloration sont de véritables caractères ethniques.

La vache de schwitz, qui s'engraisse facilement et donne une chair médiocre, grossière, peu savoureuse[1], est bonne laitière. Elle donne jusqu'à 2,800 litres de lait par an (Cornevin) et même 2,900 (A. Sanson). Nous connaissons une étable, dont nous parlerons plus loin, où les vaches, au nombre de 20 à 25, donnent jusqu'à 3,100 à 3,200 litres de lait par an. Le lait riche en matière sèche contient plus de matières grasses que de caséine.

La race schwitz a plusieurs variétés, trois au moins, dont les principales sont : 1° la *variété lourde,* celle que nous venons de décrire, pouvant atteindre jusqu'à 750 kilogrammes (A. Sanson), et qu'on trouve dans les cantons de Lucerne, Zug, Schwitz, Glaris, etc. ; 2° la *variété moyenne,* ne dépassant pas le poids de 550 kilogrammes, qui habite les Grisons, les cantons d'Unterwald, de Saint-Gall, d'Uri ; 3° enfin la *variété légère,* qu'on rencontre au sud du canton d'Uri, dans les canton du Tessin, du Valais, d'Appenzell, dont le poids ordinaire est de 450 kilogrammes.

---

1. M. Charles Martenot aussi habile éleveur qu'agronome distingué, m'écrit : « Cette viande, malgré la prévention qu'ont certaines personnes sur la viande de bêtes de couleur brune, est aussi bonne que celle des meilleurs animaux de boucherie. Le rendement moyen des vaches dépasse 55 0/0 et je produis des taureaux de 3 ans dont le rendement atteint 75 0/0. » Il se peut que chez M. Martenot, dont les animaux sont améliorés au possible, la viande devienne plus fine.

A des degrés divers toutes ces variétés sont laitières proportionnellement à leur poids vif.

La race schwitz est aujourd'hui, et depuis une cinquantaine d'années, très répandue en France et particulièrement dans l'est, dans les localités où se trouvent des *fruitières*. Elle a dû contribuer par son croisement avec le hollandais, à constituer la race vosgienne intéressante parmi les populations bovines métisses. On rencontre la schwitz dans toute la vallée de la Haute-Seine, en concurrence avec la race fribourgeoise, en Bourgogne, en Brie, etc. Son lait vendu et consommé en nature est très apprécié.

En Franche-Comté et dans la Bresse on emploie beaucoup le taureau schwitz comme type améliorateur (Rossignol et Dechambre).

La race schwitz s'améliore facilement par elle-même. Nous connaissons chez M. Charles Martenot, à Maulnes, arrondissement de Tonnerre (Yonne), un superbe troupeau de schwitz à grand rendement créé par importation en 1860 et qui a été maintenu et amélioré par sélection et consanguinité. Les animaux, toujours en parfait état, s'accommodent très bien de la nourriture et du climat de cette région un peu montagneuse. « Pour moi, écrit M. Martenot, cette race est rustique et convient particulièrement à nos pays secs où prospèrent les troupeaux de moutons. Tout le Châtillonnais a adopté cette race schwitz et on y rencontre des étables remarquables. »

B. **Race de Berne** ou **de Fribourg** comprenant la **race de Simmenthal**. — « Longtemps confondue avec les races de Fribourg et de Berne, la *Simmenthal* forme aujourd'hui une race parfaitement distincte. »

(Rossignol et Dechambre.) Les auteurs des *Éléments d'hygiène et de zootechnie* me permettront bien, pour une fois, de ne pas accepter cette assertion. Je n'aurais, pour montrer les rapports étroits entre les trois types, objets de cette étude, qu'à citer la description même que mes deux estimés confrères donnent respectivement des races de Simmenthal, bernoise et fribourgeoise. En réalité, à part quelques particularités du pelage, insuffisantes ici pour caractériser une race, je ne vois rien qui les distingue nettement. Mais ce n'est pas le lieu de discuter et je ne vois vraiment pas matière à polémique. Depuis une dizaine d'années, dans les différents concours généraux et régionaux où sont exposés des animaux de ces prétendues races, j'ai observé bien attentivement une grande quantité de sujets, et j'avoue que j'ai dû ne reconnaître que des variétés ayant une même origine bien nettement accusée par l'ensemble des caractères communs infiniment plus nombreux et plus tranchés que les caractères particuliers résultant des nuances de la robe.

« Les cantons de Fribourg et de Berne sont les centres d'élevage de cette race connue également sous le nom de *race tachetée*. Dans le canton de Fribourg, c'est la robe tachetée pie-noir qui est la caractéristique de la variété généralement exploitée dans ce canton ; dans celui de Berne c'est la robe tachetée pie-rouge. A côté de ces deux variétés il en existe une troisième de l'Oberland bernois, le long de la Simmen, dont les eaux se jettent dans le lac de Thoun ; on la désigne sous le nom de *Variété de Simmenthal.* Elle est ordinairement rouge pâle, quelquefois rouge-pâle et blanc ». (Aujollet). Je me rallie complètement à cette opinion qui est aussi celle, plus restrictive encore, de M. A. Sanson, puisqu'il considère les bernois, fribourgeois et Simmenthal comme de simples variétés de la grande race jurassique dont nous avons donné les principaux caractères en décrivant la race tourache ou de Montbéliard.

Un auteur déjà ancien, E. Tisserant, a lui aussi confondu dans une seule et même description les races de Berne ou de Fribourg et de Simmenthal.

MM. Rossignol et Dechambre, qui font trois races distinctes des sujets dont nous nous occupons, les considèrent comme des eumétriques, jurassiques à profil convexe (?), mais il paraissent faire une catégorie à part de la fribourgeoise qui, moins volumineuse, appartiendrait aux eumétriques « submajeurs ».

Magne, qui nous a tous précédés non sans mérite et sans gloire, confond également les mêmes types dans sa description, si pleine d'une haute compétence spéciale, de la « race pie de Fribourg et de Berne ».

Nous n'avons donc qu'à nous occuper ici des trois variétés auxquelles nous consacrerons respectivement un paragraphe spécial.

1° *Variété fribourgeoise.* — Le bétail fribourgeois est bien conformé et de forte taille. Il est blond, massif. La tête grosse (fig. 29) présente un front large garni de poils épais et frisés. Les cornes grosses, rejetées en arrière, sont blanches ou jaunâtres avec la pointe noire. Les oreilles sont grandes et garnies d'un poil long à leur intérieur. La bouche est grande avec un mufle « toujours noir ».

L'encolure forte, très musculeuse, porte à son bord inférieur un fanon ample et épais. Le garrot est épais et assez haut. Le corps long et assez droit mesure environ 2^m,25 de la nuque à la naissance de la queue qui est forte et toujours attachée haut. Les membres sont rustiques et fortement musclés dans leurs rayons supérieurs.

Les vaches de cette variété mangent beaucoup et produisent de gros veaux ; mais leur rendement en lait et en viande n'est pas en rapport avec leur taille et leur consommation (Aujollet).

Une fribourgeoise peut donner 2,400 litres de lait (Cornevin). Le produit moyen serait de 2,200 litres par an (Aujollet). Le lait de très bonne qualité est employé à la fabrication des fromages de Gruyère si renommés. Les nourrisseurs lyonnais ont une prédilection marquée pour la fribourgeoise comme laitière, qui consomme volontiers et avec grand profit les résidus industriels.

Fig. 29. — Fribourgeois.

Le centre de production se trouve aux limites des cantons de Berne et de Vaud, dans les districts de Bull et de Gruyère.

« Le canton de Fribourg est admirablement partagé pour l'élevage du bétail ; si sa race est exigeante, ses prairies et ses herbages sont fertiles et ses plantes fourragères succulentes. Les districts de la Gruyère, de la Glane et de la Sanne se distinguent par le choix et la bonne tenue de leur bétail. » (Aujollet.)

Les mâles châtrés de la variété de Fribourg sont de bons travailleurs. Ils s'engraissent bien ; mais en raison

de leur énorme charpente ils ne donnent qu'un rendement moyen.

2° *La variété bernoise* diffère de la précédente par
un squelette moins volumineux et une conformation
moins bonne, mais surtout par le pelage pie-rouge.
Elle est moins grosse mangeuse tout en donnant autant de produits en travail, en viande et en lait. Malgré
l'ensemble plus fin, la charpente osseuse est encore
considérable et la tête forte. Le mufle est presque
toujours rosé. Le fanon est très pendant, le dos et le
rein sont un peu creux avec la base de la queue très
saillante.

La vache est bonne laitière, — 2,200 litres de lait
(Aujollet), — et la viande serait médiocre d'après le
même auteur. Tandis que MM. Rossignol et Dechambre
prétendent que « la race bernoise » est en voie d'être
absorbée par la Simmenthal, M. Aujollet dit que « la
variété bernoise est en progrès et gagne du terrain
grâce à une bonne sélection des reproducteurs mâles et
femelles. »

3° *Variété de Simmenthal* connue aussi sous le nom
de *Race de Berne améliorée.* — Cette dernière déno-
mination dit assez clairement ce qu'est la prétendue
race de la vallée de la Simmen qui est particulièrement
répandue à l'est, au nord-est de la France et jusqu'en
Bourgogne, dans les vallées de la Saône et de la
Seine. Elle est belle, à tous points de vue, et l'on comprend qu'elle fournisse aujourd'hui des types amélio-
rateurs non seulement pour les races tachetées de
Suisse, mais aussi pour les races comtoises.

C'est depuis 1859, date de la création des exposi-
tions et des primes, que la variété Simmenthal s'est

améliorée, en même temps que la production a été stimulée par les demandes des éleveurs. La sélection attentive a été la conséquence obligée de la situation économique faite aux bons sujets.

« La tête et les membres se sont allégés ; les cornes sont devenues fines ; le col est moins épais avec un moindre fanon, le garrot épais, le dos droit, la croupe large, la base de la queue peu saillante, la poitrine ample, bien arrondie et profonde ; les épaules sont longues et fortement musclées, ainsi que les cuisses; les membres sont courts bien d'aplomb ; la peau est généralement souple et molle. » (A. Sanson.)

A côté de l'affinement général, le caractère qui ressort le plus, dans la Simmenthal, est le pelage pie-rouge assez pâle avec la tête blanche et le mufle toujours rose.

La vache de Simmenthal est une bonne laitière qui donne, d'après M. Cornevin, 2,300 litres de lait par an et 2,000 litres seulement d'après M. Aujollet. Nos observations personnelles se rapprochent et dépassent même la moyenne indiquée par le savant professeur lyonnais. Ce lait caséeux convient pour la fabrication des fromages de Gruyère. Il est d'une richesse variable en beurre ; car on a observé une variation de 18 à 28 litres de lait pour faire 1 kilogramme de beurre.

Il n'est pas douteux que, dans un délai relativement court, le bernois, le fribourgeois et le Simmenthal seront confondus ou mieux fondus les uns en les autres par suite des améliorations qui résultent de soins plus judicieux et de la sélection constante des reproducteurs. L'état actuel du bétail de la variété de Simmen-

thal, est un bel exemple de ce que peuvent devenir des animaux améliorés, sur place, par sélection.
Ce serait certes une grosse erreur de penser qu'il
serait possible de mieux faire par un croisement
quelconque. Mais quel croisement? Il ne faudrait
songer ni au hollandais ni au Durham qui s'accommo-
deraient peu de la montagne et des alpages.

Race d'Ayr ou **d'Ayrshire.** — Les auteurs de la génération qui a précédé la nôtre et qui, par conséquent, furent nos maîtres, Magne et autres, ont considéré les animaux du comté écossais d'Ayr comme une
race pure, tout en reconnaissant qu'elle était « nouvelle
et d'une origine inconnue » (Magne). Pour M. A. Sanson,
ce n'est qu'une population métisse. D'autres, *inter
quos* M. Aujollet, déclarent que « la race d'Ayr est
loin d'être pure et rappelle à peine la race primitive ».
D'autres enfin, tout à fait modernes, pensant, avec le
jeune maître ès-zootechnie d'Alfort, M. Raoul Baron,
qu'il est possible de créer des races nouvelles par
croisement, la décrivent comme une race spéciale.

Pour MM. Rossignol et Dechambre, la race d'Ayr
est ellipométrique, bréviligne à profil droit. « La
petite race d'Ayr, disent-ils, est ramassée dans tout son
ensemble ; sa robe est rouge uniforme ou pie-rouge.
La teinte rouge varie du foncé au froment, les plaques
sont souvent bordées. La tête est fine, le mufle noir,
les cornes en *croissant;* la peau est épaisse, le poil
rude. La mamelle bien faite avec des trayons petits.
Cette race habite le sud-ouest de l'Écosse, le long du
bras de mer qui sépare cette province de l'Irlande, et
dans le comté dont elle porte le nom. De là elle s'est
répandue dans toute l'Écosse et sur de nombreux

points de l'Angleterre. On a essayé de l'introduire en France sans parvenir à lui faire prendre beaucoup d'extension. La vache d'Ayr est bonne laitière et d'un entretien facile en raison de sa petite taille ; elle n'est cependant pas aussi rustique que la bretonne. Elle s'engraisse facilement quand elle ne donne plus de lait. Le fromage de Dunlop est fabriqué avec le lait des vaches d'Ayr. »

Une vache de cette race donnerait, d'après M. Cornevin, la quantité prodigieuse de 750 litres de lait.

Personnellement, même aux concours agricoles généraux de Paris, nous n'avons jamais eu occasion d'étudier les animaux de cette race.

Race des îles de la Manche. — « En décrivant la race irlandaise, dit M. A. Sanson, nous avons mentionné, pour mémoire, une variété des îles de la Manche, en renvoyant au présent chapitre ce qui concerne la population de Jersey, qui est en réalité métisse. »

La race des îles de la Manche serait, pour le professeur A. Sanson, le résultat d'un croisement du breton et du normand (variété cotentine). Cependant quand on a étudié avec soin des Jerseyais en assez grand nombre, fussent-ils de familles différentes, on est bien obligé de reconnaître des caractères qui se répètent avec une fixité constante.

Il est fort possible qu'à l'origine, les animaux bovins de Jersey, de Guernesey et d'Alderney, n'aient été que des produits du croisement plus haut indiqué. Mais il n'en est pas moins vrai qu'aujourd'hui, avec les précautions si rigoureusement prises et maintenues par les autorités de ces îles anglaises, l'ensemble des familles présente des caractères propres et que de bonne foi on ne saurait contester qu'il y a bien là une race particulière. C'est même, je crois, en s'appuyant sur les caractères constants de cette race que M. le professeur Baron a pu donner, dans ses *Méthodes de reproduction en zootechnie,* une théorie rationnelle de la possibilité de création de races nouvelles par le croisement méthodiquement employé. Nous ne contestons pas toutefois qu'à l'étude attentive, on ne trouve aussi, dans de très nombreux sujets de la race de Jersey, des caractères indélébiles tout à la fois de la race bretonne et de la race cotentine. Nous avons eu maintes fois occasion d'en faire l'observation.

Pour MM. Rossignol et Dechambre, la race bovine de Jersey, de Guernesey ou d'Alderney — ce qui est tout un — est une ellipométrique, médioligne, à profil concave.

La taille des *Jerseyais* (les éleveurs emploient souvent cette expression pour désigner les animaux de la race des îles de la Manche) est petite, avec un squelette mince. « La taille moyenne des vaches est de $1^m,20$ au garrot sur une longueur de 2 mètres et une circonférence thoracique de $1^m,70$. (Aujollet.)

La tête est petite, expressive, à profil concave très marqué, présentant, entre

Fig. 30. — Vache Jerseyaise.

les apophyses orbitaires très saillantes, une concavité longitudinale allant du front jusqu'au tiers supérieur du chanfrein qui est étroit. La tête a un cachet particulier (fig. 30) qui ne se rencontre dans aucune autre race. Les cornes fines et grêles sont insérées en avant et incurvées en dedans prêtes à se rejoindre sur le front; elles sont noirâtres et souvent noires à la pointe. La bouche est relativement grande avec un mufle étroit souvent de couleur foncée.

Le corps est fin et léger, avec l'encolure grêle, décharnée, presque toujours concave à son bord supérieur, comme chez la bretonne. La poitrine est étroite, peu profonde, sanglée en arrière des épaules qui sont saillantes et « trop légères ». La ligne du dos est saillante par les apophyses vertébrales et cependant déprimée, ensellée au niveau des reins. La croupe est courte, étroite, oblique, rétrécie vers les fesses. La queue fine est garnie d'un toupillon de crins noirs à son extrémité libre. Le ventre est souvent volumineux et avalé.

Le pis est bien fait (fig. 31), spongieux, étendu, avec des veines mammaires très développées et sinueuses. Les trayons sont moyennement grands et bien disposés en carré.

Les membres sont légers, avec des aplombs défectueux, peu fournis dans leurs rayons supérieurs.

La peau est fine et souple, de couleur jaune aux ouvertures naturelles et sur le pis. Les muqueuses apparentes sont jaunes safranées (couleur indienne de Guénon). « La robe est isabelle charbonnée à extrémités noires. » (Rossignol et Dechambre.) C'est le pelage café au lait avec ses diverses nuances. On rencontre beaucoup d'animaux ayant à peu près exactement le pelage de la race schwitz.

Si la vache de Jersey est une abondante laitière,

pouvant donner jusqu'à 2,185 litres de lait par an (Cornevin), ce lait est extrêmement riche en crème exquise donnant un beurre toujours de qualité extra-fine. Le lait, qui contient 14,60 pour 100 de matière sèche, n'a pas moins de 5,06 de beurre.

On conçoit les rigueurs administratives d'un pays, qui possède une race bovine aussi précieuse, contre tout introducteur de bovins étrangers. Les animaux, qui seraient amenés dans les îles, seraient saisis, confisqués et l'introducteur condamné à l'amende.

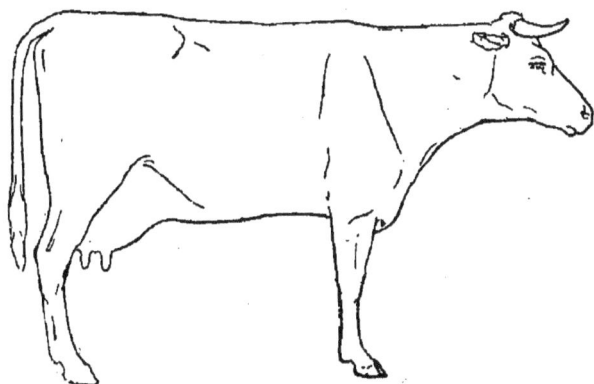

Fig. 31. — Vache Jerseyaise, pour montrer la conformation du pis relativement à la ligne du ventre.

Il est inutile ici de parler d'améliorations autres que celles résultant de bons soins spéciaux et d'une sélection attentive et rigoureuse.

La vache Jersyaise introduite en France sur le littoral de la Manche aurait donné, par son croisement avec la bretonne, des produits moins rustiques qu'elle-même. Nous l'avons rencontrée à l'extrême est de la France, dans l'arrondissement de Lure, à Franche-velle, chez un agronome aussi distingué qu'érudit,

M. Galmiche-Bouvier, qui vient de mourir jeune encore. C'est en 1881 qu'il a importé des Jerseyais au pied des Monts Faucilles et jusqu'à présent ces animaux ont donné des résultats satisfaisants dans un pays de montagnes et de forêts. M. Galmiche-Bouvier vendait son beurre exquis à de grandes maisons de pâtisserie de Paris sur le pied de 3 fr. 50 à 4 fr. et plus le kilogramme.

Race de Kerry. — C'est à proprement parler la race irlandaise de M. A. Sanson, dont nous avons indiqué les caractères à propos de la race bretonne. Nous ne nous souvenons pas avoir jamais vu de types de cette race dont la taille, le plus souvent, ne dépasse pas 90 centimètres. Nous emprunterons la description à nos amis MM. Rossignol et Dechambre qui en ont fait une ellipométrique, médioligne, à profil droit.

La race irlandaise du Kerry est remarquable par l'exiguïté de sa taille et de son volume.

La robe est fauve foncé presque noir, avec le dessous du ventre plus clair, ainsi que le pourtour du mufle, des paupières, de l'anus et de la vulve. Ce pelage est celui des animaux sauvages qui vivent sous bois, c'est une robe *sylvestre*. Les cornes sont disposées en *croissant* au-dessus de la tête; elles sont noires sur presque toute leur longueur.

La peau est souple, onctueuse, la mamelle développée.

La taille varie de 0^m,90 à 1 mètre.

Cette race habite les régions montagneuses et pauvres de l'Irlande; elle est originaire des côtes occidentales de cette île.

La vache du Kerry est remarquable par son aptitude laitière ; elle est la providence des pauvres populations irlandaises ; à ses autres qualités elle joint une sobriété extraordinaire.

Race Durham (fig. 32). — Puisque certains auteurs, grands éleveurs de Durham, grands « *durhamistes* », MM. le marquis de Boisgelin, Grollier et d'autres prétendent qu'il y a des familles très laitières dans cette race de haute lignée aristocratique, nous sommes bien obligé de nous incliner et d'en parler ici. Aussi bien, nous avons trouvé, en arrivant à La Brosse le 1er octobre 1882, quelques vaches Durham qui étaient véritablement de remarquables laitières tant par l'abondance que par la qualité du lait que, pourtant, ces bêtes ne conservaient pas bien longtemps, 6 mois au plus.

En raison de la puissance extraordinaire d'assimilation des animaux de race Durham, il est facile de concevoir que sous l'influence d'une gymnastique spéciale certaines vaches ont pu devenir bonnes laitières et transmettre, dans de certaines limites, cette aptitude par hérédité. Mais ce ne sont que des exceptions qui ne paraissent avoir aucun intérêt sérieux pour l'éleveur qui veut gagner de l'argent dans l'exploitation de la vache laitière.

Nous devons aussi, et surtout, nous occuper de la race Durham parce qu'elle a été, selon nous, trop vantée comme race améliorante ou devant améliorer toutes nos races françaises. Il y a lieu de mettre les éleveurs de la petite culture en garde contre l'engouement irréfléchi des éleveurs fortunés qui ont préconisé le Durham, par dilettantisme plutôt que guidés par une saine expérience basée tout à la fois sur la science et sur l'observation judicieuse. Qui saura jamais, à côté de déboires peu importants, les ruines amenées par le

Fig. 32. — Race Durham (fig. empruntée à Cornevin, *zootechnie*).

croisement intempestif et irrationnel du Durham avec nos bonnes laitières ?

Si la vache du Kerry est bien, comme la bretonne, la vache du pauvre, la vache de Durham est surtout, et n'est pas autre chose, la vache du riche, du très riche. C'est une aristocrate ; car aucune race, aucune variété bovines ne sont aussi exigeantes qu'elle pour l'alimentation, en quantité et en qualité. Aussi nous comprenons difficilement la tendance irrésistible des riches propriétaires à propager le Durham qui, quoiqu'ils fassent, ne donnera jamais la vache nécessaire au petit ou au moyen cultivateur.

Nous ne voulons pas faire ici l'historique du Durham (*shortorn improved* — race courtes-cornes améliorée —) qui a dû sa célébrité aux frères Charles et Robert Colling dont cette race a fait la fortune. Qu'il me suffise de dire que ces deux anglais fort experts, comme tous les anglais, dans l'art de la production et de l'élevage des animaux, ont su exploiter la disposition naturelle de certains sujets de cette race à un engraissement rapide et à une rare précocité. Leurs moyens ont été simplement physiologiques : sélection rigoureuse des reproducteurs, alimentation au maximum des jeunes, sans doute aussi la consanguinité à outrance, bien que surveillée et dirigée méthodiquement.

Il serait trop long, et peut-être inutile, de rappeler l'histoire, véritable odyssée du veau *Hubback* qui, devenu taureau, commença la réputation de Charles Colling. On sait aussi l'influence du taureau *Bolingbroke* successeur du premier ; de *Favourite* qui produisit, avec sa mère *Phœnix*, le fameux *Comet* vendu aux enchères en 1810, pour le prix respectable de 26,250 francs. Tous ceux qui se sont, un tant soit peu, intéressés à

E. Thierry. Vaches laitières.   7

l'espèce bovine et à son amélioration connaissent ces faits du domaine de l'histoire zootechnique.

Toutefois il ne paraît pas admissible que les frères Colling, morts sans avoir fait connaître, dit-on, leurs procédés d'amélioration, aient eu recours à des croisements qui auraient, sans aucun doute, donné lieu à des phénomènes de réversion qu'on n'a pas constatés, du moins à notre connaissance, sur des animaux purs de race Durham.

Pour le professeur A. Sanson, le Durham n'est qu'une variété de la race des Pays-Bas; et en vérité en étudiant attentivement une tête de Durham et une tête de hollandais on trouve plus que des traits ou des caractères communs, on trouve même une ressemblance presque absolue dans l'ensemble de la physionomie.

La race Durham, universellement connue et appréciée pour son aptitude si remarquable à la production rapide de la viande grasse ou engraissée, se rencontre partout, dans les deux hémisphères. Elle est originaire des contrées à gras pâturages qui bordent la Tees, cours d'eau limitrophe des comtés d'York et de Durham en Angleterre.

Nous empruntons à M. A. Sanson, dont la description nous paraît être la meilleure de toutes celles faites jusqu'ici, les caractères de cette race qui, pour lui, n'est, encore une fois, qu'une variété de la race des Pays-Bas.

Au reste, tout le monde connaît le Durham, et il ne faut pas être bien expert pour en distinguer les caractères non seulement chez les sujets de race pure, mais encore chez les sujets métis à des degrés divers.

« Dans son ensemble, dit M. A. Sanson, la variété est caractérisée particulièrement par trois signes objectifs, qui la font facilement distinguer de toutes les autres de la même race [1].

« Ces caractères sont :

« 1° Le faible volume relatif du squelette, visible surtout par la finesse de la tête et par celle des extrémités ;

« 2° La grande ampleur de la poitrine et sa grande profondeur déterminant la brièveté relative des membres antérieurs ;

« 3° Le développement des masses adipeuses sous-cutanées appelées maniements, qui se fait remarquer surtout chez les vaches à la base de la queue et à la pointe des ischions, où il est souvent exagéré.

« Aucune autre variété n'a les lombes plus larges et plus planes, les hanches plus écartées ; mais aucune non plus n'a une moindre distance entre la hanche et la pointe de la fesse ; aucune n'a les masses musculaires de la croupe et de la cuisse relativement moins développées. »

Le pelage est roux, blanc ou aubère.

La race Durham, qui a une remarquable précocité transmissible jusqu'à un certain point par héridité,

---

1. Ce sont précisément ces signes caractéristiques ne permettant ni l'erreur ni la confusion qui, pour nous et malgré la ressemblance absolue de physionomie entre le Durham et le Hollandais, démontrent que ce qui pour M. A. Sanson est une variété, constitue bien réellement une race particulière absolument déterminée et fixée. Les ressemblances indiquent une même origine, tandis que les dissemblances montrent les variations qui ont fait la race.

n'a pas le privilège de cette précocité qui ne se perpétue qu'à la condition qu'elle soit entretenue par les
mêmes soins que ceux qui l'ont amenée. Cette race,
remarquable aussi par son rapide engraissement, donne
une viande médiocre, peu savoureuse, creuse, se réduisant beaucoup à la cuisson et faisant, par son excès
de graisse, une trop grande proportion de déchets
culinaires. Nous ne saurions la recommander à aucun
point de vue si ce n'est à celui de la production des
métis industriels tels que les Durham-Charolais, les
Durham-Manceaux qui se vendent bien dans les grands
marchés d'approvisionnement de la boucherie des
grandes villes. Elle est d'ailleurs exigeante, ainsi que
nous l'avons dit déjà, sur la qualité des aliments qui
doivent toujours être choisis.

La vache Durham est-elle une bonne laitière ?

« Les vaches sont peu prolifiques et très inégales au
point de vue de la lactation, mais tout prouve que la
race possède les conditions fondamentales de l'activité
de cette fonction, qu'il serait possible de rendre
bonne. Des vaches qui donnent 18 à 22 litres de lait
par jour ne sont pas rares dans la race Durham. »
(Magne.)

« Bonne laitière, lait gras ; lactation trop tôt suspendue par l'engraissement. » (E. Tisserant.)

Mais les auteurs qui ont donné des chiffres relatifs
à la production laitière annuelle de la vache Durham
présentent tous des différences considérables : 1,990 à
3,548 litres pour les uns, 2,500 pour les autres. L'ouvrage
le plus récent, de M. Cornevin, donne le chiffre considérable, étant supposées de bonnes conditions générales, de 3,200 litres par an.

III. — POPULATIONS BOVINES MÉTISSES.

Y a-t-il un intérêt réel à étudier ces populations métisses au point de vue du choix des vaches laitières ? Nous le pensons d'autant moins qu'il est toujours possible d'obtenir des croisements si on les juge utiles à son intérêt.

Dans les centres de production de bovidés on a, par amour propre et sans doute par intérêt, le plus grand soin de conserver les races avec toutes leurs qualités, leurs aptitudes et aussi avec leurs caractères de pureté originelle. Dans d'autres régions, ne possédant pas de races spéciales, on trouve au contraire des animaux en état de variation désordonnée au point de vue ethnique. Mais aux limites des aires géographiques de chaque race, à mesure qu'on s'éloigne d'un centre de production pour se rapprocher d'un autre, on rencontre toujours des produits métis, résultant du croisement intentionnel ou de l'indifférence des éleveurs, rappelant dans leur ensemble les caractères particuliers à chacune des deux ou plusieurs races voisines. Quand, par amour propre de clocher, on ne donne pas un nom particulier et nouveau à ces métis, qu'on est toujours disposé à élever à la dignité de race, on qualifie la population de *Race du Pays*.

Parmi les principaux métis, dignes de quelque intérêt au point de vue de la production laitière, nous devons citer le produit de la race cotentine croisée avec l'augeronne, et le produit de celle-ci avec la flamande.

Étant données les qualités laitières de ces races pures on conçoit que leurs produits métis soient bons également.

A signaler aussi la prétendue *race rennaise,* qu'on trouve aux environs de Rennes et qui n'est que le résultat du croisement du normand avec le breton.

A l'est et au nord-est de la France on rencontre encore certaines familles laitières telles que la *race vosgienne,* qui est très variable dans ses caractères en raison de ses origines diverses, étant tantôt le produit du hollandais avec le schwitz et tantôt celui du hollandais avec le bernois ou le fribourgeois.

Comme on le voit, il est bien inutile de s'arrêter à ces populations bovines, bonnes en soi et qui, bien appropriées aux localités où elles sont exploitées et où elles rendent les plus grands services, ne sauraient être indiquées comme pouvant être utilisées avec profit partout ailleurs.

Nous n'avons pas davantage à nous intéresser aux métis provenant du croisement de races françaises avec des étrangères, tels que la fameuse *race* SARLABOT à peu près disparue aujourd'hui, non plus que des métis de races étrangères.

CHAPITRE V

PRODUCTION DU LAIT

I. — CONSIDÉRATIONS GÉNÉRALES SUR LA PRODUCTION DU LAIT ET L'IMPORTANCE ÉCONOMIQUE DE LA VACHE LAITIÈRE.

Comme tous les produits industriels ou agricoles, ce qui est tout un, la production laitière est soumise à la grande loi économique de l'offre et de la demande ; et elle est aussi soumise à la condition rigoureuse des cultures que comporte l'exploitation agricole dans laquelle on veut obtenir des bénéfices de l'entretien de la vache laitière.

La consommation du lait en France est considérable ; et ce produit est employé sous trois formes : à l'état naturel, à l'état de beurre et à l'état de fromage. En outre, on le concentre par des procédés spéciaux et on le stérilise de façon à pouvoir le transporter à de grandes distances dans un état de conservation aussi parfaite que possible.

Il est encore employé, dans beaucoup de régions de la France, à l'élevage spécial des veaux de boucherie. L'alimentation du veau destiné à l'élevage est à tort considérée comme un sacrifice ou une perte sèche ; car le lait ainsi utilisé n'est pas, en général, le moins productif.

Suivant la situation topographique de l'exploitation, à une plus ou moins grande distance d'un centre populeux, l'agriculteur a le choix entre les divers partis qu'il peut tirer du lait de ses vaches. Quand la ferme est à une petite distance d'une ville importante, que les frais de transport sont peu élévés, il nous paraît avoir avantage à livrer le lait en nature, pourvu qu'il le vende, aujourd'hui du moins, 20 à 25 centimes le litre. Le lait au prix de 15 centimes couvre à peine les frais de production, de transport et de vente.

Nous n'entendons pas parler des vacheries urbaines qui ne peuvent subsister, le nourrisseur étant presque toujours obligé d'acheter toutes les matières alimentaires, qu'à la condition que le lait puisse être vendu 30 ou 40 centimes au moins le litre.

Aujourd'hui cependant, avec les moyens rapides de communication, nous connaissons un grand nombre de producteurs, habitant à plus de 100 kilomètres de Paris, qui y expédient chaque jour tout le lait obtenu. Évidemment ils trouvent avantage à agir ainsi. D'ailleurs, la consommation du lait à Paris n'a jamais été aussi considérable qu'elle l'est à présent ; et, en raison de la concurrence si active, on n'y a jamais bu d'aussi bon lait. Et encore, ce qui a fait augmenter la consommation de ce produit alimentaire, parfait pour les enfants et pour les vieillards, c'est que depuis une vingtaine d'années, la médecine l'a employé comme un des agents thérapeutiques les plus efficaces dans un grand nombre de maladies chroniques telles que les affections du foie, les cardiopathies, les scléroses vasculaires, etc.

Si l'opinion est généralement admise que le lait vendu en nature est plus productif que sa transformation en beurre ou en fromage, elle n'est peut-être pas absolument exacte. M. A. Sanson a en effet démontré que, transformé, le lait qui aurait été vendu à raison de 15 ou 20 centimes le litre, aurait produit bien davantage. Par exemple, « la fabrication du fromage de Brie fait ressortir le prix du litre de lait à un peu plus de 24 centimes, sans compter la valeur du petit lait utilisé par les cochons. » (A. Sanson).

« La vente directe du lait peut être plus commode et plus simple, ce n'est pas douteux. Qu'elle soit nécessairement plus lucrative, c'est ce qu'il n'est plus permis d'admettre maintenant comme une vérité classique. L'analyse économique des opérations de la plupart des districts laitiers de l'Europe, surtout de l'Angleterre, du Danemark, du Schleswig-Holstein, de la France, s'y opposent formellement » (A. Sanson).

Quoi qu'il en soit, étant donnée l'énorme consommation du lait, qui est, pour la ville de Paris seulement, de plus de cent millions de litres par an, le producteur ne court aucun risque à augmenter encore sa production laitière qui est déjà, en France, de cinquante à soixante millions d'hectolitres, valant environ un milliard de francs.

La consommation du beurre et du fromage est proportionnelle à celle du lait, en France seulement. Nous exportons en outre 350,000 quintaux de beurre exquis de Bretagne et de Normandie, et encore peut-être autant ou très peu moins de fromages divers.

Malgré la théorie trop systématique de la culture fructueuse sans bétail, il n'est guère admissible qu'on abandonne complètement la production animale partout. Les animaux sont en effet créateurs de capital et producteurs d'intérêts suivant les divers modes d'exploitation.

Quand un agriculteur prend une ferme ou se met à la tête d'un domaine rural, après avoir envisagé la grosse question de la production végétale et des matières qu'il pourra vendre directement sur le marché, il se préoccupe de la production animale qui, dans les conditions climatologiques où il se trouve, suivant la nature, la richesse et la fécondité des terrains dont il dispose, devra lui assurer les plus grands profits.

En dehors des régions où les prairies naturelles occupent une grande étendue, c'est-à-dire où le système de culture est principalement herbager et où, par conséquent, on a profit à produire des jeunes et du lait, la vache laitière peut encore être avantageusement exploitée dans les contrées où on peut faire des prairies artificielles et cultiver des plantes sarclées. Toutefois, avec ce dernier système cultural, on ne peut guère élever des veaux au delà du temps nécessaire à la préparation pour la boucherie ; et encore sont-ils vendus souvent à des industriels qui font leur spécialité de l'engraissement de ces jeunes bovidés.

Les prairies qui offrent l'avantage de la production laitière sont d'ordinaire un peu basses et humides, sans excès cependant. La vache met en valeur des plantes assez grossières qui seraient dédaignées par le cheval et le mouton. Il importe en outre que l'état hygrométrique normal de la région soit assez prononcé. En effet, la science et la pratique enseignent que la vache laitière ne peut s'accommoder d'un climat sec où les vents dominants emmènent encore le peu d'humidité atmosphérique qui peut exister.

II. — ANATOMIE ET PHYSIOLOGIE SOMMAIRES DE LA VACHE LAITIÈRE.

Avant d'indiquer, dans un chapitre spécial, les signes qui permettent de choisir une vache au point de vue de son aptitude laitière, il nous a paru utile d'entrer dans quelques considérations anatomo-physiologiques sur l'organe essentiel de la sécrétion du lait.

A. *Anatomie.* — La mamelle est une glande externe en relation fonctionnelle avec l'appareil de la génération. Chargée de fournir au jeune animal un élément complet, d'une assimilation facile pour les faibles moyens dont dispose son intestin débile, elle n'acquiert sa constitution définitive et son aptitude sécrétoire qu'à l'époque du part.

Examinée à ce moment, la mamelle de la vache est une masse de forme variable située dans la région inguinale, occupant la place des bourses chez le mâle. On y distingue un corps glandulaire ou parenchyme et un appareil d'excrétion constitué par les trayons ou tétines et les canaux qui y aboutissent.

Le corps glandulaire se compose de quatre lobes réunis deux à deux latéralement, dans une sorte de gaine conjonctive qui prend insertion sur la tunique abdominale et concourt à la fixation de l'organe. Cette enveloppe fibreuse délimite aussi deux mamelles distinctes, simplement accolées par une de leurs faces latérales.

La peau qui recouvre la mamelle est mince, douce au toucher, parfois luisante, onctueuse, riche en glandes

sébacées et très rarement colorée. Elle est recouverte
par une sorte de duvet le plus ordinairement très fin, ou
parfois de poils fins et soyeux un peu plus longs, qui
disparaissent, comme le duvet, à la base des tétines.

Au point de vue de la constitution intime, l'organe
mammaire est une glande sébacée ramifiée et mons-
trueusement développée, dont la charpente fibro-élastique, partant de la face interne de la tunique d'enveloppe, supporte un grand nombre d'éléments identiques, sortes de renflements dichotomiques des canaux
excréteurs du lait. Ces éléments sont les *acini* (fig. 33).

L'*acini* a une paroi propre, en forme de cul-de-sac,
à la surface de laquelle viennent se ramifier, en de fins
capillaires, les artères de l'organe. La face interne est
tapissée par plusieurs couches superposées de cellules
polyédriques à granulations réfringentes, cellules dont
les caractères changent de la profondeur à la surface,
témoignant ainsi d'un travail accompli dans leur sein.

Chaque groupe d'acini déverse son produit dans un
canal lactifère qui s'abouche avec ses voisins de façon
à former un certain nombre de branches importantes
ou *canaux collecteurs* qui s'ouvrent dans les *sinus
galactophores* appelés aussi *citernes du lait* ou *réservoirs* de la mamelle. Ces sinus ou citernes, au nombre
de quatre, sont situés à la base de chaque trayon.
Le lobule glandulaire peut aussi être comparé à une
grappe de raisin dont les grains seraient des acini et
dont le pédoncule ramifié serait un canal collecteur
avec ses divisions lactifères.

Les citernes du lait s'abouchent directement avec le
canal excréteur tapissé par une muqueuse très fine
changeant peu à peu de caractères au niveau de l'ou-

verture extérieure de chaque mamelon et se confondant insensiblement avec la peau (fig. 34).

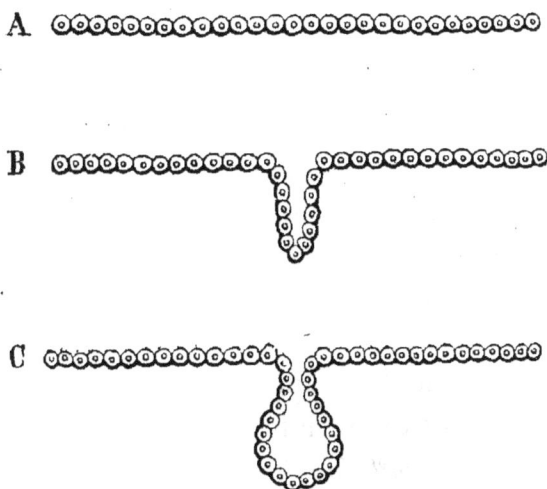

Fig. 33. — Formation des glandes.

Un muscle lisse, véritable sphincter, ferme l'ouverture du trayon.

a, a, a, Conduits principaux qui viennent s'ouvrir dans la cavité du tétin ; *c, c, c,* Granules glanduleux ; *d, d,* tube conique du tétin présentant un certain nombre de plis à sa surface interne ; *e,* ouverture du tétin.

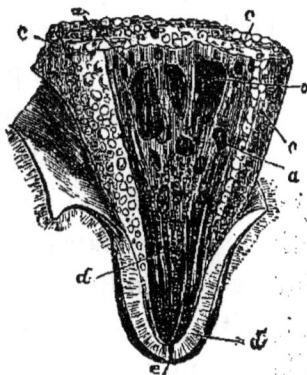

Fig. 34. — Mamelon ou trayon de vache ouvert.

La mamelle est alimentée par la branche postérieure de l'artère honteuse externe, qui s'unit par de nombreux

rameaux à sa congénère du côté opposé et se ramifie
en un très grand nombre de divisions flexueuses, assu-
rant à l'organe une circulation et une irrigation abondantes.

Un réseau de capillaires, à mailles très serrées, fait
suite aux artères, pénètre jusque dans les profondeurs
de l'organe, met le sang en contact avec les éléments
anatomiques. Le fluide nourricier rentre dans la circulation générale par un certain nombre de veines dont
la plus importante est la sous-cutanée abdominale qui
rampe à la face externe de la paroi ventrale pour se
jeter dans la veine thoracique, après avoir traversé l'appendice xyphoïde du sternum par une ouverture appelée
porte du lait ou *fontaine du lait*.

B. *Physiologie.* — a. *Evolution.* — Rudimentaire
pendant le jeune âge, la mamelle ne commence à se
développer qu'à la première gestation. Cependant il
n'est pas rare de rencontrer de jeunes bêtes, n'ayant
pas encore vêlé, présenter à la traite quelque peu de
lait. Ordinairement ce fait est la conséquence des
manipulations exercées par la personne préposée à la
garde des animaux ou encore des succions pratiquées
journellement par des bêtes du même troupeau qui con-
tractent facilement l'habitude de teter leurs voisines.
L'activité glandulaire, qui était à l'état latent, s'est
éveillée sous l'influence de ce *stimulus.* On verra, dans
un chapitre ultérieur relatif à la traite, le profit que
l'homme a pu tirer de la mise en pratique des excita-
tions externes pratiquées méthodiquement sur la mamelle. Cette glande, à l'état rudimentaire, existe aussi
chez de jeunes mâles qu'on a vus quelquefois donner
du lait aussi bien que de jeunes femelles.

Les modifications de la mamelle, concomitantes de celles de l'appareil génital, s'expliquent facilement si l'on se rend compte que les appareils d'irrigation et d'innervation de cet organe appartiennent au système abdominal et que toute fluxion sur l'utérus a son contrecoup sur la sécrétion lactée. Ces modifications se traduisent par un changement de forme, de volume et surtout de constitution. Les Acini, rares jusque-là, noyés dans une masse de tissu fibro-élastique, prolifèrent. Leurs cellules, de rondes qu'elles étaient, deviennent polyédriques; les vaisseaux se multiplient, changent de calibre et la sécrétion commence.

Le premier lait, à propriétés purgatives, appelé *colostrum*, est destiné à débarrasser l'intestin du jeune des produits épithéliaux qui l'encombrent. Il est rapidement remplacé par un lait plus riche en matières grasses (beurre) et en lactose (sucre de lait).

La sécrétion, une fois établie, continue pendant un temps plus ou moins long, variable avec la race, le mode d'alimentation, l'individualité, l'âge du sujet, etc.

b. *Mécanisme de la sécrétion lactée.* — On s'est efforcé, depuis longtemps, de saisir le mécanisme de la sécrétion du lait. Mais, étant donné la composition complexe de ce liquide, ainsi que l'indique le tableau suivant de Von Gohren :

	MAXIMUM	MINIMUM
Beurre.	5.40	1.45
Caséine.	4.30	1.20
Albumine.. . . .	1.50	1.09
Lactose.	5.25	3.90
Sels.	0.88	0.65
Eau.	82.65	91.01

étant donné aussi les résultats souvent divergents qu'ont

obtenus les différents expérimentateurs, exception faite cependant pour le beurre dont l'origine est à peu près prouvée, on est réduit aux hypothèses :

Dans la première on admet que l'épithélium polyédrique n'est qu'un simple filtre laissant passer, en dissolution dans la partie liquide du sang, les différents matériaux qui composent le lait ; la glande jouerait ainsi un rôle passif.

Dans la seconde théorie, qui satisfait mieux l'esprit, on admet que le sang ne laisse transsuder que l'eau et les sels, tandis que le lactose, l'albumine, la caséine sont fabriqués par le protoplasma des cellules, et cela par analogie avec la ptyaline sécrétée par les cellules salivaires, avec le glycogène sécrété par les cellules du foie, avec l'éléidine sécrétée par les cellules épidermiques.

On est un peu plus certain de l'origine de la matière grasse ; car on a pu voir au microscope les cellules profondes des acini présenter des gouttelettes de graisse réfringentes, sphériques, facilement colorables en noir par l'acide osmique. Ces gouttelettes devenaient plus grosses au fur et à mesure qu'on examinait des cellules plus superficielles ; parfois même la cavité entière était remplie par une masse de beurre.

Expérimentalement on a fait la preuve du rôle de la glande dans la production du beurre : ainsi lorsqu'on donne du tourteau de palme à une laitière, la proportion de beurre augmente ; mais vient-on à augmenter la quantité de tourteau, le lait contient en excès une certaine quantité d'huile qui n'a pas été transformée.

c. *Excrétion.* — La sécrétion de la mamelle est permanente, tout en s'exagérant considérablement au moment de la traite. Le lait est maintenu dans l'appareil collecteur grâce à la présence du sphincter, soustrait à l'influence de la volonté, qui ferme l'orifice extérieur du trayon. Parfois cependant, lorsque la sécrétion est à son maximum d'activité et que la traite n'est pas pratiquée à l'heure habituelle, la pression du liquide dépasse la puissance de contractilité du sphincter et le lait s'écoule au dehors goutte à goutte et souvent par un jet. Le fait est facile à constater sur les champs de foire où, pour tromper l'acheteur, les maquignons exposent des vaches qui n'ont pas été traites quelquefois depuis trente-six ou quarante-huit heures.

d. *Influence transformatrice de la mamelle.* — Cette influence domine toute la physiologie de l'organe ; et c'est elle qui, au point de vue pratique, a la plus grande importance. Elle se manifeste sous un grand nombre de modalités qui sont sous la dépendance de la race, de l'alimentation, du régime et surtout de l'individualité.

L'homme peut en effet influencer la quantité de la production, mais son action est faible, sinon nulle, sur la proportion relative des substances qui composent le lait, par conséquent sur la qualité.

Le mode de fonctionnement des cellules des acini règle la composition et fait que telle vache fournira un lait riche en beurre, tandis que telle autre produira particulièrement la caséine et sera plus apte au rendement fromager, tandis que telle autre encore donnera de préférence du sucre de lait.

Au contraire la quantité du lait est sous la dépendance des matériaux qui sont fournis à la mamelle.

Elle est influencée par l'alimentation. Il en résulte que l'aptitude laitière peut être augmentée dans une large proportion. Bien plus, cette aptitude se transmet aux descendants en imprimant à l'organisme des modifications durables. C'est ainsi que des races, soumises à des conditions climatologiques et fourragères favorables, se sont spécialisées pour la fonction laitière.

CHAPITRE VI

CHOIX DE LA VACHE LAITIÈRE

Ainsi que nous l'avons dit précédemment, la production du lait est régie par des conditions économiques qui doivent entrer en ligne de compte dans le choix d'une vache laitière.

Il y a plusieurs modalités de l'industrie laitière. Tantôt cette industrie s'exerce indépendamment de l'exploitation rurale ; tantôt au contraire elle y est intimement liée : elle peut avoir pour objet la production et la vente du lait en nature, ou encore sa production en vue de la transformation en fromage ou en beurre, les déchets de ces opérations étant utilisés à l'alimentation des porcs.

Ordinairement, et cela dans toutes les exploitations qui ne sont pas au voisinage d'une grande ville, les vaches ne sont pas entretenues en stabulation permanente. Elles restent à l'étable pendant toute la mau-

vaise saison, fin de l'automne, hiver et commencement
du printemps ; dans la belle saison elles sont conduites
au pâturage le matin et rentrées le soir à la ferme.
Les veaux, qu'elles produisent régulièrement, sont
livrés à la boucherie aussitôt que leur développement
le permet, c'est-à-dire vers quatre ou six semaines. De
temps en temps on en conserve quelques-uns destinés
à remplacer les vieux sujets dont on se débarrasse.
Le lait, qu'on ne peut écouler en nature, est tranformé
en beurre et en fromage. Lorsque l'aptitude laitière
diminue, on engraisse les vaches. La viande est ainsi
produite concurremment avec le lait.

L'introduction des races à grand rendement est, la
plupart du temps, peu avantageuse, à moins qu'elle ne
s'adapte parfaitement aux conditions climatologiques
et fourragères ; que l'alimentation soit intensive et au
maximum, ce qui est assez rare dans les petites exploitations où on n'est pas assez pénétré de l'idée : qu'il
vaut mieux entretenir convenablement deux laitières
qu'en nourrir médiocrement trois. La comparaison des
résultats est tout à l'avantage des bêtes bien soignées.

La race, que l'on choisit habituellement, est celle
du pays, bonne marcheuse, susceptible de tirer le
meilleur parti des ressources qu'offre la vaine pâture
— quand elle existe encore dans la localité — et
possédant des aptitudes mixtes qui font que, tout en
étant assez laitière, elle peut s'engraisser rapidement
et donner une viande de bonne qualité.

Si au contraire la ferme est suffisamment rapprochée d'un centre, ou que, malgré la distance, les
moyens de transport permettent de livrer le lait très
rapidement et à un prix suffisamment rémunérateur,

l'industrie se spécialise, la production de la viande est secondaire, le veau est enlevé de bonne heure à la mère et livré à l'engraisseur ; on pousse à la quantité en exploitant des races grandes et bonnes laitières.

Dans les villes très importantes, la vacherie ne dépend pas de la ferme, elle est située dans l'enceinte même de la ville ou dans la banlieue très voisine. On utilise surtout, pour l'alimentation des bêtes, des résidus riches en eau qu'on se procure à bas prix. La qualité du produit importe peu. La seule considération en jeu est de pouvoir entretenir artificiellement le plus grand nombre de têtes avec un rendement élevé. Là on ne produit plus de jeunes et surtout on n'en élève pas. La vache est achetée à l'âge adulte, après son deuxième, ou mieux, après son troisième veau, c'est-à-dire à l'époque de la plus grande activité fonctionnelle de la mamelle. Aussitôt que sa production diminue, on la remplace.

Depuis quelques années les nourrisseurs urbains ne conservent même plus leurs animaux au delà d'une période unique de lactation, dans le but de restreindre l'infection tuberculeuse qui ne tarde généralement pas à atteindre les sujets soumis à ce régime épuisant.

Dans ces conditions il est indiqué d'exploiter des races à grand rendement : hollandaise, normande, flamande, fribourgeoise.

Dans plusieurs villes, particulièrement à Lyon, un certain nombre de laitières circulent et sont traites le long du parcours. On s'adresse aux races de montagne, bonnes marcheuses, comme la schwitz par exemple.

Il résulte de ce qui précède qu'il n'est pas indifférent de choisir telle ou telle race. Ce choix dépend des conditions dans lesquelles on se trouve et surtout des denrées alimentaires dont on dispose.

Nous donnons, d'après un tableau dressé par M. Cornevin, le rendement annuel en lait des principales races bonnes laitières :

RACES	RENDEMENT ANNUEL
Race Hollandaise..	3,400 litres.
— Flamande.	3,100 —
— Schwitz..	2,800 —
— d'Ayr.	2,750 —
— Cotentine.	2,700 —
— Fribourgeoise.	2,400 —
— Montbéliarde.	2,400 —
— Simmenthal..	2.300 —
— Jersiaise..	2,185 —
— Auvergnate..	2,000 —
— Tarentaise.	1,900 —
— Bressane..	1,800 —
— Fémeline.	1,800 —
— Bretonne.	1,600 —
— Limousine.	1,550 —

I. — EXAMEN DE LA CONFORMATION GÉNÉRALE.

Existe-t-il une conformation générale particulière à la bonne laitière ?

« Il n'y a qu'un modèle, pour tous les bovidés, dit M. A. Sanson, quels que soient leur sexe et leur race ; c'est celui qui assure la plus forte proportion de viande de premier choix. Les seules choses spéciales à la vache portent sur la qualité des organes mammaires et sur le calme et la douceur du caractère, nécessaires pour qu'elle soit une bonne mère, pour qu'elle allaite convenablement son fruit. »

La différence entre la conformation de la laitière et celle de la bête d'engrais n'est pas aussi grande qu'on le croit généralement, elle est plus apparente que réelle. Si la graisse accumulée déforme chez la seconde le profil général, son appareil squelettique n'en a pas moins subi les mêmes modifications que chez la première sous l'influence de l'alimentation intensive. Toujours et partout les mêmes causes produisent les mêmes effets. On peut citer, comme preuve à l'appui de cette opinion, les deux familles de Durham à rendements très opposés. L'une est spécialisée pour la production du lait, l'autre pour la boucherie (famille Bates et famille Booth). Or, un certain nombre de produits issus de bonnes laitières peuvent à peine allaiter leurs veaux, leurs mamelles sécrétant à peine, tandis qu'ils ont une grande aptitude à fabriquer et à accumuler de la graisse, tout en gardant les caractères extérieurs de leurs parents.

Avant tout, quand il est possible de se procurer le renseignement, on doit s'assurer des qualités familiales, « qualité d'origine » (A. Sanson). L'aptitude laitière est transmissible par hérédité.

La bonne vache laitière (fig. 35) a un embonpoint moyen, — la production du lait et la production de la graisse étant antagonistes. — Le squelette est fin, les membres courts et minces, la poitrine bien développée. Celle-ci paraît toujours peu ample en raison de l'abdomen énorme. C'est précisément cette disproportion

entre les deux cavités (abdomen et thorax) qui avait
fait croire aux auteurs anciens et aux empiriques purs

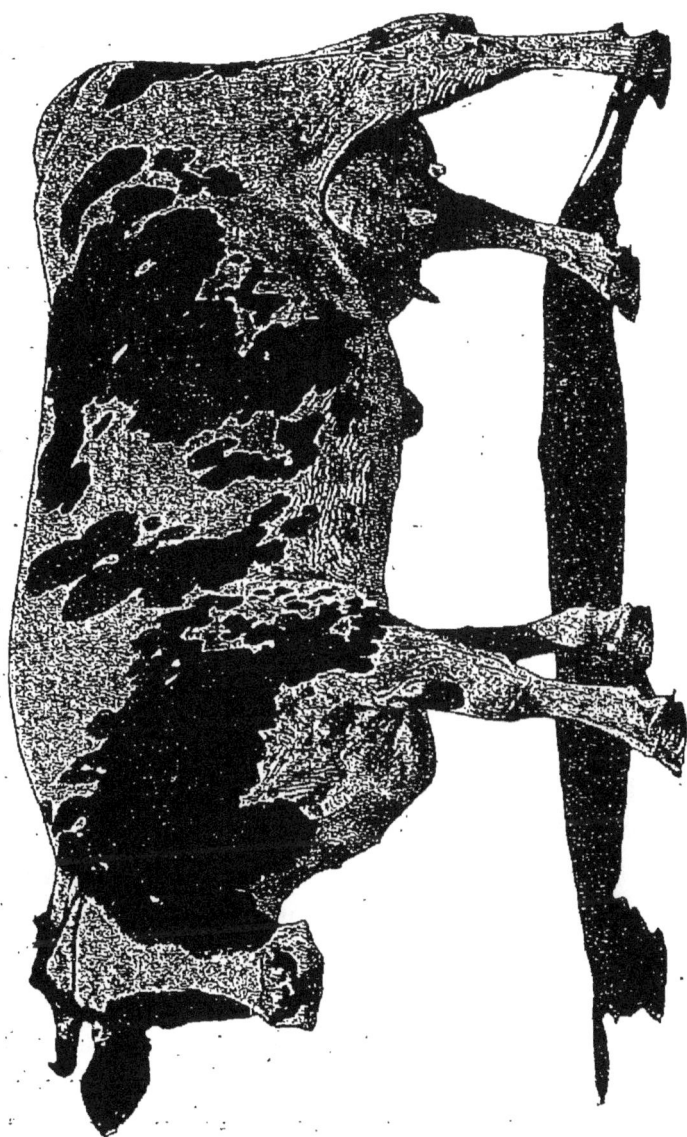

Fig. 35. — Bonne conformation de la vache laitière (Fig. empruntée à Cornevin, *Zootechnie*).

qu'une bonne laitière devait avoir la poitrine étroite.
L'épaule courte et droite, quoique paraissant détachée

du thorax, est cependant bien musclée. La croupe est bien développée, large et longue ; c'est l'indice d'un bassin ample déterminant un écartement des cuisses suffisant pour loger le pis à l'aise. La queue est petite, fine, bien attachée.

La tête doit être fine, éveillée, les cornes luisantes, lisses, les oreilles grandes.

La peau souple se détache bien des tissus sous-jacents. Ordinairement fine, elle est assez épaisse dans les races de montagne.

La physionomie est douce, l'œil vif, le caractère tranquille. Les bêtes nerveuses, irritables sont à rejeter, quelles que soient d'ailleurs leurs qualités. Du reste elles retiennent généralement leur lait, se laissent traire difficilement et se défendent à la moindre approche.

Les *taurelières* ou *nymphomanes* sont les plus mauvaises de toutes. Elles sont constamment sous le coup de l'orgasme génital, rendent peu et jettent le désordre dans le troupeau.

Il importe que la laitière soit saine. On reconnaît le bon état de santé au mufle frais et humide, laissant suinter en abondance des gouttelettes transparentes, à la coloration rosée des muqueuses apparentes. Le poil est lisse, brillant, onctueux. La colonne vertébrale fléchit modérément au pincement. La respiration régulière est lente — 15 à 18 mouvements respiratoires à la minute ; — aucun jetage ne s'écoule par les narines. La démarche est facile, légère. La mamelle est bien homogène dans toutes ses parties.

Les affections que l'on rencontre le plus ordinairement, sont celles de l'appareil gastro-intestinal : indigestion de la panse, obstruction du feuillet. Passant à l'état chronique, ces maladies sont, pendant un certain temps, compatibles avec toutes les apparences de la santé. Elles s'accusent par de la maigreur, un état souffreteux, un appétit capricieux, un poil piqué, terne, un mufle chaud et sec et une odeur d'ail, très caractéristique, que l'on perçoit en ouvrant la bouche (Fréminet).

La tuberculose, maladie redoutable à cause de la possibilité de sa transmission à l'homme par le lait des vaches contaminées, passe la plupart du temps inaperçue. Ce n'est qu'à une phase avancée de son évolution qu'elle se décèle par une sensibilité exagérée de la colonne vertébrale, une toux sèche particulière et des engorgements ganglionnaires.

II. — EXAMEN LE LA MAMELLE.

Comme dans toute appréciation d'appareil glandulaire, on doit considérer deux choses dans la mamelle : son volume et la qualité de l'élément sécréteur.

La mamelle doit être ample, faisant une saillie prononcée dans l'entre-deux des cuisses, débordant en avant et en arrière le profil de la jambe et se prolongeant le plus possible sous l'abdomen. La peau doit en être fine, facile à plisser et à doubler, peu adhérente aux tissus sous-jacents, recouverte de poils fins et soyeux, de coloration jaunâtre, douce au toucher, onctueuse.

Le pis est dit *charnu* lorsque la peau est épaisse, adhérente, faisant en quelque sorte corps avec l'élément glandulaire. C'est l'indice d'un tissu conjonctif abondant prédominant sur l'acini. Le pis, envahi par la graisse, est dit gras, il fournit peu de lait. Au toucher, le bon pis est spongieux. On sent, à la pression légère des doigts, les granulations mammaires souples, élastiques et nombreuses. On perçoit même, sans doute possible, les limites de chaque lobule. Il ne donne pas la même sensation si le pis est examiné avant ou après la traite. Avant, il est un peu ferme, distendu et résistant. Après, il est toujours beaucoup moins volumineux, mou, flasque. Nous indiquerons plus loin les maladies de la mamelle qui doivent faire rejeter une vache comme laitière.

La mamelle bien conformée est harmonieuse dans toutes ses parties. Le bord inférieur de son profil décrit une courbe régulière se rapprochant du demi-cercle (fig. 36). Le pis en bouteille, ou de brebis, est allongé en bas, ballottant. Il est peu estimé (fig. 37).

L'examen du système circulatoire de la mamelle donne des renseignements précieux pour le choix des laitières. Il est donc important d'examiner les veines qui, si elles n'amènent pas comme on l'a cru longtemps, le lait dans les mamelles, emmènent du moins le sang qui a servi à leur alimentation. Les veines ramènent au cœur le sang amené par les artères, et qui a servi tout à la fois à la nutrition et à la fonction physiologique de l'organe. Si donc les veines mammaires sont très développées, sinueuses, — ce qui allonge leur parcours, — c'est que les artères ont amené au pis une quantité considérable de sang correspondant à la grande activité sécrétoire.

Outre les veines sous-cutanées qui doivent être

nombreuses, très apparentes, flexueuses, les mamelles présentent encore, dans la région abdominale, deux veines très volumineuses, une de chaque côté, qui,

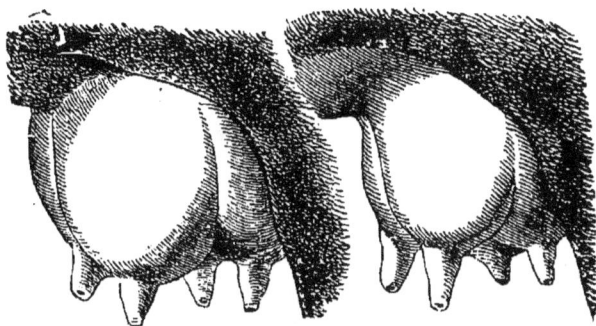

Fig. 36. — Pis de bonnes laitières.

partant du bord antérieur du pis, circulent à la face inférieure de l'abdomen dans lequel elles entrent à l'extrémité postérieure du sternum par deux ouvertures signalées dans un précédent chapitre. Ces veines sont toujours volumineuses chez la bonne laitière, elles

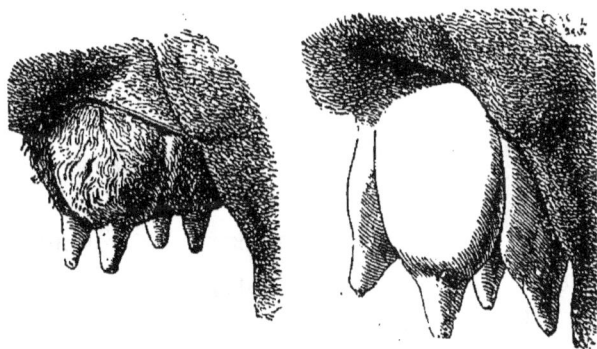

Fig. 37. — Pis de mauvaises laitières.

sont aussi très sinueuses et comme variqueuses. Elles sont toujours faciles à sentir sous le doigt. Les ouvertures par lesquelles elles entrent dans l'abdomen sont

larges et laissent facilement pénétrer le doigt indica-
teur. Quelquefois, dit M. Cornevin, chaque veine
mammaire se divise en arrivant aux *fontaines* ou *portes;*
il y a dans ce cas deux et parfois trois ouvertures de
chaque côté. Il est clair qu'on doit tenir compte de
cette pluralité dans l'appréciation de leur diamètre.
Ces veines ne sont bien visibles que quand la bête
n'est pas recouverte d'un long poil, comme dans
la saison d'hiver. Il y a donc toujours lieu de les
palper.

L'activité de la circulation des mamelles est encore
appréciée par le volume et la sinuosité des deux veines
dites périnéales qui, partant de la partie postérieure
du pis, montent de chaque côté de la région comprise
entre cet organe et l'orifice des organes génitaux externes. Ces veines ne sont pas souvent aussi apparentes que les veines mammaires sous-abdominales.
Mais il est encore facile de s'assurer de leur volume
par la palpation. Elles ne sont jamais visibles chez les
laitières médiocres ou mauvaises.

III. — Système Guénon.

Existe-t-il une corrélation entre le développement
et la direction des veines postérieures ou périnéales
des mamelles et la direction changeante des poils
de la région comprise entre les fesses ? En d'autres
termes, les *épis* ou *écussons* peuvent-ils, d'après leurs
formes et leurs dimensions, renseigner sur les aptitudes laitières d'une bête bovine ?

Cette question a été résolue affirmativement, en

1828, par Guénon, de Libourne, qui a fondé tout un système sur sa découverte. Toutes les observations ont confirmé, depuis cette époque déjà lointaine, la théorie du praticien.

Le premier, Guénon a remarqué que, contrairement aux poils du reste du corps et particulièrement ceux de la fesse et de la cuisse, les poils de la région périnéale étaient dirigés de bas en haut au lieu de l'être de haut en bas. Il résulte de cette disposition qu'à la ligne de rencontre des poils du périnée et de ceux de la fesse, il y a en quelque sorte une crête très visible délimitant la surface dont les poils vont de bas en haut. C'est précisément cette surface qu'on désigne sous le nom d'*écusson*, d'*épi*, de *gravure*.

Le système de Guénon, bien que vrai dans la plupart des cas, a été très vivement discuté et M. Sanson nous paraît avoir donné l'explication la plus rationnelle des erreurs qui ont pu être commises dans l'appréciation de l'aptitude laitière des vaches basée seulement sur l'écusson.

« Les erreurs commises, dit le savant zootechnicien, dans l'appréciation de l'aptitude des vaches d'après leur écusson, et qui en ont déprécié la signification aux yeux des personnes inattentives, s'expliquent facilement . . . . Cet écusson peut témoigner seulement pour ce qui concerne les quartiers postérieurs des mamelles. Ceux-ci peuvent être fortement développés sans qu'il en soit de même pour les antérieurs, et réciproquement. Cela prouve que l'appréciation ne peut point être faite dans tous les cas exactement en tenant compte seulement de l'écusson. »

Guénon, doué d'un grand esprit d'observation, a su tirer parti de sa découverte dans l'appréciation des qualités laitières. Mais, comme tout inventeur, il a exagéré la valeur des signes fournis par l'écusson et par sa forme.

Nous ne voulons et ne pouvons exposer ici toute la longue théorie du système Guénon, dont nous ne voulons donner qu'un aperçu, suffisant pourtant, pour juger de sa valeur et mettre le lecteur à même de s'en servir dans le choix qu'il pourra avoir à faire d'une bonne vache laitière. D'ailleurs nous donnons les principales figures des écussons dont aucun n'a une valeur absolue.

Guénon a cru pouvoir établir deux classes d'écussons, chacune de ces classes se subdivisant. Aussi bien du reste, nous pensons que ces divisions et subdivisions sont excessives.

Voici les noms des dix classes d'écussons : 1° flandrine (fig. 38) ; 2° flandrine à gauche (fig. 39) ; 3° lisière (fig. 40); 4° courbeligne ; 5° bicorne (fig. 41); 6° poitevine (fig. 42) ; 7° double-lisière (fig. 43); 8° équerrine ; 9° limousine ; 10° carrésine (fig. 44).

Les limites de ces divers écussons sont faciles à déterminer par le simple toucher, la ligne de rencontre des poils ayant une direction différente formant une arête ou crête surélevée.

Il y aurait lieu aussi de tenir compte, selon Guénon, des épis qui accompagnent ou surmontent l'écusson.

On désigne sous le nom d'*épis* les petites surfaces généralement ovales, dont les poils n'ont pas la même direction que ceux de la région immédiatement voisine. Parmi ces épis les uns indiquent des qualités, les autres

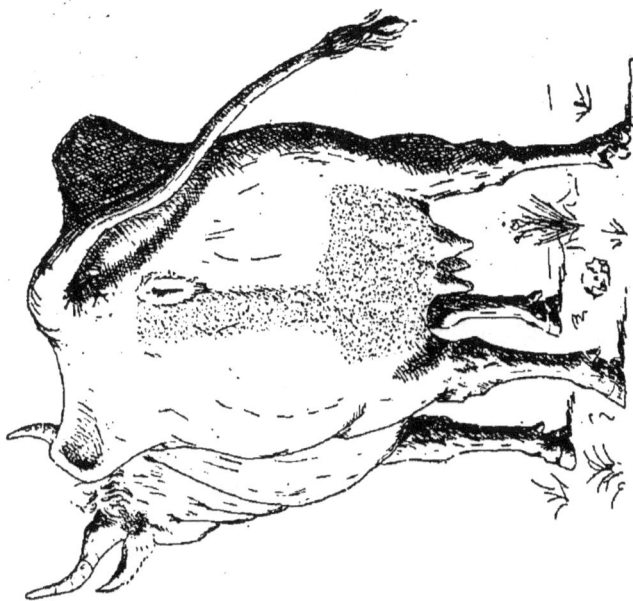

Flandrine à gauche.

Fig. 39.

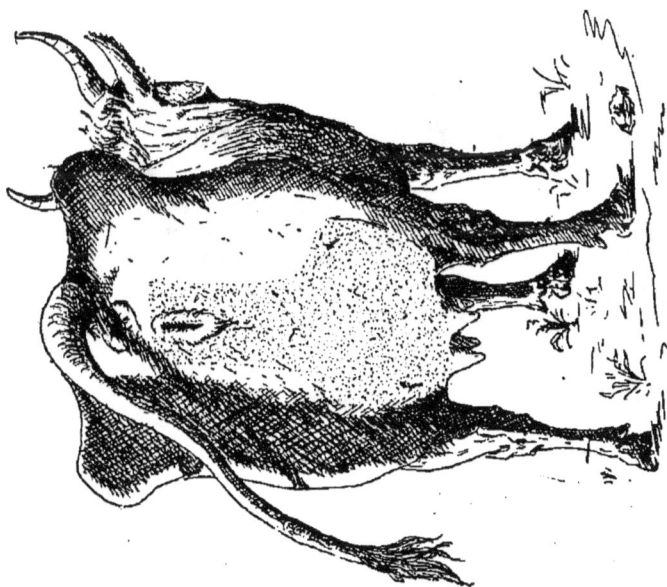

Flandrine.

Fig. 38.

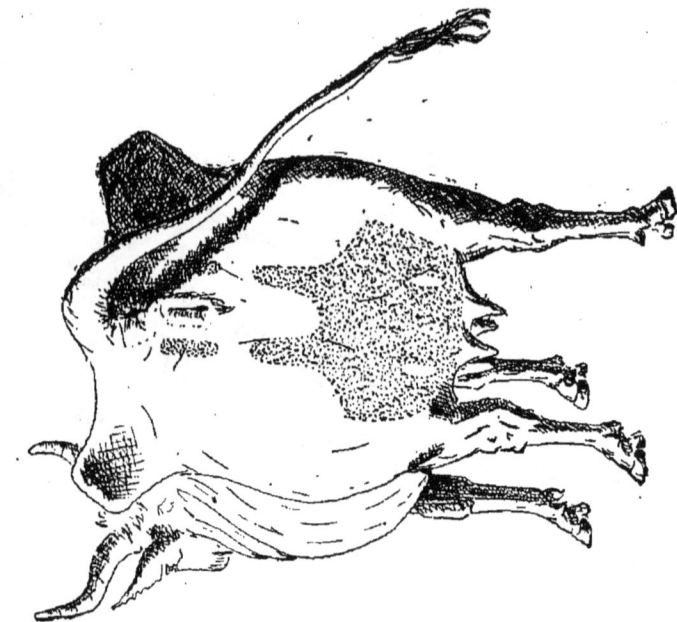

Bicorne.

Fig. 41.

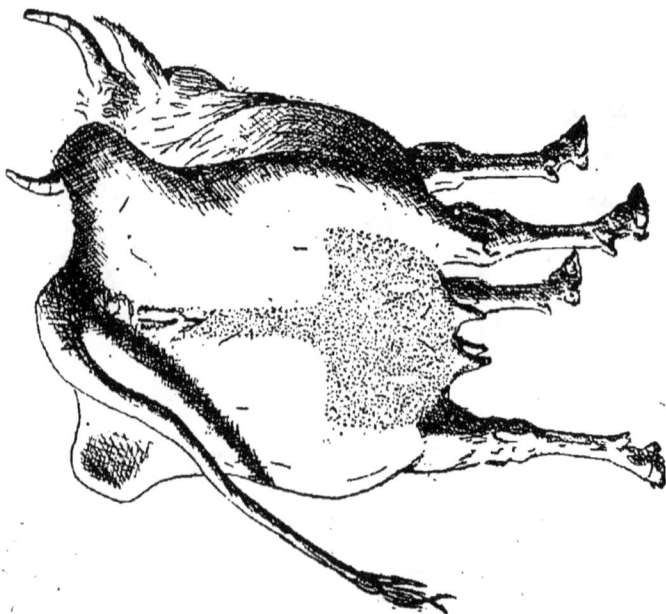

Lisière.

Fig. 40.

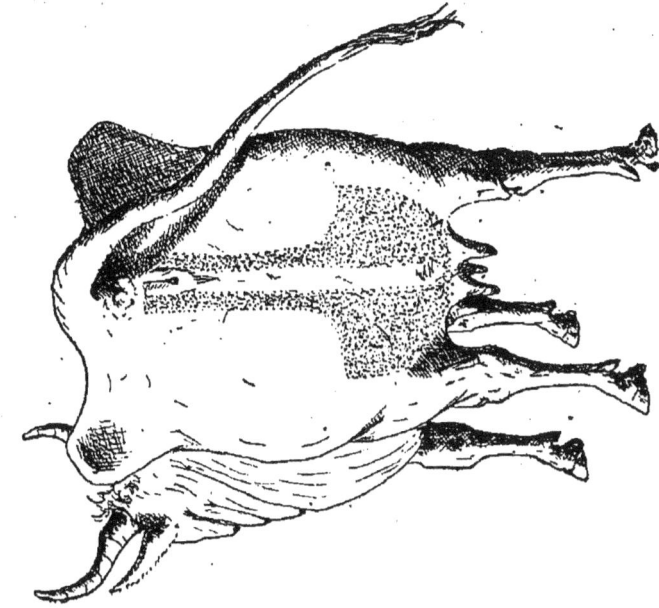

Double Lisière.

Fig. 43.

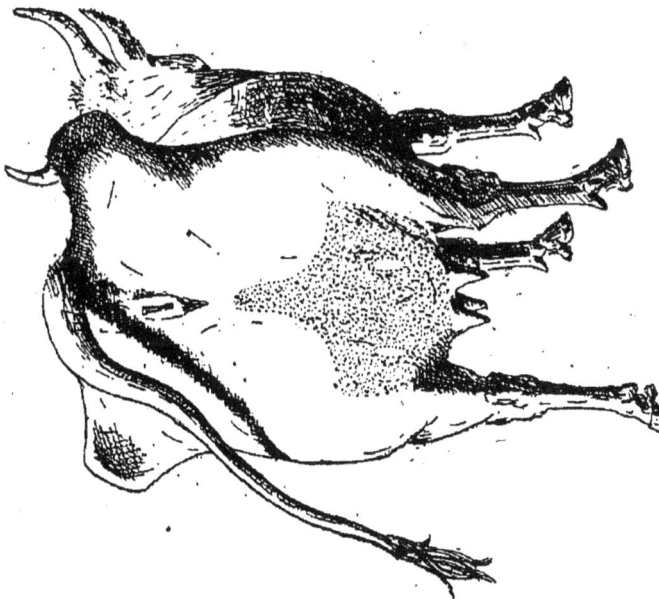

Poitevine.

Fig. 42.

des défauts, comme celui, par exemple, de la cessation
rapide de la fonction sécrétoire de la mamelle.

Un vétérinaire de Remiremont, M. Mansuy, tout
en acceptant le système de Guénon, ajoute que non
seulement il importe que la surface limitée de l'écusson
soit étendue, mais que plus il est régulièrement des-

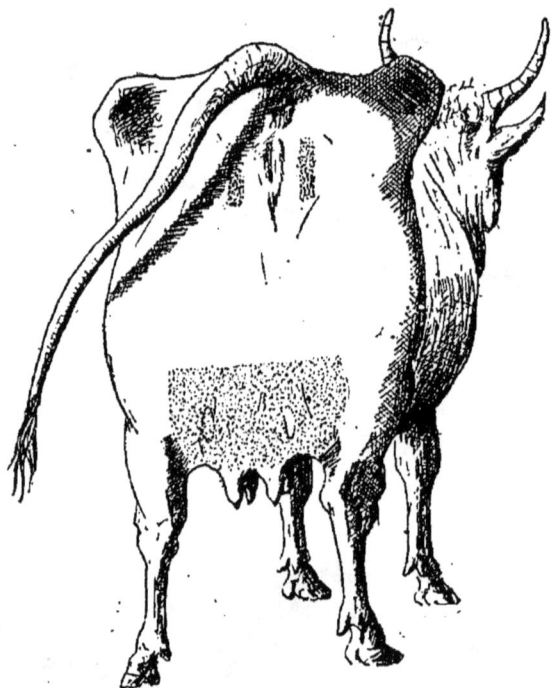

Carrésine.

Fig. 44.

siné, c'est-à-dire que moins il a d'échancrures dans
son contour, plus la vache qui le porte est bonne laitière.

« Que faut-il penser, dit M. Cornevin, du système
de Guénon et des observations relatives aux écussons
et aux épis ? A mon avis, il faut d'abord éliminer tout

ce qui concerne ces derniers ; les indices qu'on cherche à en tirer ne me semblent que des réminiscences du passé et peut-être un écho des croyances superstitieuses des orientaux.

« Quant à l'écusson, la méthode rationnelle pour juger de son utilité, consiste à le suivre depuis son apparition et à tâcher de voir si son développement est parallèle à celui de la fonction laitière.

« A la naissance, le veau a un écusson nettement limité, recouvert de poils longs et fins qui le dissimulent à des yeux inattentifs. Il existe sur les deux sexes, mais il est proportionnellement moins grand chez le taurillon. Sur la génisse, il reste d'abord petit, comme la mamelle elle-même, puis il évolue avec elle ; ce n'est qu'à partir du deuxième vêlage qu'il atteint son ampleur définitive. Son développement semble donc corrélatif de l'évolution mammaire ; en même temps que grossissent les mamelles, la peau du périnée s'agrandit et l'écusson s'étale.

« Puisqu'il en est ainsi, rien n'empêche d'admettre que l'ampleur de l'écusson est un signe favorable, dénonçant une aptitude de race ou de famille à produire du lait. L'observation a confirmé cette déduction et a montré que sa grandeur et la régularité de sa bordure sont de bons signes en général.

« Une erreur assez commune consiste à n'apprécier son étendue que par la place qu'il occupe dans la région périnéale. Il peut en avoir une suffisante, même quand il est réduit à sa partie mammaire, car on le voit s'étendre sur la face interne et le bord postérieur des cuisses et gagner en largeur ce qui lui manque en hauteur. Mes observations me portent à penser que la forme de l'écusson n'a d'importance que par l'étendue qu'elle délimite. Mais que par elle-même elle est secondaire. Que l'écusson s'étale au maximum, voilà l'important; qu'il le fasse par telle ou telle figure géométrique, c'est l'accessoire.

« Pas plus dans l'appréciation des qualités d'un individu que dans celle des caractères différentiels d'un groupe quelconque, un système n'envisageant qu'un ordre de particularités, et négligeant les autres, ne donne pas de résultats probants. Il faut recourir à une méthode naturelle, c'est-à-dire à une série de caractères qu'on subordonne les uns aux autres. Dans le cas particulier de l'appréciation de la vache laitière, on tiendra compte de tous ceux qui ont été énumérés plus haut, sauf à attribuer une valeur supérieure à quelques-uns, tels que ceux qui se rapportent aux veines, à la mamelle et au périnée. Il y a entre les différents signes des compensations, et un caractère d'écusson trop faible peut être suppléé, dans une autre région, par une particularité mammaire. »

M. A. Sanson, en d'autres termes, exprime les mêmes idées que tout esprit sensé, ayant quelque expérience des bovidés, doit, à notre avis, partager.

Comme M. Cornevin, de nombreux éleveurs et bien d'autres observateurs, nous avons constaté que certaines vaches, très bonnes laitières, présentaient un écusson peu développé. Nous avons actuellement, à La Brosse, deux vaches cotentines, bonnes laitières, dont les veines mammaires sont énormes avec des *portes du lait* très grandes, qui ont, chacune, un écusson insignifiant. C'est la mère et la fille.

Il ne faut donc pas exagérer la valeur du système de

Guénon. Tout le monde sait que la qualité, la nature, la quantité des aliments, comme leur température et celle des boissons, jouent un rôle actif dans la production du lait, en quantité et en qualité.

IV. — SIGNES DES QUALITÉS BEURRIÈRES.

Peut-on, à l'examen d'une vache, déterminer approximativement la quantité et la qualité du beurre qu'elle peut fournir?

Il est évident que le meilleur et le plus sûr moyen de constater la qualité du lait au point de vue du beurre, consiste dans la recherche directe de celui-ci, ce qui n'est ni long ni bien compliqué, sans avoir besoin de recourir à l'emploi d'appareils spéciaux.

Mais il ne s'agit pas de cela. Voici le problème : une vache étant donnée, dire, après examen, si son lait est riche. Or, ce problème paraît facilement soluble; et il ne manque pas d'un certain intérêt pour les éleveurs dont la spéculation zootechnique est la fabrication du beurre de bonne qualité.

M. Renoult-Lizot, nous dit M. Cornevin, aurait reconnu que les papilles buccales affectent des formes différentes selon que la bête est bonne, passable ou mauvaise beurrière. Si ces papilles, qu'on trouve à la face interne des joues d'une vache, sont grosses, larges et plates, la bête est bonne beurrière; ces papilles sont-elles seulement rondes, les qualités beurrières sont ordinaires; au contraire, la vache est mauvaise beurrière si les papilles sont pointues.

M. Baron, d'Alfort, qui a suivi de près les études

de M. Renoult-Lizot, considère que son système est exact dans la plupart des cas.

Nous avons vu précédemment que la mamelle peut être comparée à une monstrueuse glande sébacée. On sait aussi, par les études pathologiques, que si la sécrétion mammaire est suspendue pour une cause quelconque, l'élimination des principes gras se fait sur une autre partie du corps. « Nous avons vu, dit M. Cornevin, des vaches atteintes de mammite, montrer à la face, et particulièrement au pourtour des yeux, une teinte jaunâtre due à la production d'une forte couche de *sebum* qu'on pouvait enlever avec l'ongle. »

Sans chance sérieuse d'erreur, on peut avancer qu'il y a une étroite corrélation entre la sécrétion sébacée cutanée et la proportion de beurre contenue dans le lait.

Quand la peau, dans les régions où elle est dépourvue de poils, est riche en glandules sébacés, qu'elle se montre d'une teinte jaunâtre, couleur beurre frais plus ou moins foncée (couleur *indienne* de Guénon), pourvu que la bête soit d'ailleurs en parfait état de santé, on peut la considérer comme bonne beurrière.

V. — MÉTHODE DES POINTS.

Il est encore une autre méthode d'appréciation des aptitudes de la vache laitière que nous ne pouvons passer sous silence. C'est la « méthode des points » si magistralement indiquée par M. le professeur Baron dans sa conférence faite, en 1888, au concours général agricole de Paris.

Nous résumons ici les parties principales de la méthode Baron, déjà employée par le professeur A. Sanson, telle que nous la trouvons exposée dans les « *Éléments d'hygiène et de zootechnie* » de MM. Rossignol et Dechambre.

« On commence par dresser le programme des beautés à exiger de l'animal en question, en un certain nombre, généralement restreint, de *considérants ;* l'animal, examiné successivement sous chacun des ces points, reçoit une note variant de 0 à 20, qui exprime sa valeur. Comme ces considérants n'ont pas tous la même importance, cette différence est enregistrée au moyen des *coefficients*. Le caractère dominateur reçoit le coefficient le plus élevé. Et le tableau est dressé de telle façon que la somme des coefficients soit égale à 5. L'animal *parfait,* recevant la note 20 pour chaque considérant, obtient un total égal à 100 qui marque la *perfection zootechnique.* Un sujet quelconque obtient un chiffre d'autant plus éloigné de 100 qu'il est, lui, plus éloigné de la perfection zootechnique.

« Voici un tableau dressé pour la vache laitière :

Caractérisation sexuelle générale. . . .	coefficient	1
Beautés spéciales du pis.	—	3
Caractères laitiers de Guénon.. . . .	—	1

« Prenons un exemple, et soient 19, 17 et 19 les notes obtenues par la candidate, dans les trois épreuves successives ; nous les totalisons de la manière suivante :

Caractérisation sexuelle. . .	coefficients	1	19	19
Beautés du pis.	—	3	17	51
Caractères de Guénon.. . .	—	1	19	19
				89 p.

« Cette vache valant 89 points approche de la perfection dans la mesure de 89 0/0.

« Or, *le rendement annuel d'une vache qui mérite 100 points est égal à 1,200 fois le carré du tour de poitrine.*

« Notre vache valant au pointage 89 0/0, son rendement annuel égale 0,89 × 1200 × 2,05, si le tour droit est 2^m,05. Le calcul donne 4,486 litres de lait par an.

« *Vache beurrière.* — L'examen de la vache destinée à fournir du lait que l'on veut transformer en beurre se fait d'après les mêmes règles.

« Nous reconnaissons 6 considérants :

« 1° La vache devra posséder tous les signes extérieurs d'une bonne nutrition, d'un bon fonctionnement des appareils d'assimilation et de sécrétion.

« Ce considérant aura le coefficient 1.

« 2° Un excellent signe est celui qui est tiré de la coloration jaune de toute la peau ; cette coloration se remarque particulièrement aux points où la peau s'amincit pour devenir une muqueuse, autour de l'anus et de la vulve, au voisinage des yeux, on la voit nettement sur l'oreille par transparence.

« C'est la *couleur indienne;* Guénon l'avait remarquée dans la région du périnée et s'en servait déjà comme signe beurrier.

« Nous lui donnerons le coefficient 1.

« 3° La facilité avec laquelle se détachent les pellicules épidermiques caractérise une bonne beurrière.

« L'abondance variable de ce *furfur épidermique* ou *son,* sera notée avec le coefficient 1.

« 4° La sécrétion des glandes sébacées de la peau correspondant à celle de la graisse dans le lait (la mamelle n'étant qu'une énorme glande sébacée), un excellent signe sera fourni par l'onctuosité de la peau, le luisant du poil, indices d'une abondante sécrétion sébacée.

« Coefficient 1/2.

« 5° La production, dans les oreilles, du *cerumen* n'est qu'un cas particulier de la sécrétion précédente. Une abondante sécrétion cérumineuse, qui se dénote par la présence dans l'oreille d'une épaisse couche de cérumen gras, doit être recherchée.

« Encore coefficient 1/2.

« 6° Il existe pour l'appréciation de la richesse du lait en beurre un système analogue au système Guénon ; c'est le système de *Renoult-Lizot,* basé sur l'examen des papilles buccales placées en dedans de la commissure des lèvres.

« Ces papilles sont grosses, rondes ou coniques; les premières sont un bon signe ; les dernières un très mauvais.

« Voici les catégories que l'on peut établir :

a) Deux grosses papilles, quelques rondes et peu de coniques ; note : 19 à 20.

b) Une grosse papille, 4 à 8 coniques ; note 12.

c) Papilles coniques ou seulement quelques rondes, 0 à 12.

« Ce système tout à fait empirique aura le coefficient 1.

« De sorte que le tableau de pointage est le suivant :

Signes extérieurs d'une bonne nutrition.	coefficient	1
Couleur indienne.	—	1
Furfur épidermique ou son.	—	1
Sécrétion sébacée.	—	1/2
Sécrétion cérumineuse.	—	1/2
Système de Lizot.	—	1

« Supposons que notre vache de tout à l'heure étant examinée et pointée rigoureusement obtienne une note finale de 70 points. On raisonne ainsi :

« Les meilleures bêtes donnent 1 kilogramme de beurre pour 20 litres de lait, exceptionnellement pour 18 litres.

« En multipliant 4,486 litres par la fraction 1/20 et le produit par 0,70 (note obtenue dans l'examen), nous devons obtenir en unités de poids la quantité annuelle de beurre, c'est-à-dire 157 kilogrammes. »

Cette « méthode des points » ne manque pas d'une réelle exactitude, et elle est applicable dans la plupart des cas. Nous doutons toutefois qu'elle soit bien pratique sur un champ de foire.

CHAPITRE VII

AMÉLIORATION DES VACHES LAITIÈRES

Nous pensons qu'en dehors des méthodes de reproduction et du choix des reproducteurs, il y a lieu de rechercher s'il n'y aurait pas quelques moyens d'améliorer l'aptitude laitière des vaches.

Il ne peut s'agir ici d'animaux dont les caractères ethniques sont nettement accusés, et qu'on rencontre dans toutes les bonnes exploitations agricoles de quelque importance. Nous voulons, au contraire, nous occuper des populations bovines, essentiellement hétéroclites, des petits cultivateurs, des vignerons, des manouvriers ruraux qui n'ont qu'une vache **pour** apporter quelque aisance dans le ménage.

Ordinairement, ces habitants des campagnes, lors-qu'ils ont besoin d'une vache, s'adressent à des mar-chands qui leur vendent, toujours à un prix excessif — surtout si le marché se fait à crédit — des sujets quelconques, sans caractères déterminés, appartenant souvent aux types les moins laitiers. Le marchand vend la bête sans aucun souci de l'usage auquel on la destine. Bien heureux même si elle est encore d'âge à avoir du lait.

Ces vaches, saillies par des taureaux, quelconques aussi, donnent généralement de mauvais produits et ne fournissent que peu de lait. Il n'est pas rare de voir, dans la même localité, des charolais, des niver-nais, des comtois, des hollandais, des bretons, des normands, etc. Quand les femelles deviennent en chaleur, les propriétaires ne choisissent pas le plus beau ou le meilleur taureau de la contrée, ils con-duisent leurs bêtes à celui dont ils payent la saillie le meilleur marché. Il résulte de ce procédé que les po-pulations bovines, loin de s'améliorer, restent dans un état stationnaire ou même vont chaque jour en dégénérant.

A l'absence complète de sélection, s'ajoutent d'autres causes de ce fâcheux état de choses : mauvaise ali-mentation, insuffisante ou irrationnelle, hygiène dé-testable résultant de l'étroitesse des habitations humides et malpropres, contribuant à donner un bétail maigre, chétif, souvent malade et, partant, improductif.

Nous avons toujours pensé, dans notre longue pratique des populations rurales, qu'il y aurait possibilité de notables améliorations aussi peu coûteuses que possible ; et que le bétail du très petit propriétaire, représentant encore une grosse partie de la fortune publique, ne pouvait laisser indifférents l'agronome, l'économiste, l'hygiéniste et le vétérinaire.

Ces deux derniers ont déjà fait beaucoup, depuis une trentaine d'années, pour l'amélioration des petites exploitations agricoles. Leurs conseils judicieux ont souvent été entendus, quelquefois suivis, pour le plus grand bien de leurs clients. Malheureusement, ce n'est que le petit nombre qui a pu ou su tirer parti des indications du vétérinaire.

C'est à l'école rurale même que ces notions hygiéniques relatives au bétail devraient être enseignées. Il n'y faut guère compter, l'instituteur ayant déjà trop à faire. Et puis le paysan routinier n'écouterait pas ces bonnes leçons, pensant que l'instituteur a autre chose à enseigner aux enfants que l'hygiène des animaux domestiques.

Comment serait-il possible d'arriver à modifier heureusement et avantageusement, à améliorer en un mot, pour ceux qui l'exploitent, le bétail de la petite culture ?

Nous avons bien pensé, depuis longtemps, aux primes données par les Comices agricoles aux meilleurs animaux présentés et particulièrement aux meilleures vaches laitières et aux meilleures génisses.

Malheureusement, le petit cultivateur, même soigneux, n'ose pas conduire ses animaux à ces exhibitions locales qui sont cependant d'excellentes *leçons de choses*. Au fond, il n'a peut-être pas tout à fait tort ; car souvent il sera en concurrence avec des propriétaires plus riches, et possédant une exploitation plus importante, qui, *ipso facto*, remporteront la palme.

En soi, le projet de loi de M. le député Guillemin est bon. Il a seulement l'inconvénient de n'être pas du tout pratique. Il n'est pas douteux que si le projet Guillemin imposant, à tout propriétaire de taureau, l'obligation de n'admettre, sous peine de poursuites correctionnelles, à la saillie que « des sujets suffisamment développés et reconnus propres à l'amélioration de la race »; si, dis-je, ce projet pouvait être adopté par le Parlement, et s'il pouvait, pratiquement, être appliqué — sans parler des frais considérables pour le Trésor — il favoriserait, dans une certaine mesure, la vulgarisation des méthodes scientifiques de reproduction des grands ruminants et donnerait, dans un temps prochain, des animaux sélectionnés, à aptitudes bien déterminées et pouvant donner des rendements *maxima*.

La mise de taureaux de choix à la disposition des petits propriétaires n'a pas produit jusqu'ici de grands profits dans les contrées où l'élevage du bétail n'est qu'un faible appoint à l'ensemble de l'exploitation. Nous pourrions donner comme exemple, dans nos pays vignobles, l'Ecole pratique d'agriculture de La Brosse qui possède toujours, pour son service et au service du public, d'excellents taureaux de race laitière et beurrière. Or, ces animaux sont délaissés sous le prétexte que la saillie coûte *dix sous* de plus que celle d'autres taureaux de mauvaise conformation et n'ayant pas du tout les caractères extérieurs de l'aptitude dont on a le plus besoin dans la localité : abondance du lait, abondance et finesse du beurre.

Cependant, nous devons à la vérité de constater que si, depuis treize ans que l'École est fondée, les propriétaires n'amenaient pas souvent leurs vaches au taureau de l'École, ils commencent à reconnaître aujourd'hui que les veaux et les élèves de leurs confrères, qui ont risqué leurs *dix sous,* valent infiniment mieux que les leurs et que cette différence compense bien au delà le petit sacrifice fait pour la saillie.

Si nous ne voyons pas le côté pratique du projet de loi Guillemin, nous pensons que les Comices agricoles pourraient et devraient encourager la production du bon bétail en mettant à la disposition des petits cultivateurs de bons taureaux bien choisis, très améliorés, en les cédant à perte aux éleveurs qui détiennent d'ordinaire des reproducteurs bovins. Ils complèteraient leur œuvre en primant tout spécialement les génisses provenant de ces taureaux et, à plus forte raison, ces génisses devenues vaches productrices à leur tour.

Des primes pourraient également être attribuées aux petits cultivateurs ou vignerons, dont les étables seraient le mieux tenues et dont les animaux seraient le mieux nourris et le plus rationnellement entretenus.

Nous ne voyons guère, quant à présent, que ces moyens tout à fait élémentaires d'améliorer la vache laitière du paysan peu fortuné.

Quand l'exemple serait une fois donné, que l'on verrait l'abondance et la qualité des produits amenant l'aisance, les plus retardataires suivraient le mouvement au grand profit de tous.

Un agronome fort distingué et d'une rare compétence, M. Jules Crevat, donne, dans un traité de

« *l'alimentation rationnelle du bétail* », quelques judicieux conseils pour l'amélioration des bêtes laitières.

« Pour développer l'aptitude laitière, dit-il, il convient de nourrir assez fortement, pendant le premier
âge, afin de donner une bonne constitution, puis de
donner une alimentation médiocrement riche en protéine, et surtout en graisse, afin de ne pas habituer
l'animal à s'assimiler de la graisse, mais très riche en
aliments sucrés respiratoires, qui occasionnent une
grande absorption de boissons, par suite une grande
extension de l'appareil circulatoire sanguin-lympha-
tique, d'où résultera une grande activité de sécrétion
des muqueuses, des glandes en général, et des glandes
mammaires en particulier. Une dose modérée de sel
marin secondera d'ailleurs parfaitement l'action des
aliments respiratoires, en excitant la soif, l'absorption
de beaucoup d'eau et, par suite, les sécrétions aqueuses
en général.

« Pour développer l'aptitude laitière chez les jeunes
bêtes d'élevage, on donnera donc des fourrages riches
en principes respiratoires, relativement aux autres principes alimentaires, comme les pailles, les racines de
betteraves, carottes, navets, etc....., d'autant plus
utiles qu'elles sont plus aqueuses ; les tubercules de
pommes de terre, de topinambour, les foins médiocres
de graminées et beaucoup de boisson, d'eau de vais-
selle, de petit lait, dont on excitera la consommation
par une poignée de sel et de son, sans cependant
arriver à l'exagération. »

Dans ces conseils de M. Crevat, bons en soi, il y a
bien quelques réserves à faire.

CHAPITRE VIII

HYGIÈNE DE LA VACHE LAITIÈRE

I. — HABITATION.

Nous n'avons pas à entrer, si ce n'est dans des limites restreintes, dans des considérations générales sur les habitations des animaux. On sait, en effet, que si ceux-ci peuvent vivre au dehors, à l'air libre, l'hygiène bien entendue et l'exploitation fructueuse des bêtes de rente exigent qu'elles soient sainement logées. Les produits des animaux, tenus en stabulation plus ou moins rigoureuse, sont incomparablement supérieurs aux produits de ceux qui vivent dans les pâturages, sans abri ou sous des abris insuffisants.

Nous n'avons à tenir compte ici que de la construction des habitations, de leur orientation, de leur aération et des dispositions intérieures.

L'habitation des vaches, et de la vache laitière en particulier, s'appelle *vacherie*, ou simplement *étable*, nom commun aux habitations de tous les animaux de rente.

La nature des matériaux de construction ne saurait être indifférente à l'éleveur ou au fermier. Si les animaux doivent être mis sous des abris, il faut que ceux-ci soient solidement construits, et qu'ils soient le moins possible exposés aux dangers de l'incendie. Il faut enfin que les murs ne soient pas humides par suite de l'emploi de matériaux trop hygrométriques, produisant les sels muraux, les fleurs de nitre et·la moisissure. Comme nous le verrons tout à l'heure, si la porosité des murs est trop accentuée, l'eau, qui remplit les pores, s'oppose à une ventilation suffisante, ainsi que l'a démontré Pettenkofer.

Les matières ordinairement employées aux constructions rurales sont, suivant la localité, le bois, la terre, le pisé, le torchis, la pierre, la brique et le fer.

Si le bois n'est pas trop hygrométrique, il a l'inconvénient d'être très combustible et, par conséquent, dangereux. Et, inconvénient aussi grave, il se salit, se souille facilement de microbes, de produits virulents, d'acariens et d'innombrables colonies d'insectes.

La terre, si elle n'est pas comprimée et à l'état de pisé, n'est pas assez solide. Le pisé lui-même peut s'humecter. Il en est de même du torchis.

La pierre dure et la brique bien cuite sont, avec le fer, les meilleurs matériaux de construction. Ils sont, moins que d'autres, favorables à l'incendie ; ils sont modérément hygrométriques, et les dégradations des murs construits avec eux sont facilement réparables.

On ne saurait conseiller d'une manière absolue d'employer, à·la construction des étables, tels ou tels matériaux. Il faut dépenser le moins possible tout en tenant compte des ressources qu'offre la contrée. Les dépenses seraient excessives et inutiles en faisant venir de loin des matières de choix, et on finirait ainsi par perdre la plus grosse partie des bénéfices que peuvent donner les bêtes entretenues.

Au point de vue de la perméabilité à l'air, les divers corps employés à la construction présentent des différences appréciables.

« Dans les habitations, le passage de l'air (à travers les murs), est réglé par la différence de température qui existe entre l'intérieur et l'extérieur. Par mètre carré de surface, en une heure et avec 1° de différence de température, la ventilation, à travers un mur de $0^m,72$ d'épaisseur, correspond aux nombres suivants :

	MÈTRES CUBES
Dans la brique humide..	1,68
— le grès.	1,69
— la pierre calcaire.	2,32
— la brique cuite.	2,83
— le tuf calcaire.	3,64
— le pisé.	5,12 (Maerker)

« La gelée supprime la perméabilité des murs comme celle du sol » (H. Boucher).

L'orientation des étables doit varier avec le climat des localités. Il est clair que si, dans le midi, l'orientation nord convient le mieux, dans le nord, au contraire, c'est l'orientation sud qui sera la plus favorable. Mais nous pensons, pour des motifs sérieux et par expérience, que la meilleure orientation est celle d'est à ouest, avec les ouvertures à l'ouest. On sait, en effet, que les vents d'ouest sont toujours plus ou moins humides et qu'ils maintiennent un état hygrométrique de l'atmosphère dont la vache laitière a particulièrement besoin.

En raison de la plus ou moins grande perméabilité des matériaux de construction, il n'y a pas lieu de s'inquiéter outre mesure de l'aération par les fenêtres et par les portes. Qui n'est entré dans certaines étables de la campagne et n'a vu des animaux entassés en grand nombre dans des étables basses sans autre ouverture que la porte ? Et pourtant les animaux ne paraissent pas en souffrir le moins du monde. C'est que précisément l'échange de l'air impur de l'étable avec l'air pur du dehors se fait par les parois.

C'est l'acide carbonique exhalé par la respiration qui rend une atmosphère irrespirable, et il résulte des expériences de Max Maerker et M. A. Sanson, que l'acide carbonique ne se diffuse plus suffisamment quand il est dans la proportion de 2,5 à 3 pour 1000.

Toujours d'après Max Maerker et M. A. Sanson, les surfaces totales en mètres carrés des parois latérales pour assurer une ventilation naturelle suffisante des habitations peuplées de deux à quarante têtes de gros bétail sont les suivantes :

	10 têtes	20 têtes	30 têtes	40 têtes
Grès. . .	178	356	534	712
Calcaire . .	129	258	387	516
Briques.. .	106	212	318	424
Tuffeau.. .	82	164	246	328
Pisé.. . .	59	118	177	236

D'après ces chiffres, on peut juger que pour **loger** 20 têtes de bétail, en donnant $1^m,50$ en largeur par tête, une hauteur de 4 mètres on assurera une aération suffisante.

Le nombre des fenêtres variera avec celui des têtes à loger et les dimensions de l'étable. Elles seront plus larges que hautes et aussi nombreuses que possible ; car on a toujours la possibilité d'en fermer ou d'en ouvrir autant qu'on le voudra et de régler ainsi la température de l'étable. Il importe surtout qu'elles soient placées haut, de façon que l'air et la lumière vive ne frappent pas directement les animaux. Elles devront s'ouvrir de haut en bas (fig. 45).

Les portes de l'étable devront, autant que possible, être placées au milieu de l'habitation, pour éviter les courants d'air qui se produisent toujours quand les portes sont aux deux extrémités. Cependant, suivant l'emplacement dont on dispose, on est quelquefois obligé de les ouvrir à l'une ou aux deux extrémités. Dans tous les cas, les portes devront être à deux bat-

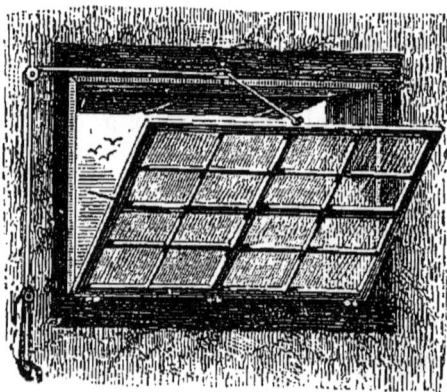

Fig. 45. — Fenêtre vue à l'intérieur.

tants de mêmes dimensions et s'ouvrir de dedans en dehors. Plus les portes sont grandes, moins il y a de dangers d'accident provenant des heurts dans lesquels les vaches peuvent se fracturer les cornes ou les hanches. Il y a le plus grand danger, surtout d'avortement, par suite de chocs reçus par l'abdomen dans les portes trop étroites ou dont les deux battants ne sont pas largement ouverts.

Une étable peut être simple ou double ; ce qui veut dire que les animaux sont placés sur un seul ou sur deux rangs. Dans tous les cas, il faut à tout prix éviter les grandes étables ; et si l'on a beaucoup de bêtes à loger, il faut les séparer par des cloisons en briques de façon qu'il n'y ait jamais plus de quinze à vingt têtes dans le même compartiment.

Outre l'inconvénient résultant de la difficulté de diffusion de l'acide carbonique provenant des exhalaisons expiratoires, il y a encore le danger de la facilité de transmission des maladies contagieuses dont on ne saurait trop restreindre le champ d'action.

Les dispositions intérieures des vacheries ont la plus grande importance au point de vue de l'hygiène et de la production de la vache laitière.

Le sol ou le plancher, qu'on appelle aussi l'*aire,* doit être solide et construit avec des matériaux aussi imperméables que possible aux liquides et à toutes les matières excrémentitielles. Nous conseillons de faire le sol en pavés de grès, en pavés de Sainte-Savine ou en briques sur champ. Le pavé de bois devient rapidement un milieu favorable à la culture de tous les virus, et ainsi que le bitume et le portland artificiel, il devient gras, glissant et, partant, dangereux. Le macadam donne une aire insuffisamment solide, qui se creuse rapidement sous les pieds postérieurs des animaux et permet l'accumulation des urines dans des cavités devenant de plus en plus profondes et malsaines. Le *terris,* ou terre comprimée, vaut encore moins que le macadam.

Une légère pente, dans l'espace destiné à chaque bête, doit exister de la crèche à l'arrière. Cette pente sera de 1/2 à 1 centimètre par mètre tout au plus. Elle doit favoriser l'écoulement des liquides dans une rigole allant de l'étable à la fosse à purin. Si la pente était plus accentuée, elle fatiguerait beaucoup les animaux.

On peut éviter cette pente en employant le système de drainage des étables du colonel Basserie qui n'a que l'inconvénient d'être trop coûteux. Il consiste en une rigole située au milieu même de la place occupée par l'animal et couverte avec une plaque de fonte ajourée. Le plan peut donc rester horizontal, les liquides s'écoulant dans la rigole qui les conduit à une autre, commune, véritable drain collecteur, et également couverte.

Il résulterait des statistiques, peut-être un peu intéressées, du colonel Basserie, que le rendement en lait des vaches serait plus élevé quand le sol de la stalle est horizontal. En tout cas le système Basserie a l'avantage d'être très hygiénique en ce qu'il ne laisse jamais les liquides séjourner sous les animaux ni même dans l'étable.

Les vaches étant des animaux tranquilles, il n'est pas utile d'établir, entre elles, des séparations toujours coûteuses. Mais il faut réserver, par tête, un espace de 1^m,10 à 1^m,50 en largeur sur une longueur de 2^m,50.

Quand l'étable est à un seul rang, il faut, derrière les animaux, un couloir de service de 1^m,50 entre eux et le mur. Le sol de ce couloir doit être légèrement incliné du mur au caniveau situé immédiatement derrière les animaux et destiné à recevoir et à emmener les urines.

Dans l'étable à deux rangs, les animaux peuvent être placés de deux manières différentes. Ou bien ils sont opposés face à face et séparés par un couloir de

1 mètre à 1ᵐ,20 destiné à la distribution des aliments. C'est le meilleur système, procurant la plus grande économie de temps, et permettant d'éviter des pertes de fourrage. Dans ces conditions, il doit y avoir, derrière les animaux, un couloir de même largeur que celui qui existe dans les étables à un rang.

Mais, en raison de l'emplacement dont on peut disposer, on est quelquefois obligé de placer les animaux face au mur et opposés par les derrières. Dans ce cas, le couloir intérieur doit être de 2 mètres de largeur. Il sert à l'enlèvement des fumiers et à l'apport des litières. En avant des animaux il existe néanmoins un couloir de 1 mètre pour la distribution rapide des aliments.

Le couloir central de 2 mètres est convexe et incliné de chaque côté pour l'écoulement des liquides de lavage dans les caniveaux.

Dans les étables bien aménagées, que les animaux soient placés sur un ou sur deux rangs, le système de wagonnets sur voies ferrées est très économique. Il peut exister pour la distribution des aliments et pour l'enlèvement des fumiers.

Dans aucun cas il ne doit y avoir de râteliers dans une vacherie. Par sa conformation, la vache mange plus commodément si les aliments sont placés bas. Si peu que le râtelier soit élevé, l'animal est obligé de faire un effort pour prendre sa nourriture. La contrainte où il se trouve de lever la tête provoque la courbure de la ligne dorso-lombaire qui s'incurve en bas et amène bientôt l'*ensellement*.

Une mangeoire haute de 50 à 60 centimètres et large de 40 suffit à tout.

Nous préférons le système préconisé par M. A. Sanson, qui existe dans beaucoup de grandes exploitations et à l'école de la Brosse et que, si nous ne nous trompons, M. E. Tisserand, le directeur général actuel de l'agriculture, avait fait installer dans les fermes impériales qu'il a dirigées. Au reste, nous empruntons à M. A. Sanson une partie du chapitre sur la disposition intérieure des étables :

« Une auge en pierre dure ou en maçonnerie étanche, creusée suivant une courbe légère, et par conséquent peu profonde, est placée sur une base maçonnée à une élévation de 40 à 45 centimètres au plus [1]. Sa largeur totale, y compris les bords, d'une faible épaisseur, quant au plus éloigné des points d'attache des animaux du moins, doit être d'environ autant. Sa longueur est subordonnée à celle de l'étable, mais ne peut être égale toutefois. Pour des raisons que l'on verra tout à l'heure, il faut qu'entre chacune de ses extrémités et la paroi correspondante de l'étable, il reste un espace vide d'un mètre au moins.

« Sur le bord antérieur de cette mangeoire ainsi construite s'appuie une barrière à claire-voie soutenue, à distance convenable, par des montants solides entre lesquels sont établis des barreaux mobiles en bois, comme les montants, mais seulement d'un diamètre de 15 à 20 centimètres, également cylindriques et liés entre eux en haut par une traverse commune. En bas

---

1. Il n'y a aucun inconvénient à ce que la base maçonnée n'ait pas plus de 30 à 35 centimètres de hauteur. L'essentiel est que cette base ne soit pas au-dessous du niveau du sol.

ils peuvent être fichés de même dans une traverse en forme d'embase ou directement dans la pierre de la mangeoire. Le premier mode vaut mieux, car dans ce cas c'est à l'embase que se trouve fixé l'anneau d'attache où vient passer la clavette de la chaîne[1].

« La hauteur de la barrière est principalement une affaire de coup d'œil. Il suffit que l'animal ne puisse jamais atteindre avec ses cornes la traverse supérieure, lorsqu'il introduit sa tête entre les barreaux ou qu'il la retire. Et c'est cette double opération dont la nécessité règle l'écartement de ces derniers.

« La situation de cette mangeoire à barrière verticale sur le bord qui fait face à l'animal est différente suivant qu'il s'agit d'une étable simple ou double. Dans le premier cas, c'est-à-dire lorsque l'étable ne doit loger qu'une seule rangée d'animaux, la mangeoire est placée en avant de l'un des côtés, de celui qui est dépourvu de porte ouvrant à l'extérieur, et à une distance telle qu'il y ait au moins 1 mètre ou $1^m,50$ entre le pied du mur et celui de la face correspondante de la mangeoire. Il en résulte un couloir dans lequel on peut circuler pour distribuer la nourriture. Et c'est afin de pouvoir passer de l'intérieur de l'étable dans ce couloir, et réciproquement, que l'on a ménagé un espace libre à chaque extrémité de la mangeoire.

« A moins que l'espace dont on dispose pour la

---

1. Nous préférons fixer l'anneau d'attache aux barreaux mobiles qui n'ont, à La Brosse, que 5 à 6 centimètres de diamètre. La chaîne d'attache est ainsi rendue mobile par cet anneau qui glisse de bas en haut et de haut en bas sur le barreau qu'il embrasse complètement.

construction de l'étable n'y fasse obstacle, il vaut mieux augmenter la largeur et placer les animaux sur deux rangées » (fig. 46).

Quand c'est possible, il y a toujours avantage à ce que des robinets laissent couler l'eau dans la mangeoire. Les animaux sont de la sorte tous abreuvés à la fois.

Une étable bien organisée doit toujours avoir des annexes qui servent à mettre en dépôt les fourrages, les paniers remplis d'aliments, etc. La chambre à mélanges doit être aussi rapprochée que possible, ou mieux encore communiquer par la voie ferrée avec l'intérieur de l'étable. Il est nécessaire d'avoir un hangar ou appentis pour les cas où on a besoin de sortir, par les mauvais temps, des animaux pour les examiner ou les panser, s'ils sont malades, boiteux, etc.

Dans les étables un peu considérables, en même temps qu'on se livre à l'industrie laitière, on fait des élèves. Il faut pourvoir à leur logement comme à celui du taureau. Celui-ci peut être logé dans l'étable même, dans une boxe ou dans une stalle placée à une extrémité d'où il peut voir les autres animaux. S'il est capricieux, indocile et même méchant, il est malgré cela sociable et a horreur de l'isolement qui le rend encore plus difficile.

A une autre extrémité, s'il y a la place disponible, ou mieux dans une construction annexe, on dispose des boxes carrées d'une aire de $2^m,25$ à $2^m,50$, dans lesquelles sont mis les veaux dès leur naissance. Les boxes peuvent être de dimensions variables suivant les âges des sujets à y placer.

Il serait bon également, d'avoir une ou deux boxes,

dans l'étable même, pour les vaches en parturition.
Elles y seraient plus tranquilles et, dans le cas où
l'intervention du vétérinaire serait nécessaire, il pourrait agir librement et les autres animaux ne seraient
pas dérangés. Il serait en outre plus facile de disposer
la litière à l'approche du vêlage pour une bête isolée

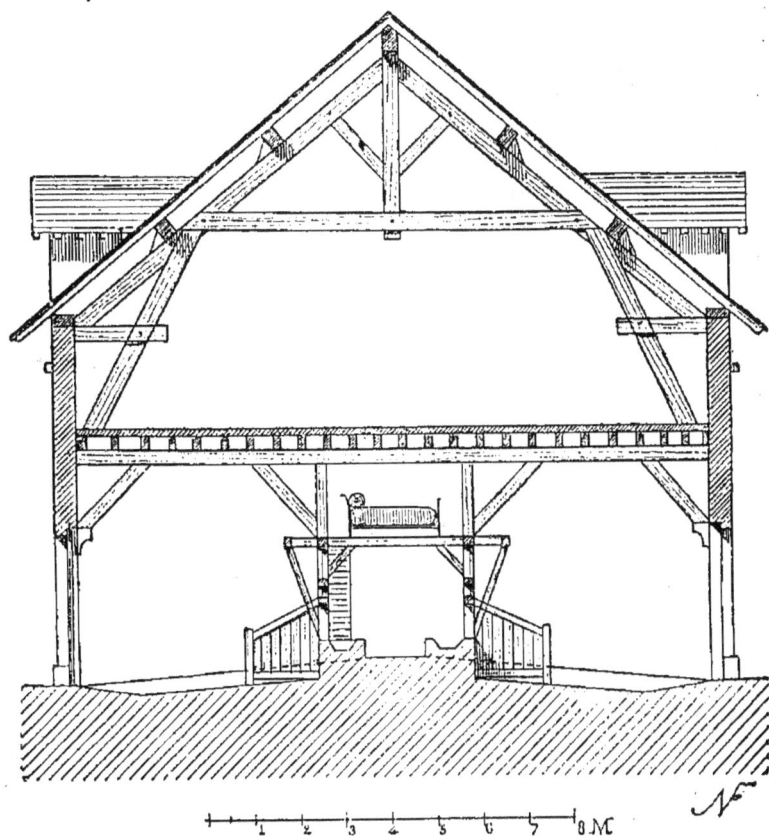

Fig. 46. — Étable transversale double.

que si elle se trouve au milieu des autres. Cette boxe
devrait avoir une aire suffisante de 3 mètres $\times$ 4 mètres
= 12 mètres carrés.

Les parois et le plafond de l'étable, au-dessus de

laquelle on devra éviter avec soin de mettre des fourrages, qui prendraient un mauvais goût, et des pailles
qui sont trop facilement combustibles et augmentent
ainsi les dangers d'incendie, seront blanchis à la chaux
au moins une fois par an.

Il ne faut jamais loger des animaux dans des étables
neuves avant que les murs soient bien asséchés et que
le mortier ne contienne pas au delà de 20 0/0 d'eau.
« Les animaux, pas plus que l'homme, ne s'accommodent de l'expérience qui consiste à *essuyer les
plâtres* du bâtiment neuf. » (H. Boucher).

L'état hygrométrique de l'atmosphère des habitations
des vaches laitières exerce une grande influence sur
la quantité de leurs produits. « Il est connu que le
fonctionnement des mamelles est d'autant plus actif
que l'air qui les entoure est plus près de la saturation
par l'humidité. » (A. Sanson.)

La température constante, qui convient aux laitières,
a été fixée expérimentalement à 12° à 15° centigrades.
Il est donc utile d'avoir un thermomètre à demeure
dans l'étable.

On évitera, avec la plus grande attention, les courants d'air pouvant atteindre directement les vaches
et particulièrement les mamelles. Non seulement, dit
M. A. Sanson, ces courants d'air peuvent diminuer la
lactation, mais ils peuvent même provoquer des inflammations de la mamelle. J'ai eu, comme beaucoup
d'autres vétérinaires, l'occasion de constater plusieurs
fois des accidents de cette nature sur des vaches différentes placées à un endroit déterminé. Quand on
entrait dans l'étable, si la porte n'était pas grande
ouverte, le courant d'air venait invariablement frapper

le pis de la vache placée la troisième dans le rang. Jamais je n'ai observé, dans notre vacherie, d'inflammation de la mamelle sur les vaches occupant d'autres places.

La chaleur solaire incommode singulièrement les vaches. D'autre part, la lumière vive excite les animaux, attire les insectes qui les tourmentent. Il y a lieu de remédier à la grande chaleur, par des volets ou des stores en toile métallique qui tamisent la lumière. Les portes coupées[1] peuvent être d'une grande utilité.

Il résulterait, d'après M. A. Sanson, des expériences de May que « la production du lait serait, dans certaines limites modérées, en raison inverse de l'intensité lumineuse. » Aussi bien, l'essentiel, dans une vacherie, est d'avoir une lumière suffisante pour les besoins du service.

Dans certaines grandes exploitations, on a, pour le service de nuit, ou au moins du soir, installé le gaz. Il vaudrait mieux la lumière électrique. Le gaz augmente les dangers d'incendie si chaque bec n'est pas entouré d'une toile métallique solide et si ces becs ne sont pas placés assez haut, tout en évitant de les rapprocher du plafond.

Dans les petites exploitations, on s'éclairera avec des lanternes marines qui mettent, autant qu'il est possible, à l'abri des accidents. Il sera bon toutefois d'envelopper le verre sphérique d'une toile métallique. On ne doit jamais craindre l'excès de prudence. On ne saurait trop recommander de ne pas employer,

---

1. G. Buchard, *Les Constructions rurales.*

E. Thibault. Vaches laitières. 10

pour l'éclairage des étables, les huiles minérales, pétrole ou analogues et dérivés. Il faudra se contenter des huiles ordinaires à quinquets. Les lanternes pourront être fixées contre les parois ou pendues au plafond et rendues mobiles à l'aide d'une poulie sur laquelle passe la corde de suspension.

Les étables devront toujours être tenues avec la plus grande propreté. Ici encore l'excès ne saurait être un défaut. La malpropreté des étables, qui exhalent des odeurs ammoniacales auxquelles l'homme résiste difficilement, donne toujours une saveur désagréable au lait et aux produits qui en dérivent, beurre et fromage. Les animaux eux-mêmes se trouvent souvent incommodés.

Litières. — En raison de l'abondance des déjections des vaches, toujours très fortement nourries avec des aliments plus ou moins aqueux, les litières sont rapidement souillées et humides. Le fumier sera enlevé chaque jour au moins une fois et plutôt même deux fois, et, chaque matin, le sol sera lavé à fond et à grande eau avant de remettre des litières fraîches.

Le choix des litières n'est pas indifférent. Les meilleures sont faites avec les pailles de céréales qui, pourtant, ont des qualités variables au point de vue de leur pouvoir d'absorption des principes fertilisants des fumiers. Nous y reviendrons tout à l'heure.

Les fanes de légumineuses conviennent aussi pour faire d'assez bonnes litières sur lesquelles cependant les animaux sont moins bien couchés que sur la paille.

Les fougères, les bruyères, les mousses et les algues, ainsi que tous les végétaux herbacés non vénéneux, font des litières passables qui ne sont pas à rejeter quand on manque de pailles. Elles sont préférables aux balles de céréales, aux cosses de légumineuses, aux siliques de crucifères et aux feuilles mortes auxquelles on ne doit recourir que dans l'extrême pénurie d'autres matières.

Mais jamais, d'après notre expérience, nous ne conseillerons l'emploi de la tourbe, de la tannée ou de la sciure de bois pour la litière d'une vache laitière. Ces substances, outre qu'elles s'imprègnent rapidement des déjections, font avec les excréments une boue qui souille, en y adhérant fortement, le pis et les trayons. Quelque soin que l'on prenne, pour laver la mamelle, avant la traite, on trouve toujours, au fond des vases contenant le lait même soigneusement tamisé, des poudres noirâtres plus ou moins abondantes et toujours répugnantes pour le consommateur.

MM. Müntz et Girard ont déterminé le pouvoir absorbant des diverses litières, il nous paraît nécessaire d'en tenir compte dans l'appréciation de leurs qualités.

NATURE DES LITIÈRES	NOMBRE de LITRES D'EAU absorbés par 100 kilogr.	POIDS POUVANT ABSORBER la même quantité d'eau que 100 kilogr. de paille de blé.
Paille de froment. . . .	220	»
— orge.	285	77
— avoine.	228	96
Fanes de pois..	280	88
— fèveroles. . . .	330	67
— colza.	200	110
Bruyères.	145	150
Fougères.	212	100
Mousses.	275	80

Ces chiffres ne sont que des moyennes que l'agriculteur et l'hygiéniste peuvent consulter pour déterminer les proportions relatives de litière à fournir aux animaux.

Nous sommes d'avis qu'il est utile, dans les cas de pénurie absolue de litière, de faire coucher les animaux sur de la terre desséchée ou sur du sable. L'agriculteur évitera ainsi la perte complète de matières fertilisantes qu'il ne peut recueillir autrement.

Les quantités de litière à employer varient avec le pouvoir absorbant des matières dont on dispose et aussi avec la nature des substances alimentaires consommées. Plus les litières sont dures et compactes, moins il en faut. De même si les animaux sont au régime sec, qui ne convient jamais à la vache laitière, ils la souilleront moins que s'ils sont soumis au régime du vert ou des betteraves. Mais en général 3 à 6 kilogrammes par jour de paille suffisent pour une vache de grande taille.

Quand on procède au nettoyage, il ne faut enlever que la couche inférieure de la litière humide et presque pourrie. La partie superficielle est mise de côté jusqu'après le lavage à grande eau, et c'est elle qui sera remise sous les animaux et recouverte ensuite de paille ou d'une litière quelconque fraîche. De cette manière on l'économise et on a le moins possible de fumier pailleux insuffisamment riche en principes fertilisants et difficile à employer pour plusieurs raisons que nous n'avons pas à envisager ici.

Avant de terminer cette étude des habitations, nous avons une dernière réflexion à faire. Elle est importante aux yeux des auteurs modernes, M. Cornevin en

particulier, et aux nôtres également : c'est qu'une
vacherie ne doit être habitée que par des vaches. On
peut à la rigueur, comme le dit encore M. Cornevin, y
tolérer des brebis ou des chèvres qui ne dérangeront
pas les vaches au repos. Mais jamais il ne faut y mettre
des chevaux, des porcs ou des volailles. Les premiers,
dont on peut avoir besoin souvent, sont cause de
mouvements d'allées et venues et troublent les bêtes ;
les seconds donnent une odeur trop accentuée et font
entendre de trop bruyants grognements aux heures des
repas. Quant aux volailles, non seulement elles souil-
lent de leurs excréments les crèches, les aliments et
les animaux eux-mêmes qui se dégoûtent, mais elles
sont en outre souvent la cause de maladies pédiculaires
ou parasitaires.

II. — Pansage.

De tous les animaux de la ferme, nul, peut-être, n'a
plus besoin de soins de propreté que la vache laitière.
Elle n'évite pas, comme beaucoup de chevaux et surtout comme le porc, de se coucher dans ses excréments.
Il est facile d'en juger par la croûte de crottin feutrée
avec les poils qu'on aperçoit sur les cuisses, les fesses,
sous l'abdomen et quelquefois même sur les côtes des
vaches mal tenues. Le consommateur de lait de vache,
pour peu qu'il soit habitué à la dégustation, fait bien la
différence entre le lait provenant d'une vache propre et
celui d'une vache négligée. Il est plus facile de percevoir
ce goût désagréable que celui qui provient de la saveur
donnée au lait par certains aliments. Le lait d'une vache

E. Thierry. Vaches laitières.   10.

mal tenue a toujours une odeur d'étable, voire de fumier, très accentuée. Et il faut aimer les aliments de *haut goût* pour pouvoir le consommer sans répugnance, même lorsqu'il a été bouilli. Par suite, la crème, qui aromatise le lait, a une saveur désagréable. Il en est nécessairement de même du beurre, fût-il fabriqué avec le plus grand soin.

Donc, si les étables doivent être tenues dans un état d'excessive propreté, il faut aussi que les vaches soient elles-mêmes très brillantes. L'éleveur trouvera une large compensation de ses soins dans le lait abondant et le beurre exquis qu'elles produiront.

L'opération du pansage n'est ni longue ni difficile. Elle ne demande que quelques précautions et un peu d'attention. Les instruments nécessaires au pansage de la vache sont l'étrille, la brosse de chiendent et l'éponge.

Le matin s'exécute le premier pansage à l'aide des trois instruments ci-dessus indiqués. Le second pansage, s'il n'est pas nécessaire, est au moins utile et a lieu dans l'après-midi avec la brosse et l'éponge seulement.

L'étrille doit être passée à frottement aussi doux que possible et d'une main légère, sur toutes les régions du corps. Le vacher doit toutefois n'appuyer que très légèrement sur les régions où la peau recouvre immédiatement des surfaces osseuses ou articulaires. Il est facile de comprendre la douleur inutile qui serait infligée aux animaux en comprimant la peau entre les dents des lames de l'étrille et la partie dure sous-jacente.

Après l'étrille, on emploie la brosse qui enlève toutes les poussières encore adhérentes aux poils.

Enfin, à l'aide de l'éponge bien humectée, on lave avec soin toutes les parties souillées par les déjections.

Dans l'après-midi, on n'emploie pas l'étrille qui, en raison de sa structure, pourrait irriter la peau et produire un dérivatif aux dépens de la sécrétion mammaire. Il suffit, pour ce second pansage, de brosser convenablement tout le corps et de laver ensuite, avec l'éponge, les parties qui ont besoin de l'être.

CHAPITRE IX

ALIMENTATION

La nourriture de la vache laitière ne saurait être quelconque. Il faut toujours avoir en vue le produit à obtenir, et se rappeler le vieux précepte de nos pères : « A bien nourrir on ne gagne guère, à mal nourrir on perd tout. » Ce qui veut dire, en d'autres termes, que la nourriture doit toujours être suffisamment abondante pour réaliser quelque profit ; et que, dans le cas contraire, non seulement on n'a pas de bénéfice, mais on s'expose encore à perdre les animaux.

Des auteurs qui se sont occupés de la question, il y a plus de trente ans, Reinhart, Villeroy, etc., ont résumé comme suit les avantages d'une alimentation abondante et suivie :

La même quantité de fourrages, consommée par

dix vaches, produit plus de lait que si elle était consommée par quinze ou même par vingt vaches.

Ces dix vaches exigent un moindre capital ; par conséquent leur compte a moins d'intérêts à servir, et le produit net est beaucoup plus considérable.

Avec moins de bêtes on a moins de risques.

On a aussi moins de travail pour les soins à leur donner ; par conséquent économie de soins et de main d'œuvre.

Une bête grasse à réformer a une bien plus grande valeur qu'une bête maigre ; si un accident survient à une bête maigre, elle est presque totalement perdue.

Si la paille que mangeraient vingt vaches sert à faire à dix une litière abondante, les dix vaches font plus de fumier et, parce qu'elles sont bien nourries, ce fumier est de meilleure qualité.

S'il survient une année de disette, on peut encore, en réduisant la nourriture, conserver toutes les bêtes et ne pas être forcé de vendre, ce qui, dans de telles circonstances, n'a jamais lieu qu'avec grandes pertes.

Des bêtes toujours bien nourries mangent régulièrement et ne sont pas exposées aux accidents qui arrivent si souvent avec des bêtes affamées.

A ces considérations, E. Tisserant a ajouté : que le propriétaire ayant intérêt à n'entretenir que de bonnes vaches, aura plus de facilité à se les procurer s'il lui en faut moins.

Mais le professeur Cornevin a résumé en cinq propositions très précises les principes qui doivent dominer l'alimentation des bêtes laitières :

1° La bête laitière doit être nourrie au maximum ;

2° Il ne faut pas d'à-coup dans son alimentation ;

3° Les aliments aqueux sont indiqués ;

4° Quand on distribue de grandes quantités d'aliments très aqueux, il faut les donner chauds ou tout au moins tièdes ;

5° On doit éloigner tout aliment qui altérerait l'odeur, la saveur ou la couleur du lait.

Il est encore un autre précepte qu'on a toujours intérêt à suivre à la lettre et qui est rappelé par M. C. Siderius : « Ne tenir que la quantité de bétail qu'on est assuré de pouvoir toujours nourrir convenablement. »

Il n'y a en effet jamais avantage à mal entretenir trois ou quatre vaches là où deux pourraient être très bien. Malheureusement, dans la petite culture surtout, on a le tort de vouloir posséder plus d'animaux que n'en comportent les produits récoltés à faire consommer, et bon gré mal gré, comme on ne peut bien les nourrir, ils sont toujours en mauvais état, ne rapportent rien et coûtent, par surcroît, des frais de vétérinaire.

De quoi se composera la ration journalière d'une vache comme celle de tout autre animal devant donner un produit appréciable susceptible d'être transformé en numéraire ?

La ration totale d'un animal peut se décomposer en deux rations partielles dont l'une sera la *ration d'entretien*, suffisante à entretenir en santé et dans un état passable d'embonpoint un sujet qui ne doit donner aucun produit ; dont l'autre sera précisément la *ration de production* constituant le bénéfice ou une partie importante du bénéfice de l'éleveur.

Sans entrer dans l'étude des divers principes qui

doivent constituer un aliment complet, nous croyons
devoir indiquer que tout aliment, pour être nutritif,
doit offrir deux principes indispensables : un principe
azoté, quaternaire, encore appelé élément albumi-
noïde ou tout simplement protéine, et deux autres
éléments ternaires, c'est-à-dire dépourvus d'azote,
dont l'un est de la matière grasse, soluble dans l'éther,
et l'autre un hydrate de carbone pouvant être du
sucre, de la fécule, de l'amidon, de la cellulose ou
tous à la fois. Il faut ajouter que ces divers éléments
constitutifs de l'aliment doivent se trouver réunis
dans des proportions bien déterminées pour que leur
digestibilité atteigne le plus haut degré possible et
qu'il n'y ait aucune perte.

Or, l'expérience enseigne que l'élément azoté, la
protéine, doit être uni aux matières solubles dans
l'éther et aux hydrates de carbone additionnés, dans
la proportion de $\frac{1}{5}$ pour un animal adulte et dans
la proportion variable de $\frac{1}{2}$ à $\frac{1}{3}$ à $\frac{1}{4}$ pour les animaux en voie de croissance suivant l'époque de leur
existence plus ou moins éloignée de la date de leur
naissance.

Le chiffre 1 se rapporte à la protéine, c'est le numé-
rateur de la fraction. Le dénominateur est toujours
fait par l'addition des matières ternaires.

Si la relation nutritive a une grande importance au
point de vue de la digestibilité d'un aliment, il est
encore un rapport qu'il est nécessaire de fixer et qui,
lui aussi, joue un rôle important dans la digestion
de la protéine, c'est le rapport adipo-protéique ou la
relation entre la matière azotée et les matières grasses.
Ce rapport pour être favorable doit se tenir dans les

proportions approximatives de 1 de principes solubles dans l'éther sur 2 de matière azotée. Il s'écrit : $\frac{1}{2}$. Les deux éléments sont l'un et l'autre d'autant plus digestibles qu'ils se trouvent dans une relation se rapprochant davantage des chiffres ci-dessus.

Quelle que soit donc la ration, qu'il s'agisse d'une ration d'entretien ou d'une ration de production, l'une et l'autre devront être constituées dans les proportions que nous venons d'indiquer à quelques dixièmes près en plus ou en moins pour chacun des termes du rapport.

Il est bien entendu qu'outre les matières colloïdes ternaires et quaternaires assimilables, un bon aliment doit encore contenir des sels minéraux et particulièrement des phosphates pour subvenir au développement et à l'entretien du squelette.

Nous reviendrons plus loin sur les principes qui doivent présider à la constitution des rations. Nous allons essayer de développer, comme nous les comprenons, les cinq propositions si judicieuses de M. Cornevin énoncées précédemment.

1° *La bête laitière doit être nourrie au maximum.* — Nous entendons, par cette proposition, qu'une bête laitière ne doit jamais avoir faim après chaque repas. Il faut qu'elle soit complètement et absolument rassasiée. Si elle souffre de la faim, non seulement l'aliment n'est pas utilisé convenablement pour l'entretien, mais il ne peut donner aucun produit susceptible de se transformer en lait. Nous savons qu'une vache à lait n'est autre qu'une machine à transformation. Plus on lui fournit d'éléments, plus elle en transforme, plus la mamelle en élabore quand, d'ailleurs, nous le répétons, l'entretien de l'animal est complet.

Mais en disant que la bête doit être nourrie au maximum, nous entendons bien qu'il ne doit y avoir ancune perte, aucun gaspillage. Il faut, après chaque repas, que la crèche soit vidée ; que la bête ne laisse rien ; enfin qu'elle n'ait plus faim.

2° *Il ne faut pas d'à-coup dans son alimentation.* — Cette proposition est comprise de deux manières, toutes deux utiles à connaître. En effet, il peut s'agir d'une négligence ordinaire dans la répartition régulière des repas et dans l'inégalité relative à la quantité et à la qualité ; et il s'agit aussi des changements obligés de régime aux deux principales saisons de l'année : l'été et l'hiver.

Il arrive, trop souvent peut-on dire, qu'au lieu de donner les repas à des heures régulières, pour des raisons nombreuses que nous n'avons pas à examiner ici, on donne, à un moment, au premier repas du matin, par exemple, une quantité énorme d'aliments devant suffire à deux repas ; il en résulte qu'une grande quantité se trouve perdue, gaspillée, et l'animal ne recevant rien à l'heure habituelle du second repas, se tourmente, s'agite et n'utilise pas d'une façon profitable ce qu'il aurait consommé en deux repas servis à des heures précises. Les choses se passent souvent ainsi chez le petit cultivateur qui est obligé de quitter la maison, avec toute sa famille et pendant toute une journée, pour les travaux des champs.

L'irrégularité provient encore de la paresse du vacher qui n'a pas toujours le soin des intérêts de celui qui le fait vivre.

Comme le dit, en outre, M. Cornevin, on n'attache pas assez d'importance à la régularité de la ration de la bête laitière. C'est un défaut général reprochable à la grande majorité des propriétaires. « Par régularité, dit le savant professeur, nous n'entendons pas dire qu'une fois la ration constituée par tels ou tels aliments, on n'y doit pas toucher ; ce serait impossible dans la majorité des cas surtout quand la lactation dure une dizaine de mois. Mais nous entendons que les changements soient faits rationnellement, que la même somme de matériaux transformables soit fournie à l'économie et que leur coefficient de digestibilité soit au moins égal. Boussingault a très bien fait voir combien une diminution dans la ration est préjudiciable à la production du lait. Plus récemment M. Mer a prouvé que si l'on attend que la lactation baisse pour enrichir la ration, on ne la relève plus avant le vêlage suivant. »

Quand arrive l'hiver, surtout si la récolte a été médiocre par suite de la sécheresse, le cultivateur est obligé de diminuer la ration ; et c'est aux dépens de la lactation. Mais dans le cas même où il n'y a pas disette de fourrages, le paysan est d'instinct parcimonieux et nourrit presque toujours mal son bétail pendant la mauvaise saison.

Dans tous les cas, à chaque changement de régime, quelles que soient la quantité et la qualité des aliments qui vont être distribués après le régime du pâturage, il y a lieu de ne pas faire brusquement la substitution si on ne veut pas éprouver une baisse trop sensible dans la quantité et même dans la qualité du produit.

Si, après avoir nourri avec parcimonie une laitière, on lui donne une alimentation plus succulente et plus abondante, ce supplément, en général, ne contribue pas à la production du lait. Le plus ordinairement il continue à diminuer pendant que la bête engraisse.

3° *Les aliments aqueux sont indiqués.* — L'expérience de tous les éleveurs et nourrisseurs et aussi le simple bon sens ont montré que les aliments aqueux naturellement, ou rendus tels artificiellement, augmentent toujours, dans une très appréciable proportion, la sécrétion lactée. Il y a là tout à la fois une action physiologique et une action mécanique. Disons toutefois que l'eau prise en boisson par les animaux ne produit pas les mêmes bons effets que celle qui entre dans la composition même des aliments.

Sans doute, l'eau interposée dans les aliments, ou même l'eau de constitution, passe dans le sang et du sang dans le lait dont la quantité augmente. Mais l'eau agit encore d'une façon plus complexe en ramollissant les tissus végétaux qu'elle dilacère, en mettant en liberté les matières colloïdes, qu'elle rend ainsi plus digestibles, en dissolvant enfin les principes solubles.

Nous considérons comme désavantageux le procédé qui consiste à donner des aliments secs, fourrages, son, etc., pour exciter la soif et faire boire davantage. Nous préférons de beaucoup le système par lequel tous les aliments, et particulièrement le son, sont donnés humectés, celui-ci *frisé* ou *fraisé*, comme on dit.

4° *Quand on distribue de grandes quantités d'aliments très aqueux, il faut les donner chauds ou tout au moins tièdes.* — Les aliments et les boissons tièdes favorisent la lactation. C'est que, en effet, avant tout, les boissons et les aliments froids doivent être échauffés aux dépens de la chaleur du corps ; ce qui entraîne une notable déperdition qui n'a pas lieu dans le cas contraire. Les recherches de M. A. Sanson et autres ont en effet démontré qu'il faut environ un douzième de la chaleur totale du corps pour mettre les aliments en équilibre de température avec celle de l'organisme.

Il résulte d'expériences poursuivies en Allemagne que l'alimentation des laitières avec des produits très chargés d'eau : pulpes de diffusion, vinasses, etc., donnés en très grande quantité n'ont aucun inconvénient, mais augmentent au contraire considérablement les profits, s'ils sont distribués à une température assez élevée.

5° *On doit éloigner tout aliment qui altérerait l'odeur, la saveur ou la couleur du lait.* — Comme toutes les glandes de l'organisme animal, la mamelle est un organe d'élimination des principes nuisibles qui peuvent avoir été introduits ou s'être développés dans cet organisme. En tant qu'émonctoires, ou « nettoyeurs automatiques », les glandes se suppléent dans la fonction éliminatrice. Il est dès lors facile de comprendre pourquoi certains produits ou certains principes peuvent altérer le lait dans sa composition.

« La saveur normale de la matière grasse butyreuse, dit M. A. Sanson, à laquelle est due celle du lait, peut-être masquée ou altérée par la présence de corps sapides étrangers. La mamelle est un des émonctoires par lesquels s'éliminent les substances organiques ou minérales non nutritives introduites dans l'économie. L'industrie des laits médicamenteux a été fondée sur cette notion.

« Les mamelles éliminent de même les principes immédiats odorants et savoureux non nutritifs qui se

trouvent mélangés avec leurs aliments. Lorsque les
odeurs et les saveurs sont agréables, cela n'a que des
avantages, et c'est ainsi que certains pâturages ont la
réputation méritée de produire du lait excellent. En
outre, la composition immédiate en beurre étant variable par le nombre et par la proportion de ses
acides gras, qui ont des saveurs très différentes, mais
surtout des aromes, il se peut aussi que la qualité
des herbes influe sur cette composition même. Le
beurre d'une vache normande, par exemple, n'a pas
la même finesse de goût dans les environs de Paris
et dans ceux d'Isigny. Mais lorsque les odeurs et
les saveurs sont désagréables, on s'en aperçoit encore
bien plus. Il suffit, pour vérifier le fait, de goûter
le lait d'une vache nourrie avec des herbes parmi
lesquelles se trouvent quelques plantes de la famille
des Asphodèles. L'essence d'ail lui communique son
goût pénétrant devant lequel s'efface complètement
le sien propre.

« De ce fait se tire nécessairement la notion de
l'utilité d'écarter de l'alimentation des vaches laitières
toute substance douée d'odeur ou de saveur désagréable. Les prairies de mauvaise qualité, dont la flore
contient une grande proportion de plantes à saveur
âcre, ne sont point propres à l'alimentation des vaches
laitières. Mais c'est surtout à l'égard des aliments concentrés devant entrer dans la composition des rations
d'hiver qu'il importe de tenir compte de la considération sur laquelle nous appelons l'attention.

« Parmi les aliments concentrés, les tourteaux de
graines oléagineuses tiendraient, à cause de leur
grande richesse comparée à leur valeur commerciale,

le premier rang. Malheureusement, la plupart d'entre
eux, en tête desquels il faut placer ceux de lin et de
colza, ont une saveur désagréable pour le palais de
l'homme, qu'ils communiquent au lait par l'élimination de principes immédiats auxquels elle est due.

« On ne connaît encore que ceux de palme ou pal-
miste, d'arachide, de sésame et de coton, qui en soient
dépourvus. »

Nous venons précisément, à la veille de cet hiver
1894-1895, d'en faire l'expérience non intentionnelle.
Au moment où nos vaches quittent le pâturage pour re-
prendre le régime de la stabulation, nous constituons,
chaque année, les rations en raison des ressources dont
nous disposons. Comme nous trouvons sur place des
tourteaux de colza de très bonne qualité et à des prix
modérés, nous faisons entrer cet aliment riche dans les
rations de notre bétail, ovins et bovins. Nous avions
oublié de recommander au vacher, nouveau venu, de
ne pas mettre de tourteau dans les provendes de nos
cinq ou six vaches en pleine lactation. Mais au bout
de deux jours, le lait, exquis jusque-là, avait acquis un
goût détestable. Le remède a consisté dans la suppression du tourteau de colza et son remplacement,
pour les laitières, par des céréales qui, cette année
sont d'un prix très bas, et du son.

Il est aussi certaines plantes, comme la garance,
qui ont la propriété de modifier la couleur du lait. On
en cite d'autres pour lesquelles la preuve scientifique
n'est pas faite comme pour la garance.

De ce que la mamelle est un émonctoire, comme
les autres glandes, il ne s'ensuit pas que tous les produits toxiques, minéraux, végétaux ou animaux, mo-

difiant l'odeur, la saveur, la couleur et les qualités
du lait s'éliminent par la mamelle. Néanmoins, comme
un certain nombre de ces substances agissent sur le
produit, il y a lieu de se mettre en garde contre
toutes les altérations possibles résultant de l'ingestion
de divers principes pouvant se trouver mélangés
aux aliments. Il faut particulièrement éviter, en dehors
des substances toxiques, les plantes trop odorantes
des familles des crucifères, des ombellifères et des
alliacées.

La vache laitière, suivant les saisons, est nourrie
aux pâturages et à l'étable.

I. — ALIMENTATION AUX PATURAGES.

Les pâturages, dans lesquels les vaches sont conduites, se trouvent en montagne, en plaine ou dans les
bois. Chacun de ces divers pâturages a des qualités
différentes. Dans certaines contrées les animaux y sont
laissés toute l'année et, pendant l'hiver, on leur fait
des distributions journalières d'aliments. Dans d'autres,
les animaux ne restent au pâturage que pendant la
journée et sont rentrés le soir dans leurs étables sous
des abris ou hangars construits exprès. C'est que, en
effet, si l'habitation est éloignée, la marche, que les
vaches sont obligées de faire pour y rentrer, est une
cause de déperdition qui se répercute sur la sécrétion
lactée, sans parler de la perte des matières excrémentitielles.

Les pâturages les meilleurs sont en général les prairies naturelles permanentes qui bordent les rivières et les fleuves. C'est là qu'on trouve les aliments les plus succulents composés, en grande partie, de graminées et de légumineuses. Les qualités de ces prairies dépendent cependant de la nature du sol et du mode d'irrigation. En Normandie, où les prés sont toujours de bonne qualité, on estime que deux hectares suffisent à bien nourrir trois vaches laitières pendant la belle saison.

Dans ce pâturage on n'a guère à redouter, comme plantes malfaisantes, que le colchique d'automne, qui est assez vénéneux, et les prêles qui peuvent donner des diarrhées. Il est bon de noter toutefois que les vaches, d'instinct, ont soin d'éviter de brouter ces végétaux, comme elles évitent aussi les renoncules. Cependant, il y a une quinzaine d'années, j'ai constaté, dans ma clientèle, la mort de deux vaches, sur quatre, empoisonnées par la renoncule scélérate mangée dans les prés.

Si on peut impunément laisser paître, toute une journée, des vaches laitières dans des prairies temporaires composées de graminées et de quelques rares légumineuses, comme le sainfoin, la lupuline (minette), il serait dangereux de laisser trop longtemps des animaux dans des trèfles ou des luzernes où elles seraient exposées à contracter des météorisations souvent mortelles.

La valeur des pâturages en montagne est très variable avec la nature du sol et avec l'altitude. Il faut, en moyenne, un hectare pour nourrir une vache laitière. Les graminées et les légumineuses ne représentent guère que deux cinquièmes de la flore de ces montagnes, où dominent les ombellifères (Boitel-Cornevin).

Dans les montagnes, où les animaux séjournent plusieurs mois, où ils ne sont jamais rentrés sous des abris, les vaches, comme dans les plaines normandes, sont traites sur place.

On ne laisse jamais les animaux passer la nuit dans les bois. Il y a en effet quelque danger, malgré une active surveillance, d'en perdre quelques-uns quand le troupeau est nombreux. Ils sont d'ordinaire ramenés le soir à l'habitation toujours assez voisine.

Les pâturages en forêt sont toujours médiocres. Les végétaux y sont étiolés. On compte qu'il faut environ trois hectares de ces pâturages pour nourrir une seule vache. Les animaux sont exposés à y rencontrer des plantes vénéneuses, comme le muguet, des renonculacées, etc. Sans parler des jeunes pousses d'arbres du printemps, dont ils sont très friands, et qui occasionnent une forme d'hématurie, ou pissement de sang, parfois grave.

Malgré ces quelques inconvénients des pâturages, c'est encore là que se trouvent les meilleures conditions d'alimentation.

II. — ALIMENTATION A L'ÉTABLE.

Passons rapidement en revue les diverses matières qui peuvent être avantageusement employées à l'alimentation de la vache laitière. Mais il est bien entendu que, dans la bonne saison, si on ne laisse pas les

animaux toute la journée aux pâturages, il faut les ali-
menter à l'étable. On ne saurait conseiller les herbes vertes des prairies naturelles qui valent mieux consommées
sur place. Il en est de même des graminées des prairies
temporaires. Toutefois, si on ne dispose que de légumineuses, autres que le sainfoin et la lupuline, c'est-
à-dire luzerne et trèfle, il vaut mieux les donner par
petites doses à l'étable pour éviter les météorisations.
Il faut avoir soin de ne pas laisser en tas ces fourrages verts ; car la fermentation de leurs éléments
sucrés provoque précisément les accidents que nous
conseillons d'éviter. Il est encore d'autres fourrages
verts semés à l'automne pour être donnés au printemps
et qui sont excellents : le seigle et la vesce, l'avoine
et la vesce ou le pois, le trèfle incarnat, etc. Quand
ces fourrages sont consommés on peut les remplacer
sur le même terrain par d'autres qu'on sera heureux
de trouver à l'arrière saison, vers septembre et octobre.
On peut encore avoir à sa disposition, comme aliment
vert convenant aux laitières, le sorgho, la consoude,
le maïs.

Il est des contrées où on cultive les choux fourragers, le panais, les betteraves, les carottes, les choux-
raves et les raves, les courges, etc. Dans ce qu'on
appelle fermes laitières en Angleterre, on cultive
parallèlement betteraves, choux fourragers, turneps,
orge et avoine (Cornevin).

Les betteraves, les carottes, les turneps, etc., sont
coupés au coupe-racine, puis mélangés à des balles
de céréales, de la paille ou du foin hâché, mis en tas
et laissés en fermentation pendant vingt-quatre, trente-
six ou quarante-huit heures après lesquelles ils sont

distribués. Mais il faut surveiller la fermentation et ne pas attendre que d'alcoolique elle devienne acétique. Dans ce dernier cas, outre que les vaches ne mangeraient pas l'aliment avec plaisir, l'acidité pourrait atteindre la sécrétion du lait. Il en est de même, à plus forte raison, des fermentations butyrique et putride qui s'emparent assez rapidement des mélanges de racines non surveillés avec soin.

On peut employer aussi pour l'alimentation des laitières les feuilles d'un certain nombre d'arbres dont M. Cornevin donne la liste rigoureuse suivante :

Peuplier.	Saule.	Merisier.
Noisetier.	Mûrier.	Sorbier.
Tilleul.	Micocoulier.	Aulne.
Érable.	Bouleau.	Pin (plusieurs espèces).
Platane.	Charme.	Vigne.

Les feuilles de toutes les autres essences peuvent être mauvaises ou dangereuses.

Dans les années de disette, comme furent les années 1892 et 1893, on peut même recourir aux ramilles écrasées, ou conservées en silo, de ces divers arbres, ainsi qu'il résulte des recherches de MM. Grandeau, Muntz, Aimé et Charles Girard, etc.

Viennent ensuite les fourrages de toutes les prairies permanentes et temporaires conservés par la dessiccation ordinaire ou par l'ensilage, opérations sur lesquelles nous n'avons pas à insister ici.

M. Cornevin conseille, au lieu de donner des fourrages séchés, de leur rendre, avant de les servir aux animaux et en particulier à la vache laitière, l'eau de composition qui a été perdue par la fenaison. On rend cette eau par la macération et par la cuisson. Et, à l'appui de cette opinion, le savant zootechnicien cite des faits très probants des avantages de ce mode de préparation des aliments. L'eau de macération, de cuisson ou d'infusion est elle-même consommée et contribue à accroître la production du lait.

Tous les grains de céréales, seigle, orge, avoine et même blé — quand les prix de vente sont très bas — peuvent être employés à l'alimentation de la vache laitière. Dans aucun cas les grains ne doivent être donnés à l'état naturel. Ils ont l'inconvénient de pouvoir être déglutis sans être mastiqués et tombent, par leur propre poids, au fond du rumen d'où ils sont difficilement ramenés et provoquent ainsi des embarras de ce premier estomac.

Le seigle et l'avoine seront employés concassés ou aplatis plutôt que cuits. Le seigle cuit fermente rapidement, et, quand il a plus de dix-huit à vingt-quatre heures de cuisson, il peut devenir dangereux. L'avoine ne cuit pas, elle se raccornit. La macération est préférable pour ces deux grains. D'après M. le docteur Rondot et M. Cornevin, la farine d'avoine donne un goût exquis au lait.

L'orge et le blé seront donnés cuits ou simplement macérés. Mais la première eau, qui aura servi à la cuisson de l'orge, sera jetée; le péricarpe du grain renferme en effet une résine qui agit défavorablement sur le lait. L'orge peut aussi être donnée concassée ou aplatie ou même réduite en farine grossière. Les animaux ne s'accommodent pas bien de la farine de blé.

Les graines de légumineuses, et particulièrement les féveroles cuites, macérées, concassées ou réduites en farine, conviennent aux laitières. Il n'en est pas de même, d'après Kuhn, des graines de vesces et de lupin. Le pois diminue aussi la sécrétion du lait.

D'après les recherches récentes et d'une grande importance de MM. Aimé Girard et Cornevin, la pomme de terre est un excellent aliment pour la vache laitière. Nous donnons ici les conclusions, sur cette question, du travail de M. Cornevin inséré dans le *Bulletin du Ministère de l'Agriculture* (année 1894).

« Privées de toute nourriture autre que des pommes de terre qu'elles reçoivent à discrétion, crues et convenablement divisées, les vaches en prennent par jour environ 7 pour 100 de leur poids vif.

« Sous l'influence de ce régime *exclusif*, il y a élévation du rendement en lait, mais perte du poids vif ; l'apparition est très nette et très remarquable.

« Les déjections sont ramollies, blanchâtres et elles renferment des granulations de fécule non attaquées par le travail digestif : il n'y a pas de sucre dans les urines.

« Les pommes de terre cuites sont bien prises par les vaches laitières ; mais quand elles sont données seules, à l'exclusion de tout fourrage, la rumination se fait mal et la digestion est entravée ; on ne peut pas persister dans ce régime.

« Qu'elle soit crue ou cuite, la pomme de terre doit être mélangée à d'autres aliments pour constituer une ration convenable au double point de vue de la production de la viande grasse et du rendement en lait.

« Ce mélange a pour résultat de favoriser les actes mécaniques et chimiques de la digestion, d'élever le coefficient de digestibilité de la pomme de terre, en resserrant la relation nutritive et le rapport adipo-protéique.

« J'ai constitué avec avantage, pour les vaches laitières, une ration dans laquelle la moitié, et même plus, de la matière sèche totale était fournie par la pomme de terre.

« Cette ration leur fut plus profitable que celle où les tubercules n'apportaient que 22 0/0 de la matière sèche ; dans celle-ci, l'augmentation de lait du début ne se maintint pas.

« Donnée crue, la pomme de terre favorise la production du lait, tandis que cuite elle pousse à la formation de la graisse.

« Sous l'influence d'un régime à base de pommes de terre cuites, la teneur du lait en sucre s'élève notablement, mais ne persiste pas aussitôt que le régime change.

« Une expérience d'alimentation aux pommes de terre alternativement crues et cuites prolongée pendant trois mois, m'a montré constamment comme modifications qualitatives du lait : 1° une diminution de la densité, de la proportion d'extrait sec et de la caséine ; 2° une augmentation du beurre et des matières minérales.

« Les conséquences pratiques de ces constatations se déduisent d'elles-mêmes pour l'introduction de la pomme de terre dans le régime des bêtes laitières, suivant que leur lait est vendu en nature ou que, dans la ferme, on se livre à l'industrie beurrière ou à la fabrication du fromage. »

De son côté, M. Aimé Girard arrive à des conclusions analogues dans ses expériences sur l'engraissement des bœufs et des moutons avec la pomme de terre cuite ou crue. Au dernier concours général agricole (1895) du Palais de l'Industrie, on a pu voir des animaux engraissés, à la ferme de Joinville, par le procédé du savant professeur du Conservatoire des Arts et Métiers.

Un grand nombre de résidus industriels sont aussi employés à l'alimentation des vaches laitières. Les principaux sont les résidus de sucrerie, de distillerie, de féculerie, d'amidonnerie ; les sons, les fleurages, les tourteaux.

Dans les sucreries, où on n'emploie guère que la betterave, il n'est plus question aujourd'hui que des pulpes de diffusion. Le procédé, relativement nouveau, de la diffusion donne plus de produits à l'industriel que les pulpes de compression qui étaient bien meilleures que les premières pour l'alimentation du bétail.

La pulpe de diffusion, qui contient une grande quantité d'eau n'ayant aucun inconvénient pour la bête laitière, peut être donnée à la ration quotidienne de 40 à 45 kilogrammes par tête. Mais elle ne constitue qu'une partie de la ration et doit être distribuée sous forme de mélange.

D'après les expériences, remontant à l'année 1884, faites par MM. Andouard (de Nantes) et Dezaunoy et rappelés par M. Cornevin, on peut conclure :

1° Que la pulpe de diffusion conservée en silo et donnée à une vache à la dose de 5 kilogrammes par jour, augmente sa production en lait de près d'un tiers ;

2° Que cette nourriture n'a pas d'influence sensible sur la richesse du lait en caséine et en matière minérale, mais elle augmente le beurre et le sucre ;

3° Qu'elle communique au lait une saveur spéciale et le prédispose à la fermentation acide.

Les pulpes de diffusion s'altèrent fréquemment et donnent naissance à des accidents particuliers sur l'intestin. M. Rossignol père, de Melun, a eu occasion de faire de curieuses observations d'entérite causée par ces produits.

M. le docteur Arloing, de Lyon, à la suite d'expériences assez concluantes, conseille, pour parer aux dangers de maladie causée par les pulpes conservées, de les faire sécher, ou, si on les emploie humides, d'ajouter environ 1 kilogramme de sel marin par 100 kilogrammes de pulpe.

Si on utilise la pulpe desséchée, il faut l'humecter avec de l'eau chaude avant de la distribuer.

La drèche de brasserie, ou son de bière, est très employée pour l'alimentation de la vache laitière dont elle paraît augmenter la production. Ce n'est cependant pas sans de sérieux inconvénients.

On trouve encore dans le commerce des résidus appelés drèches, provenant de l'amidonnerie, de la glucoserie et de la distillerie de grains. Ces diverses drèches sont solides ou liquides. Dans tous les cas, elles doivent être données, comme la drèche de brasserie, en mélange avec des fourrages, des balles et des aliments concentrés, les tourteaux oléagineux par exemple.

Mais, dit M. le D' Rondot, ces résidus, ayant subi la fermentation alcoolique, doivent être considérés comme nuisibles aussi bien pour les animaux, dont ils finissent par altérer la santé, que pour les propriétés plus ou moins nocives qu'ils communiquent à leur lait.

Les touraillons de brasserie, qui ne sont que les

germes de l'orge enlevés par la touraille et séchés ensuite, constituent un aliment riche, savoureux et d'une odeur agréable. Les animaux, nous en avons l'expérience, les mangent avec plaisir. Ils ont l'avantage, d'après M. Cornevin, de neutraliser l'odeur spéciale que les crucifères donnent au lait. On peut donc les employer en mélange avec les tourteaux qui donnent un mauvais goût au lait.

Nous avons précédemment parlé des tourteaux, nous ne reviendrons pas sur les inconvénients de certains d'entre eux. Nous dirons qu'avec ceux qui peuvent être utilisés par les laitières, on prépare des buvées chaudes, mais seulement au moment de la distribution, dans lesquelles on ajoute, avec profit, des sons, des farines inférieures de blé, des drèches, des pailles et fourrages hachés et aussi des touraillons.

Les résidus de la meunerie, sons, fleurages, remoulages, constituent tous d'excellents aliments et, ordinairement en raison de leur richesse alibile, d'un prix peu élevé. Ces matières, riches en sels, sont considérées par les laitiers comme accroissant la production du lait.

Il ne faut jamais donner les sons autrement que mouillés ou en buvées. La proportion journalière ne peut guère dépasser 4 à 5 kilogrammes pour une vache du poids de 500 kilogrammes. Ils ont l'inconvénient de provoquer des diarrhées rebelles.

Les fleurages et les farines de troisième qualité ne se donnent aussi qu'en buvées claires.

Il est encore d'autres farines de céréales, de graines de légumineuses et autres qu'il ne faut donner qu'avec ménagement et prudence.

Il nous faut maintenant constituer une ration type et donner quelques formules de rations convenables pour la vache laitière.

Faut-il baser la ration sur le poids vif du sujet, comme on l'a fait jusqu'ici? Ou faut-il, à l'exemple de M. J. Crevat, baser la ration sur le développement de la peau de l'animal à nourrir pour obtenir le maximum de produit?

Pour M. A. Sanson, la prétendue norme d'alimentation, préconisée par les Allemands, n'existe pas et ne peut exister. Nous l'avons déjà dit : l'animal de rente doit toujours être nourri au maximum. Plus il consomme plus il rend. C'est la seule règle véritablement fixe.

Néanmoins, pour beaucoup d'auteurs, il est scientifiquement acquis que pour nos animaux, en général, la ration normale d'entretien peut être fixée en matière sèche alimentaire à 0,025 à 0,03 du poids du corps. Ce qui revient à dire que 2 kilogrammes et demi à 3 kilogrammes de matière sèche peuvent entretenir 100 kilogrammes de poids vif. On sait en outre que plus les animaux sont petits, plus ils ont besoin de consommer pour s'entretenir, de telle sorte qu'un sujet pesant 300 à 400 kilogrammes consommera plus facilement une ration journalière représentant 9 à 12 kilogrammes de matière sèche qu'une autre, d'un poids double, ne consommera 15 à 20 kilogrammes de ces mêmes aliments.

C'est, partant de ces principes, que M. A. Sanson a pu donner des formules de comptabilité alimentaire qui ont, à notre point de vue, un grand intérêt.

Dans une première formule, N désigne la protéine efficace ou digestible, c'est-à-dire la matière azotée

unie, dans les proportions convenables pour être utilement digérée, aux matières ternaires, graisse et
hydrate de carbone. p indique la protéine brute de
l'aliment dont une partie passera aux excrétions, et c
le coefficient de digestibilité et l'équation se pose :

$$N = p \times c \quad \text{ou} \quad N = pc.$$

Les valeurs trouvées pour l'N de chacun des aliments
formant la ration représenteront les parties respectives
de ceux-ci dans le produit en argent. Pour faciliter la
répétition de ce produit, on n'aura qu'à réduire en
fractions décimales ces valeurs au moyen de la formule :

$$R = \frac{N \times 100}{P}.$$

Ici, R indique la part proportionnelle de l'aliment,
N la protéine utile et P la somme des N.

Supposons une ration composée de 5 kilogrammes
de foin de pré, 30 kilogrammes de pulpe de betterave
et de 4 kilogrammes de tourteau de lin, et ayant produit, en lait par exemple, une valeur de 3 francs. Il
s'agit de savoir à quel prix chacun de ces trois aliments
se trouve payé.

D'après les analyses chimiques, les 5 kilogrammes
de foin contiennent 425 grammes de protéine dont le
coefficient de digestibilité est 0,59 :

C'est ainsi 250 gr. 75 qui ont été utilisés, ci. . .   250 gr. 75

Les 30 kilogrammes de pulpe en contiennent 570,
dont le coefficient est 0.77, ci.   438   90

Les 4 kilogrammes de tourteau en contiennent
1 k. 132, dont le coefficient est 0.86, ci.   973   52

Total de la protéine efficace. . . 1.663 gr. 17

$$\frac{250 \times 100}{1.663} = 0.15 \times 3 = 0 \text{ fr. } 45, \text{ valeur de 5 k. de foin.}$$

$$\frac{438 \times 100}{1\ 663} = 0.25 \times 3 = 0 \text{ fr. } 75, \text{ valeur de 30 k. pulpe.}$$

$$\frac{973 \times 100}{1.663} = 0.60 \times 3 = 1 \text{ fr. } 80, \text{ valeur de 4 k. tourteau.}$$

Total. . . . . 3 fr. »   (A. Sanson.)

M. Boucher[1], sans rejeter *à priori* les calculs de M. A. Sanson et autres, fait remarquer que les méthodes anciennes ont l'inconvénient : 1° de proportionner les facteurs de rationnement aux poids, ce qui est une erreur, car il est parfaitement établi que, toutes choses égales d'ailleurs, les petits animaux ont une activité de nutrition beaucoup plus intense que les grands ; 2° de ne tenir aucun compte de l'intensité de la production et de ne pas permettre d'établir une relation entre les fourrages consommés et les produits obtenus. Cette dernière assertion nous paraît un peu exagérée, puisque précisément, à l'aide des calculs précédents, nous venons d'établir cette relation. Mais néanmoins nous reconnaissons volontiers la supériorité de la méthode de M. J. Crevat que nous allons essayer de résumer sur la dernière édition de son si remarquable ouvrage[2].

M. J. Crevat juge indispensable d'établir la distinction entre la ration d'entretien et la ration de production ; ce que nous avons fait nous-même précédemment. Il établit sa méthode sur des faits phy-

---

1. H. Boucher, *Hygiène des animaux domestiques*, Paris, 1894, p. 463.
2. J. Crevat, *Alimentation rationnelle du bétail, nouvelle méthode de rationnement*. Lyon.

siologiques et sur des calculs dont l'inconnue a été
établie par tâtonnement.

Les diverses déperditions animales, dit-il, s'effec-
tuant par les surfaces muqueuses et cutanées qui enve-
loppent le corps proprement dit, en dehors et en
dedans, il est raisonnable d'admettre que pour des
animaux semblables et dans les mêmes conditions, *les
déperditions sont proportionnelles aux surfaces de
déperdition*, non pas au poids du corps, et par suite
aux carrés des dimensions homologues, telles que le
périmètre de poitrine par exemple.

Il convient de choisir pour terme de comparaison le
périmètre de poitrine de préférence à tout autre
dimension, parce que ce périmètre, en outre de sa
dépendance générale de la surface muco-cutanée, est
encore en rapport intime avec la surface pulmonaire,
qui est une des causes prédominantes de déperdition,
puisque c'est elle qui donne accès dans le corps à
l'oxygène, agent principal de désorganisation et de
combustion (J. Crevat).

Les rations, disent MM. Rossignol et Dechambre,
ne doivent donc pas être établies proportionnellement
au poids vif; mais en fonction de la surface du corps.
Cela explique comment les petits animaux consomment beaucoup plus que les gros, relativement à leur
poids; cela parce qu'ils ont la surface proportionnellement plus grande.

Par les anciennes méthodes, la ration étant calculée
par 100 ou 1,000 kilogrammes de poids vif, on arrivait
à trop nourrir les sujets qui dépassent sensiblement le
poids moyen de l'espèce, et à nourrir insuffisamment
ceux qui ne l'atteignent pas.

M. J. Crevat a établi deux formules qui sont très sensiblement exactes dans la plus grande majorité des cas : Une formule de calcul de ration et une formule de calcul du poids vif.

R signifie ration ; P poids vif et C le périmètre de la poitrine mesuré en arrière des épaules.

La ration sera exprimée par :

$$R = 5 \ C^2 \quad ou \quad R = C^2 \times 5$$

ou, en d'autres termes, la ration sera égale au carré du périmètre de poitrine multiplié par 5. Mais c'est une ration généralement trop forte qui, pourtant, ne sera jamais excessive pour une bonne laitière.

Le poids vif se calcule avec la formule :

$$P = 80 \ C^3 \quad ou \quad P = C^3 \times 80$$

Ce qui veut dire que le poids vif d'un animal quelconque, vache ou autre, est égal au cube du tour de poitrine pris comme précédemment et multiplié par 80. Ce nombre 80 a été obtenu par tâtonnement. C'est partant de ces données que M. J. Crevat a pu fixer la ration d'une vache du poids de 500 kilogrammes à 63 kilogrammes en herbe verte et à 15 kil. 8 en foin.

Pour le calcul du rationnement de la vache laitière, d'après le poids vif, il prend la formule :

$$P = C^3 \times 85$$

85 étant encore obtenu par tâtonnement.

Nous reproduisons ci-dessous un tableau emprunté à M. J. Crevat donnant le rationnement pour bonnes vaches laitières. Les lettres S, Pr et Gr signifient respectivement : sucre, protéine et graisse, c'est-à-dire les parties constitutives indispensables de tout aliment

RATIONNEMENT POUR BONNES VACHES LAITIÈRES

TEMPS après LE VÊLAGE	LAIT DONNÉ PAR JOUR	FACTEURS de RATIONNEMENTS théoriques déduits			FACTEURS TRANSFORMÉS équivalents			FACTEURS PRATIQUES pour vaches laitières en gestation		
		S	Pr	Gr	S	Pr	Gr	S	Pr	Gr
	litr.									
Du vêlage à 2 mois..	16	1.730	0.304	0.227	1.730	0.504	0.13	1.730	0.39	0.10
De 2 à 4 mois . . .	13	1.693	0.267	0.190	1.693	0.432	0.11	1.693	0.38	0.09
De 4 à 6 — . . .	10	1.656	0.229	0.153	1.656	0.359	0.09	1.690	0.37	0.08
De 6 à 8 — . . .	7	1.620	0.194	0.117	1.620	0.293	0.07	1.800	0.36	0.07
De 8 à 10 — . . .	3	1.572	0.145	0.068	1.572	0.182	0.05	1.870	0.35	0.06
De 10 à 12 — . . .	0	1.543	0.116	0.039	1.543	0.135	0.03	1.850	0.34	0.06

Ce tableau signifie que, une vache laitière par exemple, ayant fait veau depuis 2 mois au plus et donnant 16 litres de lait par jour, devra trouver théoriquement dans sa ration journalière : 1 kil. 730 gr. de sucre, 304 grammes de protéine et 227 grammes de matières grasses, solubles dans l'éther ; que pratiquement elle sera nourrie convenablement si elle trouve dans sa ration : 1,730 grammes de sucre ou analogues, 890 grammes de protéine et 100 grammes de principes gras.

Les grandes colonnes intermédiaires : *facteurs transformés équivalents,* indiquent les produits obtenus et trouvés dans la composition du lait par la transformation des aliments.

« Tels sont, dit M. J. Crevat, les facteurs pratiques de rationnement applicables à une vache bonne laitière pour obtenir avec un veau un produit équivalant à celui de 3,000 litres de lait pour une bête de 500 kil.

« Ces facteurs peuvent être appliqués sans crainte d'erreur grave, comme moyenne d'une étable un peu nombreuse ; mais s'il s'agit de quelques bêtes seulement, exceptionnellement bonnes ou mauvaises, il faut augmenter ou diminuer les facteurs de rationnement, mais pas dans la même proportion relative que celle du lait produit, parce que la ration d'entretien reste à peu près constante. »

Nous n'avons pas, nous ne le pourrions pas d'ailleurs, envisagé tous les cas exceptionnels qui peuvent se présenter.

Nous donnons ci-dessous quelques formules de rations alimentaires appropriées aux vaches laitières. Les exemples pourraient être multipliés. Nous nous contenterons de quelques-uns fournis par des auteurs qui nous ont précédés. Aussi bien, il n'y a rien de nouveau, et, nous le répétons, l'essentiel est que la laitière soit nourrie au maximum sans perte et sans gaspillage et en tenant compte des observations précédentes relatives aux aliments qui peuvent altérer le goût et même la qualité du lait.

Magne a formulé comme suit quelques rations de vaches laitières du poids moyen de 500 kilogrammes :

Ration d'hiver dont le foin forme la base :

PREMIÈRE FORMULE :

ALIMENTS	QUANTITÉS	PROTÉINE	CARBONE dans les saccharoïdes et les corps gras
Foin de luzerne.	5 k. »	600 gr.	1 085 gr.
Paille d'avoine..	5 »	95	1.110
Pommes de terre..	12 »	300	1.044
Tourteau de colza..	2 »	614	512
		1.609 gr.	3.751 gr.

La ration d'entretien déduite, soit 10 kilogrammes de foin ou 720 grammes de protéine et 2,320 grammes de carbone, il reste disponible :

En protéine, l'équivalent de 23 litres de lait ;

En carbone des hydrates de carbone, ou saccharoïdes et des corps gras, l'équivalent de 22 litres.

DEUXIÈME FORMULE :

ALIMENTS	QUANTITÉS	PROTÉINE	CARBONE dans les saccharoïdes et les corps gras
Foin de luzerne.	5 k. »	600 gr.	1.085 gr.
Paille d'avoine..	5 »	95	1.110
Betteraves disette..	20 »	260	680
Orge écrasée.	2 »	230	616
Tourteau de colza.	1 500	460	384
		1.645 gr.	3.875 gr.

La ration d'entretien déduite, il reste disponible :

En protéine, l'équivalent de 24 litres de lait ;

En carbone des saccharoïdes et des corps gras, l'équivalent de 24 litres.

On remarquera que, dans ces deux premières formules, Magne n'a pas tenu compte de l'influence fâcheuse que peut exercer le tourteau de colza sur l'odeur et la saveur, sinon sur la qualité, du lait. Ce tourteau sera remplacé avec avantage par celui d'arachide, de coton ou de palme.

ALIMENTS	QUANTITÉS	PROTÉINE	CARBONE dans les saccharoïdes et les corps gras
Foin..	5 k. »	360 gr.	1.160 gr.
Paille d'avoine..	5 »	95	1.110
Pommes de terre..	10 »	250	870
Féverolles écrasées ou ramollies.	3 »	891	699
		1.596 gr.	3.839 gr.

Dans cette ration il reste disponible l'équivalent de 23 litres de lait tant pour la protéine que pour le carbone.

ALIMENTS	QUANTITÉS	PROTÉINE	CARBONE dans les saccharoïdes et les corps gras
Foin..	5 k. »	360 gr.	1.160 gr.
Balles de froment..	5 »	260	1.180
Betteraves..	20 »	260	680
Remoulage..	1 500	195	420
Tourteau de colza[1]..	1 500	460	384
		1.535 gr.	3.824 gr.

Il ne reste disponible que l'équivalent de 21 à 23 litres de lait.

---

1. Même réflexion relativement au tourteau de colza que pour les deux premières formules.

E. THIERRY. Vaches laitières.   12

Nous empruntons à M. A. Sanson d'autres formules qui nous paraissent plus rationnelles. Ces rations ne sont calculées que pour 100 kilogrammes de poids vif à raison de 3 kilogr. de matière sèche alimentaire.

1er TYPE

	MATIÈRE sèche	PROTÉINE	MATIÈRES grasses	HYDRATES de CARBONE	LIGNEU
5 k » Betteraves.	0 k 600	0 k 055	0 k 005	0 k 450	0 k 05
0 800 Foin ou Trèfle.. . .	0 670	0 129	0 013	0 283	0 16
0 500 Paille de froment. .	0 485	0 010	0 008	0 175	0 24
1 » Son de froment. . .	0 866	0 140	0 038	0 450	0 18
0 200 Germes de malt. . .	0 178	0 047	0 006	0 072	0 04
0 250 Tourteau d'œillette..	0 225	0 081	0 025	0 006	0 03
7 k 750	3 k 024	0 k 462	0 k 095	1 k 496	0 k 71

La relation nutritive de cette ration est de $\dfrac{1}{3.44}$;

Et le rapport adipo-protéique de $\dfrac{1}{4.8}$, un peu trop faible.

2e TYPE

	MATIÈRE sèche	PROTÉINE	MATIÈRES grasses	HYDRATES de CARBONE	LIGNEUX
1 k » Foin de pré. . . .	0 k 857	0 k 085	0 k 030	0 k 383	0 k 293
3 » Drèche de brasserie..	0 699	0 144	0 048	0 285	0 186
0 750 Paille d'avoine. . .	0 642	0 037	0 015	0 267	0 309
0 400 Son de froment. . .	0 346	0 056	0 015	0 180	0 073
0 400 Tourteau d'arachide..	0 368	0 116	0 044	0 102	0 084
5 k 550	2 k 912	0 k 438	0 k 152	0 k 217	0 k 945

La relation nutritive est $\dfrac{1}{3.12}$;

Et le rapport adipo-protéique de $\dfrac{1}{2.8}$.

3ᵉ TYPE

	MATIÈRE sèche	PROTÉINE	MATIÈRES grasses	HYDRATES de CARBONE	LIGNEUX
5ᵏ » Maïs conservé.. . .	1ᵏ 206	0ᵏ 101	0ᵏ 046	0ᵏ 506	0ᵏ 294
0 800 Son de Froment. . .	0 692	0 112	0 030	0 260	0 146
0 600 Tourteau de palme. .	0 549	0 098	0 081	0 219	0 129
0 600 Tourteau de coton. .	0 510	0 141	0 040	0 192	0 120
8ᵏ »	2ᵏ 987	0ᵏ 452	0ᵏ 197	1ᵏ 177	0ᵏ 689

La relation nutritive est $\dfrac{1}{3}$;

Et le rapport adipo-protéique de $\dfrac{1}{2.2}$.

Ces formules ou types de rations ne constituent que des indications générales dans lesquelles les aliments aqueux, pauvres ou riches, peuvent être remplacés par leurs analogues au double point de vue de la composition physique et chimique.

III. — CONDIMENTS.

Toute substance sapide ou parfumée, alimentaire ou non, mélangée ou ajoutée aux aliments pour exciter l'appétit des animaux, et par conséquent les sécrétions des sucs digestifs s'appelle condiments.

Les condiments sont de différentes natures; ils sont salins, acides, toniques, excitants, sucrés ou gras. Mais, quels qu'ils soient, ils jouent tous le même rôle. Ils ne peuvent être employés qu'avec précaution pour les vaches laitières auxquelles il faut éviter de faire consommer des matières dont l'odeur ou la saveur réagirait sur le lait. Aussi nous ne conseillons l'emploi que de deux condiments : le sel marin et le sucre.

Le sel marin (chlorure de sodium), dénaturé[1] ou non, a la propriété d'augmenter la sécrétion lactée en même temps qu'il concourt à la nutrition. La dose ne doit pas dépasser 45 à 50 grammes par jour pour une vache du poids moyen de 500 kilogrammes.

Le sucre, sous forme d'eau sucrée avec des mélasses, des cassonades, etc., est aussi un excellent condiment qui, mélangé avec des fourrages médiocres, les fera consommer en augmentant leur coefficient de digestibilité, tout en favorisant la production du lait.

IV. — BOISSONS.

La vache laitière, pendant la période de lactation, est toujours très altérée et a d'ailleurs besoin d'une quantité considérable de liquide pour subvenir à son entretien d'abord et en outre pour compenser les pertes qu'elle éprouve suivant la quantité plus ou moins importante de lait qu'elle fournit.

Aux pâturages, la vache trouve de l'eau convenable dans les ruisseaux, les rivières, des mares ou réser-

---

1. Il ne faut pas employer le sel marin dénaturé avec des poudres de plantes aromatiques à saveur amère, comme la poudre d'absinthe, ou d'autres poudres pouvant donner au lait un goût désagréable. Nous n'acceptons, pour la vache laitière, que le sel dénaturé avec le carbonate de fer pulvérisé. Le sel gemme laissé en blocs plus ou moins volumineux dans les crèches est avantageux. Les animaux le lèchent suivant leurs besoins.

voirs artificiels. Au reste, en raison de l'alimentation herbacée, riche en eau, les animaux boivent moins que quand ils sont soumis au régime sec.

A l'étable, lorsque la vache ne trouve pas dans ses aliments plus ou moins aqueux, la quantité d'eau qui lui est nécessaire, il faut la lui fournir. Quant à la quantité, il est difficile de la déterminer, chaque individu ayant une appétence particulière pour les boissons. Toutefois on peut fixer à 25 ou 30 litres l'eau à fournir à chacun des deux repas d'une bonne laitière. On évite les inconvénients d'une trop grande ingestion de liquide en donnant l'eau au milieu et à la fin de chaque repas.

L'eau ne devra jamais être froide. La température minima sera de 12° à 15° centigrades. En donnant la boisson tiède, les animaux boiront moins et fourniront plus de lait. Il y a toujours avantage à rendre l'eau plus appétissante en ajoutant de petites quantités de son, de remoulages, de farine de céréales, de tourteau pulvérisé. En tout cas, la boisson ne devra jamais être donnée glacée. A une température basse elle peut provoquer des coliques graves et souvent l'avortement.

V. — DISTRIBUTION DES ALIMENTS ET DES BOISSONS.

Tous ceux, théoriciens et praticiens, qui se sont occupés de l'alimentation de la vache laitière, sont unanimes à reconnaître que la régularité et l'espacement méthodique des repas ont la plus heureuse influence sur la production.

Nous considérons comme très nécessaire de diviser

la ration en trois parties, mais non égales. Nous entendons par là que le temps écoulé entre le repas du soir et celui du matin est plus long que celui qui sépare le repas du matin, du midi et du soir. Aussi nous conseillons de donner très approximativement trois dixièmes de la ration le matin, trois dixièmes à midi et quatre dixièmes le soir. Ce dernier repas est celui qui est le mieux utilisé en raison du repos de la nuit.

Les boissons seront également données aux mêmes heures. Mais, ainsi que nous l'avons indiqué, il sera bon de diviser la ration de liquide en deux et d'en donner la moitié au milieu des repas du matin et du soir, et l'autre moitié à la fin de chacun de ces deux repas. Il ne nous paraît pas nécessaire, surtout si dans la ration des aliments solides se trouvent des substances aqueuses, de donner à boire à midi.

Nous l'avons dit aussi précédemment, l'irrégularité dans les repas a le grave inconvénient de provoquer l'impatience des animaux qui s'agitent, s'inquiètent et, par conséquent, de réagir défavorablement sur le travail de la mamelle.

CHAPITRE X

TRAITE

La traite ou *mulsion* est l'opération qui consiste à extraire ou à faire couler tout le lait contenu dans la

mamelle. Si simple qu'elle soit en apparence, la ma-
nœuvre à mettre en pratique est toujours délicate et
demande des soins particuliers.

I. — TRAITE A LA MAIN.

La personne, chargée de la traite, doit, avant tout,
laver soigneusement à l'eau bouillante les vases dans
lesquels le lait doit être recueilli; elle doit ensuite
laver le pis tout entier et particulièrement les trayons
à l'eau tiède afin qu'il ne reste après eux aucune im-
pureté pouvant tomber dans le *seau à traire*.

D'une main douce, caressante, elle malaxe le pis
avant d'opérer la mulsion proprement dite. Puis, ces
préliminaires indispensables exécutés, elle saisit le
trayon à pleine main, le pouce étendu et dressé en haut
et, en appuyant doucement, elle fait couler le lait. D'ordinaire on trait deux tétines à la fois, une de chaque
main. M. Cornevin conseille d'agir sur les trayons
opposés en diagonale, pour la raison que l'excitation
nécessaire à la sécrétion lactée se fait sur chaque
glande mammaire plus complètement. L'opération
n'est terminée que lorsqu'il ne coule plus une seule
goutte de lait des tétines. Il importe que l'opération
soit aussi complète, aussi parfaite que possible. Il est
en effet de remarque que, plus on laisse de lait dans la
mamelle, et c'est le meilleur, moins la sécrétion de la
glande est active.

Nous réprouvons absolument le procédé, assez employé par les vachers suisses et qui consiste à saisir
le trayon à pleine main, le pouce replié, comprimant

fortement ce trayon. C'est une habitude fâcheuse, occasionnant une douleur inutile à la vache, douleur telle que certaines vaches devenues difficiles à traire ne le sont plus si le pouce est étendu ou relevé et appuyant légèrement en haut.

Il est des vaches qui *retiennent* leur lait, c'est-à-dire dont le lait ne s'écoule qu'en très petite quantité à la traite. Cela tient souvent à la brutalité de la personne chargée de l'opération, et aussi à une certaine sensibilité de la vache dont, par action reflexe, se contracte le sphincter qui ferme l'orifice du trayon. On prétend aussi que la rétention du lait provient d'une contraction volontaire des muscles abdominaux, de l'arrêt également volontaire de l'expiration, d'où la plénitude du poumon et la tension du diaphragme produisant un obstacle au retour du sang par les veines mammaires abdominales et un engorgement des vaisseaux amenant, passivement, une turgescence de la tétine qui empêche le lait de s'écouler.

Ordinairement, quand on procède avec douceur, quand on malaxe la mamelle avec précaution avant la traite, celle-ci a lieu sans difficulté et le lait s'écoule abondamment. Le meilleur moyen de faire cesser la constriction du sphincter, qui n'est pas sous la dépendance de la volonté du sujet, c'est d'approcher le veau de la vache ou, au besoin, comme cela se pratique dans beaucoup de contrées, et particulièrement en Auvergne, d'attacher le veau, même un veau quelconque, au cou ou à un membre antérieur de la vache à traire.

E. Tisserant dit avoir vu réussir les moyens les plus bizarres pour faire donner le lait à une vache qui le « retient ». Mais il dit aussi que la douceur, « voire l'affabilité », sont des conditions indispensables de la traite. « Les gens brusques, violents, excitent la crainte et suspendent l'écoulement et la sécrétion. »

Une autre condition nécessaire est celle de la régularité des traites qui doivent être faites chaque jour aux mêmes heures. En effet, la traite ponctuelle favorise la production. Tandis qu'avec la ponctualité dans l'opération, on est sûr d'obtenir, chaque jour, la même quantité de lait de la même vache, la production diminue par l'irrégularité.

Le nombre des traites journalières n'est pas non plus sans influence sur la quantité de lait donné. Une vache laitière doit toujours être traite au moins deux fois par jour, le matin et le soir. Mais on a remarqué que, pendant les premiers mois de la lactation, au moins, on obtenait une plus grande quantité de lait, toutes choses égales d'ailleurs, en trayant trois fois. Nous n'avons fait, personnellement, qu'une seule expérience qui n'a pas été favorable à cette opinion pour la raison très probable que la gestation était trop avancée et que le lait tendait à diminuer par la force même des choses. Mais, d'après les expériences de Wolf, de Rudolf Hoffer, on aurait obtenu des différences moyennes de un dixième en plus par jour en trois traites. Il résulte aussi d'analyses sérieuses et renouvelées que le lait n'a pas la même richesse en beurre à toutes les heures de la journée. Le lait de midi serait moins riche que celui du matin qui, lui-même, l'est un peu moins que celui du soir. Voici les résultats moyens de sept analyses de Wicke :

	Beurré pour 1000
Lait du matin.	46, 07
— de midi..	41, 46
— du soir..	52, 14

Ces recherches et les constatations acquises indiquent la nécessité, au double point de vue de la quantité et de la qualité du lait, de vider à chaque traite les mamelles aussi complètement que possible. Elles se vident d'autant mieux que ces traites sont plus nombreuses (A. Sanson).

M. Cornevin est arrivé aux mêmes conclusions que M. A. Sanson dans les expériences qu'il signale.

II. — TRAITE MÉCANIQUE.

A l'état normal, il n'y a aucun moyen de traire la vache qui vaille la traite à la main. On a préconisé divers appareils permettant d'obtenir le lait des vaches qui le *retiennent;* ces appareils, selon leurs inventeurs, doivent tous remplacer « avec avantage » la traite à la main, même normalement.

Nous ne comprenons l'utilité de la traite mécanique que dans certains cas d'accidents du trayon, tels que la déchirure de cet appendice ; dans le cas de maladie pustuleuse de la mamelle, ou encore lorsqu'elle est atteinte de crevasses, de gerçures, etc.

Un de ces appareils, qui nous paraît le plus simple (fig. 47), consiste en quatre tubes longs de 4 à 5 centimètres et de 2 millimètres de diamètre. Ces tubes sont en argent ou en maillechort. Ils sont percés près et de chaque côté de leur extrémité mousse de deux

chas par lesquels le lait pénètre dans leur intérieur.
La figure 47 dispense de plus amples détails.

L'inventeur, M. Henry, dit que « ces appareils sont
seuls connus pour traire d'une façon *admirable* (*sic*)
les vaches qui retiennent leur lait et celles qui ont des
maladies de mamelle, qui sont gercées, égratignées,
qui donnent des coups, enfin toutes celles qui souffrent
de particularités de nature à gêner la pression du pis ».

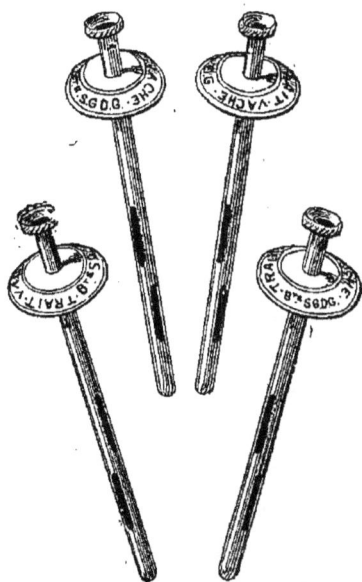

FIG. 47. — Appareils à traire les vaches.

Malgré l'hyperbole intéressée de l'inventeur, nous
avons essayé cet appareil qui ne fonctionne réellement
pas mal. Mais nous sommes de l'avis de M. Cornevin et
nous pensons que l'usage continu de ces tubes trayeurs
finirait par irriter le canal du trayon. Nous avons
observé des accidents d'inflammation gangréneuse de la
mamelle à la suite de l'introduction de tubes de matières

organiques (brins de paille) dans le trayon, par un élève peu scrupuleux qui voulait s'éviter la peine de la mulsion.

Nous pouvons dire toutefois que l'emploi des tubes Henry est simple et commode. Pour se servir de cet appareil, il suffit de presser chaque tétine jusqu'à l'apparition d'une goutte de lait ; ensuite introduire simplement le tube jusqu'à la rondelle, en le faisant tourner un peu à la façon d'une vis. Le lait coule aussitôt des quatre mamelles à la fois. Mais il ne coule pas jusqu'à « complet épuisement ».

CHAPITRE XI

CAUSES QUI FONT VARIER LA PRODUCTION DU LAIT EN QUANTITÉ ET EN QUALITÉ

Dans la description que nous avons donnée des principales races bovines laitières, nous avons indiqué, pour chacune d'elles, la moyenne annuelle de production du lait. D'après des calculs qui ont la prétention d'être très exacts, on serait arrivé aux moyennes ci-dessous que nous empruntons à M. Cornevin.

Chaque année :

Une excellente vache donne en lait le décuple de sa masse.		
Une très bonne	—	l'octuple	—
Une bonne	—	le sextuple	—
Une moyenne	—	le quintuple	—
Une médiocre	—	le quadruple	—
Une mauvaise	—	le triple	—
Une très mauvaise	—	le double	—

Nous croyons, comme le professeur de Lyon lui-même, que ces rendements ne sont qu'approximatifs et qu'ils varient à l'infini avec les contrées et les habitudes locales. Car une « vache qualifiée de très bonne dans telle région n'a pas de qualités identiques à une autre qui recevrait le même qualificatif dans une région différente ».

Nous pensons, tout en tenant compte de l'amour de l'auteur pour son système, que la base du calcul de la production du lait d'une vache laitière indiquée par M. J. Crevat est encore la plus exacte de toutes celles préconisées [1].

« Pour bien apprécier l'aptitude laitière, la qualité d'une vache, il faut comparer le lait produit au carré du périmètre de poitrine, et cette méthode est juste pour les bêtes de tous les poids. Chez une moyenne laitière, la quantité moyenne de lait exprimée en litres égale environ 800 fois le carré du périmètre exprimé en mètres. » (J. Crevat.) D'où il résulte qu'une vache ayant exactement 2 mètres de tour de poitrine pris en arrière des épaules aura une production annuelle de $2 \times 2 \times 800 = 3,200$ litres.

Ces chiffres ne sont pas forcément exacts pour toutes les vaches et dans tous les pays, il faut encore tenir le plus grand compte des causes si multiples qui peuvent modifier la production en quantité et en qualité.

La quantité de lait fournie varie suivant l'époque de la vie de la vache. Au premier vêlage, elle est d'abord

---

1. J. Crevat, *Alimentation rationnelle du bétail*. Lyon.

faible laitière et son aptitude va progressivement en augmentant jusqu'après le cinquième ou le sixième veau, puis elle diminue pour être presque nulle ou au moins peu importante vers le dixième vêlage. Nous avons connu cependant de remarquables exceptions à cette règle générale.

La composition moyenne normale du lait de vache, sur laquelle nous aurons à revenir ultérieurement, est la suivante :

Eau.	87, 75 pour 100
Caséine.	3, —
Beurre.	3, 30 —
Sucre de lait.	4, 8 —
Matières minérales.. . . .	0, 75 —

Mais ce lait, pendant la durée d'une même traite, n'est pas toujours identique à lui-même, il y a des compositions différentes variant avec les divers moments de la traite.

Il résulte des expériences de Boussingault faites sur six échantillons, pris du commencement à la fin d'une traite, que les matières grasses et les substances solides augmentent dans de notables proportions, ainsi que l'indique le tableau suivant :

0/0	ÉCHANTILLON					
	I	II	III	IV	V	VI
Poids spécifique. .	1,033	1,032	1,032	1,032	1,031	1,030
Matière grasse. . .	1,70	1,76	2,10	2,54	3,14	4,08
Substances solides..	10,47	10,75	11,23	11,23	11,63	12,67

Ce tableau très instructif donne la raison de la diminution de la densité par l'augmentation de la quantité de beurre et il donne aussi ce renseignement précieux qu'il importe, pour obtenir tout le beurre, de traire la mamelle à fond. Comme nous l'avons dit déjà, la mulsion parfaite augmente la quantité et la qualité.

Dans les contrées où on a l'habitude de faire travailler les vaches, il serait facile de constater qu'après le travail ou après le repos le lait présente des différences appréciables de composition. Le travail augmente la proportion d'eau en même temps que diminuent les quantités de caséine, de beurre, de lactose et de substances solides. Ce sont ces dernières et le beurre qui diminuent le plus.

Bien qu'il n'y ait pas, à notre connaissance, d'analyses précises de lait provenant de vaches en chaleur, il est rationnel d'admettre que, dans cet état particulier de la femelle plus ou moins agitée et tourmentée, mangeant moins, le lait subisse une diminution en même temps que quelques modifications dans sa composition. Pour la plupart des ménagères et des praticiens observateurs, il n'y a aucun doute que le lait ne se modifie quantitativement et qualitativement sous l'influence du rut, et particulièrement quand on ne satisfait pas à l'instinct.

Le lait d'une vache en état de gestation se modifie toujours. La caséine paraît augmenter, tandis qu'il y a diminution d'acide phosphorique et de matière grasse. « Il y aurait diminution du sucre de lait quand la laitière est bien nourrie et reste en bon état, tandis que la proportion resterait stationnaire si la bête s'amaigrissait. » (Cornevin). Dans tous les cas, la déperdition d'acide phosphorique s'explique par les besoins du fœtus pour la construction de son squelette.

Il est encore une considération relative à la gestation : si certaines vaches conservent leur lait pendant très longtemps, même jusqu'à la veille du terme, il en est qui le perdent dès le quatrième ou le cinquième mois. Mais quand le lait persiste jusqu'à une époque avancée, après le septième mois par exemple, il est tellement modifié que sa crème se baratte mal et devient mousseuse et qu'il peut lui-même devenir amer.

Les bêtes *nymphomanes* ou *taurelières* sont pitoyables laitières. Toujours sous le coup d'un état nerveux particulier, elles usent en mouvements désordonnés les éléments du lait. On y remédie par la castration.

Cette opération, aussi conseillée et mise en pratique par le regretté Charlier, dans le but d'augmenter la production des vaches laitières en général, fait, selon M. Cornevin, diminuer brusquement la proportion de lactose de plus d'un cinquième. Mais cette diminution n'est que passagère, puisque quelques mois après la castration la proportion de sucre paraît être normale.

Il résulte d'observations faites dans une grande exploitation de Basse-Bourgogne, chez M. Fayot, de Nuits-sur-Ravières, que la castration pratiquée sur des vaches après le deuxième veau, lui aurait procuré une très notable augmentation dans la quantité de son lait, en même temps que celui-ci serait devenu plus riche en beurre. La castration a en outre l'immense avantage de prolonger la durée de la période de lactation pendant deux et trois ans. Et quand la mamelle est tarie la *beuvonne* est très rapidement grasse et donne une excellente viande de boucherie.

Indépendamment des agents médicamenteux ou vénéneux qui s'éliminent par l'émonctoire qu'est la glande mammaire, il a paru intéressant de chercher si certaines substances médicamenteuses ou autres agissent sur la composition du lait. C'est dans cet ordre d'idées que M. Cornevin a institué quelques expériences.

« Jusqu'à présent, dit-il, il n'a été possible de noter qu'un petit nombre de modifications et encore, sauf une exception, ne se montrent-elles que dans de faibles limites. L'alcool favorise la production de la matière grasse, l'acide salicylique, la pilocarpine et la phloridisine celle du sucre. Sur le nombre de substances expérimentées, c'est tout ce qui a paru influencer qualitativement le lait. Il nous semble intéressant de rapprocher l'action de l'alcool de celle que nous avons obtenue de l'administration de l'avoine qui enrichit également le lait en beurre ».

L'observation de M. Cornevin sur l'action de l'avoine nous paraît contredire l'opinion de M. Rondot qui prétend que l'avoine augmente surtout la caséine, la proportion de beurre restant invariable.

Il est facile d'admettre que, depuis que l'homme exploite la propriété galactogène de la vache, on a toujours cherché à accroître cette aptitude. Des substances végétales, comme des substances minérales, le soufre entre autres, ont été considérées comme ayant la propriété d'exciter la sécrétion lactée. Puis on a douté de ces propriétés attribuées à des préjugés. Ici encore, avec son esprit scientifique si méthodique, M. Cornevin a jugé bon de recourir à l'expérimenta-

tion. Il a pu conclure de ses recherches que le fenouil,
par exemple, n'est pas une substance galactagogue.
Mais, selon lui, les diverses substances, fenouil, anis,
cumin, etc., agissent comme excitant du tube digestif,
réveillent les fonctions intestinales, augmentent l'appétit, aident aux évacuations et favorisent ainsi l'assimilation. Il en résulte un apport d'un sang plus riche
à la mamelle et par conséquent une action galactagogue indirecte.

Il y aurait lieu de vérifier expérimentalement si
réellement toutes les substances qui passent pour
augmenter ou diminuer la sécrétion mammaire ont une
action déterminée. Tant que ces recherches ne seront
pas faites, on ne pourra se prononcer formellement
et on est amené à penser que, comme certains médicaments purgatifs ou diurétiques, ces matières végétales ou minérales n'ont qu'une action indirecte. On
pourrait donc dire, avec M. Cornevin, que jusqu'ici on
n'a pas trouvé de substances médicamenteuses méritant
le titre de *galactagogue* ou d'*antigalactique* directe.

Le lait renfermant en moyenne 85 0/0 d'eau, on
comprend quelle quantité considérable de boisson
peut et doit être absorbée par une vache bonne laitière.
Il faut non seulement que la bête satisfasse aux besoins de son organisme, mais qu'elle trouve encore
l'eau nécessaire à la constitution de son lait. Les boissons données en quantité suffisante ont donc, elles
aussi, une influence sur la lactation. Mais l'expérience
l'a démontré, les boissons chaudes ou au moins tièdes
augmentent la production. En effet, il faut, comme
nous l'avons déjà dit, un douzième de la chaleur disponible pour mettre les aliments et les boissons en équi-

libre avec la température du corps. Si on donne des boissons froides, la chaleur nécessaire sera empruntée à l'organisme même, d'où une dépense considérable. Au contraire, si les boissons sont chaudes les calories non utilisées à équilibrer leur température favoriseront la sécrétion mammaire. Ces boissons devront être servies aussi chaudes que possible, se basant, pour leur température, sur l'appétence de la bête.

Il faut aussi tenir compte de l'individualité et de la façon dont elle se comporte vis-à-vis de l'alimentation. Nous revenons ici sur ce sujet que nous n'avons fait qu'esquisser en traitant de la physiologie de la mamelle.

« Les vaches produisent du lait en quantité et en richesse proportionnellement à la quantité et à la richesse de leur alimentation. Elles se conduisent à cet égard comme toutes les machines à transformation. La qualité du lait est proportionnelle d'une part à sa richesse en matière sèche et d'autre part à sa richesse en beurre. Le quantum de matière sèche totale contenue dans le lait peut varier entre 8 et 16 0/0. Il est certain que, quelle que soit la composition de cette matière sèche, le lait qui en contiendra 16 0/0 sera meilleur ou plus nutritif que celui qui n'en contient que 8. » (A. Sanson.)

Or, d'un grand nombre de recherches exécutées par les chimistes allemands sur les fèves, les germes de Malt, la farine de palme ajoutées à la ration, il résulte que l'alimentation peut augmenter ou diminuer la quantité absolue de matière grasse contenue dans le lait, mais qu'elle reste sans influence sur sa proportion dans la matière sèche totale de celui-ci. Cette

proportion dépend uniquement de l'aptitude indivi-
duelle.

L'individualité influence la quantité de la sécrétion
dans une proportion considérable. L'aptitude laitière
ne s'acquiert véritablement pas ou ne s'acquiert que
peu. Elle dépend de la façon dont l'organisme utilise
ses réserves. Telle vache donne du lait, telle autre
accumule de la graisse.

Ces considérations ont, nous semble-t-il, de l'importance dans les industries qui s'occupent de la fabrication des dérivés du lait. Elles montrent la nécessité
de reconnaître chez les individus, que l'on veut acquérir, les aptitudes spéciales qui rendront leur exploitation plus lucrative.

L'action directe sur la mamelle, pendant l'opération
de la traite, a une grande influence sur la quantité de
lait sécrété. On sait en effet que l'activité de la glande
atteint son maximum par la mulsion. Le massage de
la mamelle exercé par la main produit le même effet
que les coups de tête, parfois violents, donnés par le
veau pendant qu'il tette. On voit par là toute l'importance d'un vacher soigneux qui opère la traite à fond,
avec méthode, patience et douceur.

L'influence du milieu est très manifeste sur la fonction sécrétoire. Une atmosphère tiède et humide contribue à l'accroissement de la production. Au contraire
une atmosphère sèche et chaude ou sèche et froide
ralentissent la sécrétion. C'est pour cette raison,
qu'en traitant des habitations nous avons conseillé de
les maintenir constamment dans une certaine humidité
en même temps qu'à une température oscillant autour
de 12° centigrades.

Peut-être, dit M. Cornevin, en arrosant les étables dans les pays secs et chauds, arriverait-on à augmenter la production de lait toujours si faible.

Pour M. Aujollet, les plus forts rendements s'observent sous les climats humides à température modérée et uniforme.

Lorsqu'on examine les races laitières les plus estimées, on est frappé par le fait que leur aire géographique jouit d'un climat tempéré et humide. Les Polders des Pays-Bas sont le lieu d'origine de la race hollandaise ; les bords brumeux de la Manche sont le berceau des races normande et bretonne. De même les chaînes de montagne de l'Europe centrale et occidentale ont des types laitiers très estimés tels que le schwitz, le fribourgeois, le bernois, le simmenthal, etc.

C'est que la production du lait est intimement liée aux déperditions cutanées et pulmonaires dont l'activité est sous la dépendance du climat. Plus le climat est chaud et sec, mieux fonctionnent la peau et les poumons qui soutirent, sous forme d'exhalations insensibles, l'eau de l'organisme. Cette déperdition, qui s'exerce sur une surface considérable, est très appréciable et suffisante pour que la machine animale dirigeant toutes ses ressources du côté de son entretien, ne possède plus de matériaux disponibles pour l'élaboration du lait.

Les côtes des mers, qui bordent l'Europe centrale, avec leur température égale pendant une grande partie de l'année, avec leur atmosphère toujours saturée de vapeur d'eau et d'émanations salines, avec leur flore riche, sont éminemment favorables au rendement en lait. Il en est de même des montages qui condensent la vapeur d'eau dans leur voisinage et fournissent une herbe abondante et souvent sapide.

La vache, ou la race laitière est donc fonction du climat.

Les pays chauds ne possèdent pas de laitières ; tout au plus la mère peut-elle élever son veau. Aussi toutes les tentatives d'introduction de sujets d'élite échouent-elles. Des hollandaises, importées à grands frais en Sicile et en Algérie, n'ont donné que des déboires. Au bout de peu de temps la fonction mammaire s'est atténuée et presque annihilée et les descendants n'étaient pas supérieurs, au point de vue spécial de l'aptitude laitière, aux sujets de la race du pays.

La stabulation permanente, quelle que soit la richesse de l'alimentation, est toujours défavorable à la production. On ne peut compenser les inconvénients de la stabulation, au point de vue de la qualité du lait et de sa quantité, que par la température constante, en toute saison, de 12° à 14° centigrades, une aération suffisante et des aliments bien choisis et riches en principes gras.

CHAPITRE XII

ENGRAISSEMENT DE LA VACHE LAITIÈRE

Tout animal de l'espèce bovine doit toujours, à la fin de sa carrière, être utilisé pour l'alimentation de

l'homme. Aussi nous pensons qu'il y a lieu de s'occuper ici de l'engraissement de la vache qui a été
exploitée, pendant plus ou moins longtemps pour son
lait.

A quel âge, en général, doit-on engraisser une vache
pour la boucherie ?

On a l'habitude fâcheuse de conserver trop longtemps les vaches comme laitières, et de les préparer
pour l'abattoir alors qu'elles ne sont plus susceptibles
de s'engraisser convenablement et qu'elles ne peuvent
plus donner qu'une chair de deuxième ou de troisième
qualité.

On sait que c'est à partir de son troisième veau, ou
vers l'âge de 4 ans, qu'une vache possède au suprême
degré les qualités laitières ; et qu'après son sixième
ou septième veau, c'est-à-dire au plus tard après l'âge
de 7 à 8 ans, l'activité de la mamelle décroît. C'est
donc vers cet âge que devra commencer la période
d'engraissement. A cette époque de la vie, si la vache
a toujours été bien soignée et rationnellement alimentée, il est encore facile de l'engraisser et d'en obtenir
une viande, sinon excellente, du moins bonne et savoureuse et, par conséquent, de la vendre un prix tel que
le propriétaire, non seulement ne perdra rien sur la
valeur primitive, mais trouvera encore un bénéfice
sur les frais de l'engraissement. Nous considérons que
c'est toujours un mauvais calcul que de conserver des
vieilles vaches qui, outre qu'elles donnent, avec une
nourriture déterminée, un moindre revenu annuel,
perdent chaque jour de leur valeur, peuvent succom-
ber à l'épuisement et ne peuvent plus être vendues
qu'à un prix insuffisant.

Nous n'engageons pas les nourrisseurs à chercher l'extrême engraissement de leurs vaches laitières. Ce serait trop coûteux. Mais nous croyons qu'il y a toujours avantage à faire acquérir un certain embonpoint caractérisé par l'accumulation d'une quantité moyenne de graisse dans les régions de prédilection dites *maniements* (fig. 48).

Pour qu'une vache soit en état d'être livrée à la boucherie, il faut donc que les principaux maniements

Fɪɢ. 48. — Maniements.

I. Bord, abord, couard, cimier. — J. Lampe, hampe, grasset. — E. Travers. — G. Côte. — R. Avant-lait. — (Les autres maniements ne sont intéressants que pour les sujets poussés très loin en graisse.)

donnent des indications telles que l'acheteur ait la certitude que la viande sera suffisamment grasse pour être tendre et succulente. Une vache remplit ces conditions quand la main trouve de la graisse sous la peau souple du *couard* ou *cimier*, maniement de la base de la queue; quand le repli de la peau de la *hampe* ou *grasset,* à la région où l'abdomen touche le membre postérieur, emplit la main qui le palpe ; quand l'*avant-lait,* situé en avant des mamelles, est bien développé ; quand le *travers* de la région lombaire fait sentir une masse assez épaisse de chair musculaire ; quand enfin la *côte,* à la hauteur de la corde du flanc ou un peu plus bas, indique une certaine couche de graisse de couverture. Il est encore beaucoup de points de repaire qui ne sauraient rendre de services que quand il s'agit de *manier* un animal poussé aux limites possibles de l'engraissement ; ce qui ne saurait jamais se présenter pour une vache exploitée d'abord pour son lait.

D'une manière générale, l'engraissement d'une bonne laitière, constamment bien entretenue, n'est ni long ni coûteux et ne demande pas de soins bien particuliers. Il suffit de lui donner des aliments moins aqueux.

Ou bien la période d'engraissement commencera seulement quand la mamelle sera tarie ; ou bien on fera perdre le lait, ce qui n'est pas toujours très facile. Mais, à moins d'être pressé par les circonstances, il ne nous paraît pas utile de faire cesser la sécrétion lactée avant complet épuisement de la mamelle. Néanmoins si on est obligé de le faire, on y arrive peu à peu par des traites de plus en plus rares. Si on trayait deux fois par jour, on ne trait plus qu'une seule fois. Au bout de quelques jours on essaye de ne traire que tous les deux jours, etc. Les traites éloignées font toujours perdre le lait.

On pourra toutefois, si la vache souffre du gonflement et de la plénitude des mamelles, la laisser à la demi-ration pendant quelques jours et lui donner, suivant sa taille, de 20 à 60 grammes de nitrate de potasse (salpêtre) par jour, dans ses boissons pendant cinq à huit jours.

Nous avons vu souvent, dans des étables bien tenues, des vaches prêtes à être livrées au boucher aussitôt la lactation arrêtée.

En résumé nous considérons qu'il y a tout avantage pour un propriétaire à ne jamais conserver de vaches laitières passé l'âge de 7 à 8 ans. Si, arrivée à cet âge, une vache se trouve pleine, nous pensons qu'il y a avantage à la vendre comme telle. Mais cette considération particulière n'a aucune importance dans la généralité des cas.

CHAPITRE XIII

PRODUCTION DES BOVIDÉS

La production bovine basée, comme celle de tous les animaux domestiques, sur les méthodes de reproduction, est du plus grand intérêt pour l'éleveur, pour l'agriculture et pour la fortune nationale. Aussi ne saurait-on apporter trop de soin à cette partie pratique des sciences zootechniques. Si les méthodes de reproduction, quelles qu'elles soient, ne donnent directement ni qualités ni aptitudes spéciales ou nouvelles aux espèces animales, elles jouent cependant un grand rôle en ce qu'elles permettent et assurent, quand on le veut bien, la transmission et la perpétuité de caractères nouveaux, de qualités et d'aptitudes données par les autres méthodes d'amélioration.

I. — CHOIX DES REPRODUCTEURS.

Une opération primordiale indispensable domine la production bovine rationnelle et fructueuse, c'est la *sélection*, c'est-à-dire le choix méthodique des reproducteurs mâles et femelles. Dans la pratique, on néglige trop la sélection, surtout dans la petite culture. Aussi voit-on les races dégénérer et, avec elles, disparaître les aptitudes et les qualités qu'on a eu tant de peine à faire acquérir.

Il y a deux sortes de sélection à mettre en pratique : la *sélection zoologique* ou *ethnique*, et la sélection *zootechnique*.

A. — SÉLECTION ZOOLOGIQUE. — Elle consiste à choisir des reproducteurs possédant nettement accusés tous les caractères de la race que l'on veut perpétuer. Elle a la plus grande importance dans les contrées où l'on exploite des races remarquables, à aptitudes bien déterminées, qu'on a intérêt à conserver et jamais à modifier dans quelque sens que ce soit.

La sélection ethnique est non seulement nécessaire quand il s'agit de races pures, mais elle est encore utile, même quand il s'agit d'opérer des croisements ou de faire du métissage. Dans le premier de ces deux derniers cas, il est tout naturel qu'on choisisse les types purs à croiser si l'on veut bien savoir ce que l'on fait et où l'on va. Dans le second cas, où l'on em-

ploie des métis comme reproducteurs, on a généralement une idée à suivre et on cherche toujours à obtenir des produits se rapprochant le plus possible de
l'un des facteurs primitifs ayant contribué à la production même des métis. Or, dans le choix des reproducteurs, il faut nécessairement chercher le ou les sujets qui possèdent au plus haut degré les caractères
zoologiques que l'on vise et qui auront chance de se
perpétuer par atavisme.

« En général, dit M. A. Sanson, la sélection zoologique est la plus pratique. C'est elle qui peut être
préconisée sans crainte d'erreur, celle qui est le plus
ordinairement applicable d'une façon utile. »

Au reste, si l'on a abusé du croisement et du métissage en ce qui concerne les espèces chevaline et por-
cine, les éleveurs de bovidés ont eu le bon esprit de
ne pas se laisser séduire par l'anglomanie qui a contribué à la destruction de la plupart de nos plus belles
races chevalines. Nous pensons qu'il n'y a pas de
bonne sélection si on ne s'attache pas, avant tout, à
choisir des reproducteurs vierges de tout alliage.

Dans les contrées de production de bon bétail bovin,
les sociétés d'agriculture ont créé des *Herd-books* ou
livres généalogiques de l'espèce bovine des meilleurs
animaux reproducteurs de la race exploitée. Nous
connaissons les herd-books normand, nivernais, flamand, et le premier créé de tous a été celui de la
race Durham, tous les autres n'étant qu'une imitation
de celui-ci.

Les indications fournies par ces livres généalogiques
sont toujours très précieuses, puisqu'on y trouve
enregistrés avec précision les caractères, les aptitudes

et la qualité des animaux qui ont l'honneur d'y être inscrits.

B. — *Sélection zootechnique*. — En ce qui concerne la vache laitière cette sélection est bien simple. Il n'y a qu'à choisir des sujets ayant, le plus tranchés, les caractères laitiers et beurriers que nous avons indiqués précédemment, caractères qui doivent exister aussi bien chez le mâle que chez la femelle. Mais la destinée ultime du bovidé étant, en tout cas, de produire de la viande, on doit savoir concilier, autant que possible, les caractères de la double production du lait et de la viande.

C. — *Pratique de la sélection*. — La première chose à faire, quand on choisit des reproducteurs, est de consulter la généalogie des animaux qu'on veut employer. Mais les herd-books sont rares et il n'est pas toujours facile de se renseigner quand on est loin du lieu d'origine de la race qu'on veut entretenir.

A défaut du herd-book on s'en rapporte à son propre jugement en ce qui concerne les caractères ethnologiques.

Après la constatation de la pureté de la race, qu'il s'agisse du mâle ou de la femelle, on s'assure de la parfaite intégrité des organes génitaux. Il faut rejeter impitoyablement le taureau monorchide, c'est-à-dire n'ayant qu'un testicule apparent, et celui qui aurait une lésion quelconque de la verge et du fourreau.

La femelle aura, en outre, les mamelles bien conformées et devra donner, par les caractères généraux, la certitude qu'elle sera bonne laitière.

Le taureau devra être vigoureux, leste, ardent et léger dans ses mouvements.

Tous deux, le mâle et la femelle, seront très doux, dociles et même caressants. Les qualités comme les vices de caractère se transmettent sûrement par hérédité.

On choisira toujours des animaux ayant autant que possible la conformation qui permet d'en tirer le meilleur parti comme viande de boucherie. Les animaux à squelette fin, ayant la tête légère et l'encolure grêle avec des membres courts et fins tout en étant fortement musclés le plus près possible du genou et du jarret, seront préférés à d'autres, toutes choses égales d'ailleurs.

La poitrine sera ample dans toutes ses dimensions, avec la côte bien ronde et non sanglée en arrière des épaules. Les régions postérieures du tronc, dans lesquelles se trouve la viande de première catégorie, seront aussi développées que possible avec la fesse arrondie et descendant bas. De plus, la femelle aura le bassin long, large et horizontal. La queue, bien noyée entre les ischions, sera fine.

Nous n'avons pas à revenir ici sur les caractères laitiers et beurriers déjà indiqués avec détail. Nous rappellerons seulement que, chez les génisses, l'écusson est toujours beaucoup moins développé qu'il ne le sera après un premier vêlage.

II. — AGE AUQUEL ON PEUT LIVRER LES JEUNES BOVIDÉS A LA REPRODUCTION.

Quel est cet âge ? Cette importante question est très controversée. En général, les praticiens sont d'avis de reculer le plus possible l'époque du premier accouplement ; d'autres au contraire voient de sérieux avantages à l'accouplement précoce. Nous partageons l'avis de ces derniers et nous en donnons les raisons pratiques.

Sans doute, théoriquement, il paraît y avoir de gros inconvénients à la reproduction des animaux non encore adultes, dont la structure squelettique n'est pas encore complète, ce qu'indique l'évolution des dents de seconde dentition. Mais la pratique enseigne que l'état de gestation des jeunes femelles ne retarde en rien leur développement, pourvu toutefois que ces bêtes soient soumises à un bon régime alimentaire.

Il n'est pas démontré que les taureaux livrés jeunes à la reproduction aient donné naissance à des animaux plus précoces que ceux provenant de vieux sujets. Le taureau Durham *Favourite*, qui a fait la monte pendant 16 ans, a donné des produits aussi remarquables à la fin qu'au commencement de sa carrière.

Nous pensons et c'est ainsi que nous agissons, que, sans aucun inconvénient, un jeune taureau peut être employé à la monte dès l'âge de 14 à 15 mois. Pendant la première année de service il ne devra être employé que deux ou trois fois au plus par semaine ; puis, à mesure qu'il grandira, on pourra le laisser saillir autant de vaches qu'il s'en présentera.

Quant à la limite d'âge où il faut cesser d'utiliser un taureau, il n'y a rien de fixe. Tant qu'un taureau est leste, vigoureux, tant qu'il n'est pas devenu trop lourd, qu'il ne fatigue pas les vaches, qu'il ne les expose pas à des accidents résultant de son poids ; tant qu'il reste doux et docile, il peut être utilisé à la reproduction.

La faculté procréatrice se maintiendra d'autant mieux et d'autant plus longtemps que le taureau aura été laissé moins inactif. La meilleure hygiène consiste en effet à faire travailler les bovidés reproducteurs mâles, en les nourrissant le mieux possible, en ajoutant à la ration, à l'époque de la monte, au printemps de chaque année par exemple, quelques litres d'avoine chaque jour. Dans les exploitations bien conduites le taureau paye sa nourriture par les travaux intérieurs de la ferme qu'il accomplit parfaitement guidé, avec un anneau nasal, par un homme doux.

Toutefois il n'y a de réel avantage à utiliser les vieux taureaux comme reproducteurs que s'ils sont des sujets absolument remarquables. Autrement il est préférable de les livrer à la boucherie dès qu'ils ont atteint l'âge de 3 ans et demi à 4 ans et qu'ils ont acquis leur maximum de valeur commerciale.

Nous conseillerons donc toujours de préférence l'emploi de taureaux jeunes qui s'accouplent toujours plus facilement que des sujets âgés.

Le taureau, surtout lorsqu'il est jeune, devra recevoir une alimentation un peu plus riche en principes azotés que l'animal non reproducteur. La sécrétion spermatique exige en effet une grande dépense en albuminoïdes.

Dès que les signes de l'apparition de l'instinct génésique se montrent chez une génisse, elle est apte à être fécondée. C'est vers l'âge de 12 à 15 mois qu'apparaissent les premières chaleurs, quelquefois mais rarement plus tôt. Faut-il à ce moment donner la génisse au taureau ?

L'exploitation de la vache laitière est d'autant plus

fructueuse que cette bête a donné plus tôt son troisième veau, puisque ce n'est guère qu'à cette époque qu'elle a atteint le maximum de sa production en lait. L'éleveur a tout avantage à renouveler le plus souvent possible son bétail et à le vendre alors qu'il est arrivé à sa plus grande valeur commerciale. On sait que, passé 5 à 6 ans, la valeur d'une vache va *decrescendo*. Il y a donc indication de livrer de bonne heure la génisse à la reproduction. Mais il faut tenir compte des accidents possibles de parturition toujours plus fréquents et plus graves chez les jeunes bêtes. Nous pensons qu'il ne faut pas se désintéresser de la race, de la précocité et du volume du squelette de la génisse pour fixer l'âge auquel elle pourra être fécondée avec profit et sans danger sérieux.

Les femelles de races précoces, dont le squelette est fin, qui donnent des veaux très petits à la naissance, seront conduites au taureau vers 15 mois environ. Celles au contraire à gros squelette, peu ou pas précoces ne devront être fécondées que vers l'âge de 20 à 24 mois, pour la raison capitale qu'elles font de gros veaux disproportionnés avec les passages à franchir. Nous avons eu souvent occasion d'intervenir pour la mise-bas de primipares dont le travail était retardé par le volume excessif du veau eu égard aux voies génitales de la mère. Nous avons même constaté, après le part forcé, la dislocation de la symphyse ischio-pubienne, qui condamnait la femelle à un décubitus prolongé de quinze jours à un mois et plus. Cette considération a, selon nous, une grande importance pour retarder l'époque de la première saillie des génisses. Mais d'autre part il y a lieu de se préoccuper des chaleurs fréquentes qui peuvent rendre les génisses taurelières et par conséquent impropres à la reproduction.

En résumé, nous considérons que le mâle peut faire un reproducteur, avec des tempéraments toutefois, à l'âge de 15 à 16 mois; que la femelle, suivant sa race, le volume de son squelette et sa précocité, sera fécondée entre 15 et 24 mois.

III. — RUT. — CHALEUR.

L'instinct génésique se manifeste par certains signes qu'il est utile de connaître.

Le *rut*, chez le mâle, apparaît par la seule présence d'une vache en *chaleur*.

La femelle témoigne de la *chaleur* ou des *chaleurs* par des signes généraux assez faciles à observer : la bête se tourmente, s'agite à l'étable, paraît inquiète. L'œil est vif et brillant. La tête est tenue haute. En cet état la vache fait entendre des mugissements fréquents, forts et brusquement interrompus. L'appétit est irrégulier, capricieux. Le lait diminue et doit se modifier qualitativement. Nous avons vu des veaux atteints de diarrhée du jour de l'apparition des chaleurs de la mère et guéris, sans traitement, au bout de deux ou trois jours. Les organes génitaux apparents sont un peu gonflés et si on écarte les lèvres de la vulve on trouve la muqueuse plus rouge que d'ordinaire. En même temps il s'écoule par cet orifice des mucosités glaireuses, filantes et d'une limpidité cristalline. Si la bête est aux pâturages, elle va et vient sans cesse, court et saute sur les autres vaches. Elle les flaire et cherche manifestement le taureau, qu'elle caresse, s'il est en liberté ou les autres bêtes du troupeau qui, parfois, montent sur elle.

Les chaleurs durent de 24 à 48 heures, rarement plus. Elles apparaissent vers l'âge de un an et se renouvellent assez régulièrement tous les mois, et quelquefois, chez certains individus, tous les deux ou trois mois seulement.

Quand les chaleurs sont très fréquentes et apparaissent toutes les trois semaines ou tous les mois, il est nécessaire, comme nous l'avons dit plus haut, de ne pas attendre trop longtemps pour donner la jeune bête au taureau. L'état fréquent d'éréthisme génital amènerait par son action violente sur le système nerveux général, la *nymphomanie*, maladie dont sont affectées les femelles dites taurelières, qui se caractérise par des chaleurs incessantes et qui rend les bêtes stériles. On ne remédie, ainsi que nous l'avons déjà indiqué, à cette maladie que par la castration qui seule permet l'engraissement de la bête.

IV. — MONTE.

L'acte de l'accouplement ou *coït* s'appelle *monte* chez les bovidés. C'est l'opération par laquelle le mâle féconde la femelle. Elle est très simple dans l'espèce bovine et ne nécessite pas de longs et difficiles préparatifs.

Il y a deux sorte de monte : La *monte en main* et la *monte en liberté*. Dans le premier cas, il n'y a qu'à conduire le taureau près de la vache à saillir. Celle-ci est solidement attachée par les cornes à un anneau fixé dans un mur ou, ce qui est préférable, elle est maintenue par l'encolure retenue dans un carcan de bois, véritable travail (fig. 49), fixé à deux poteaux

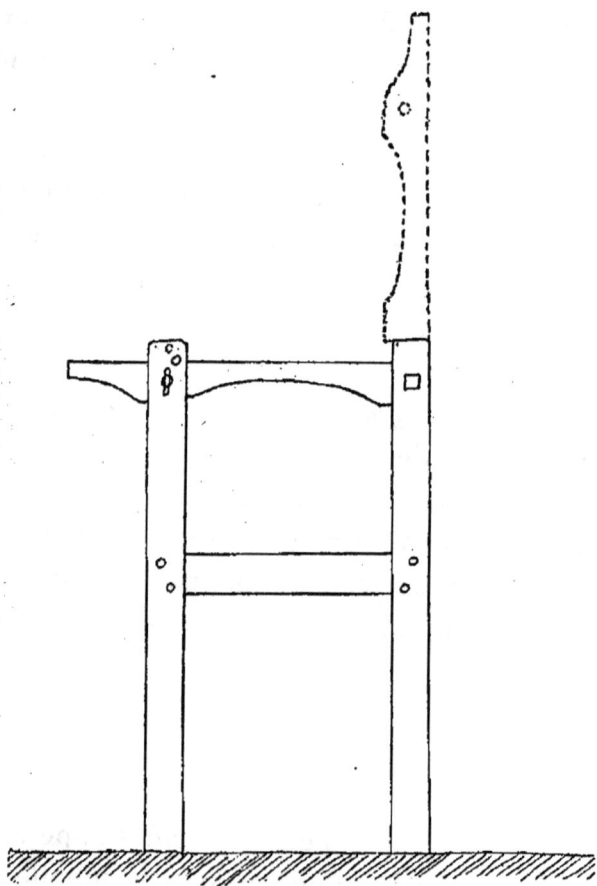

FIG. 49. — Travail-carcan pour la monte des vaches.

solidement implantés dans le sol. Le taureau est tenu à l'aide d'un anneau nasal ou d'une mouchette munie d'un long bâton armé d'un crochet. Quand l'accouplement est terminé, l'animal est rentré à l'étable.

Ce procédé permet de régler le nombre des saillies journalières, d'éviter leur répétition inutile, ou nuisible, pour la même femelle et de ménager ainsi les forces du mâle.

La *monte en liberté* n'a pas grand inconvénient quand le nombre des femelles, qui vivent avec le taureau, n'est pas très élevé et ne dépasse pas quinze à vingt. Au reste, on évite la fatigue du taureau en recourant à la *monte mixte*, qui consiste à placer le taureau et la femelle à saillir dans un enclos où on fait passer les vaches à mesure qu'elles présentent des signes de chaleur.

V. — GESTATION.

La gestation commence aussitôt après l'accouplement, c'est-à-dire aussitôt après la fécondation qui, d'ordinaire, chez les bovins, suit immédiatement le coït utile. La gestation est l'état de la vache fécondée, et va jusqu'à la parturition. Elle a une durée variable avec les races et surtout les individus. Les limites extrêmes sont de 240 à 300 jours, ou très peu plus. Mais la moyenne est de 280 jours ou 9 mois et 10 jours.

Dès qu'une vache est pleine, on peut, avec quelque attention, observer certains changements à son habitude extérieure. Elle devient plus calme, son allure se ralentit, elle paraît plus molle, plus lourde dans tous ses mouvements. Au pâturage elle s'isole et fuit surtout le taureau. Si celui-ci est dans le troupeau, il faut l'en retirer dès que la période de la monte est terminée. Il pourrait, sans cette précaution, tourmenter les vaches et provoquer des avortements toujours fâcheux et souvent graves.

La vache pleine sera traitée avec ménagement. On évitera de hâter sa sortie et sa rentrée à l'étable, surtout si la porte n'a pas de grandes dimensions. A mesure que la gestation avance, les coups et les heurts sur l'abdomen peuvent être funestes.

L'alimentation, en hiver particulièrement, devra être modifiée pour la vache dont l'utérus et la panse suffisent à remplir la cavité abdominale. Il conviendra donc de donner le moins possible d'aliments bruts ou grossiers qui augmentent encore, sans profit pour l'animal, le volume du rumen. Mais la bête ne devra pas pour cela être moins bien nourrie. Tout au contraire, on augmentera sa ration d'aliments concentrés.

Il sera bon aussi d'acquérir la certitude de l'état de gestation. Mais ce n'est guère que vers le cinquième mois qu'il est possible, et souvent assez facile, de constater cet état par la palpation abdominale. L'observateur applique la main à plat sur le flanc droit, puis il imprime une secousse assez forte à la main en appuyant fortement sur l'abdomen, au bout d'une ou deux secondes, il perçoit sur la paume de sa main la sensation d'un corps dur. Il est alors certain que l'utérus est gravide.

Quelquefois encore, en laissant boire quelques gorgées d'eau froide à la vache et en examinant le flanc droit, quelques instants après l'absorption du liquide, on voit un corps arrondi progressant d'avant en arrière ou d'arrière en avant.

Si, à un premier examen, on n'a rien reconnu par les deux moyens qui viennent d'être indiqués, on remet l'observation à quelques jours plus tard. Il est des vaches chez lesquelles ce n'est qu'après le sixième mois et parfois le septième qu'il est possible de constater la présence d'un fœtus dans la matrice.

Cependant il est des circonstances, dans le cas de marché, de vente suspensive et résolutoire par exemple, où on a intérêt à connaître *hic et nunc* l'état de plénitude ou de non-plénitude de la vache. Il faut alors recourir à d'autres moyens d'exploration qui sont du domaine exclusif du vétérinaire. Nous voulons parler de la palpation rectale de la matrice. Par cette méthode on acquiert aussitôt une certitude absolue. Ce procédé n'est toutefois pas sans danger.

VI. — PARTURITION.

Quand la gestation est à son terme, la *parturition*, *part* ou *mise-bas*, s'effectue. C'est l'avant-dernier acte de la fonction génératrice. La parturition n'est que l'expulsion à terme du produit de la fécondation. Elle s'accomplit spontanément, naturellement, sans grande fatigue pour la mère quand il n'y a pas de complications qui la rendent anormale, complications sur lesquelles nous reviendrons.

La parturition est accompagnée de signes prémonitoires faciles à observer. Dans les quatre ou cinq jours qui précèdent le part, la vache est *cassée :* c'est-à-dire que deux cavités apparaissent sur la croupe au niveau et de chaque côté du sacrum, un peu en avant de la naissance de la queue. La bête est lourde, le moindre mouvement demande un effort qui paraît pénible. Les lèvres de la vulve sont gonflées, relâchées, molles et pendantes, montrant au-dessous un repli de la peau plus ou moins œdématiée. Si on les écarte, on trouve la muqueuse vulvo-vaginale rouge. Il s'écoule, par la commissure inférieure, des mucosités gluantes, filantes et plus ou moins abondantes. Les mamelles sont gonflées, dures et présentent en avant, surtout chez les primipares qui seront bonnes laitières, un œdème considérable qui s'étend sous l'abdomen. Les tetines sont rigides et laissent écouler des gouttes d'un liquide jaune orangé, du *colostrum* qui se concrète à l'orifice.

A partir de cet instant la vache doit être surveillée, le part ne peut tarder, il ne dépasse jamais 24 à 48 heures après l'apparition du colostrum. Bientôt la bête paraît inquiète, piétine, gratte quelquefois le sol de ses pieds antérieurs en reportant la litière sous les membres postérieurs. Elle a des coliques utérines produites par les premières contractions de l'organe. Elle se couche avec grande précaution, s'allonge en raidissant ses membres, se relève et se couche de nouveau. Puis tout à coup les membres, soit que la bête soit en décubitus sterno-costal, soit qu'elle soit tout à fait étendue, sont raidis violemment; la vache étend la tête, bâille en faisant sortir la langue de la bouche, et fait un effort expulsif plus ou moins violent et douloureux. Il s'écoule alors par la vulve une assez grande quantité de mucus liquide. Au bout de cinq à dix minutes, nouveaux efforts qui se succèdent aux mêmes intervalles mais se rapprochent de plus en plus à mesure que le travail avance. Il apparaît alors, entre les lèvres de la vulve, une tumeur de couleur brune ou bleuâtre, plus ou moins volumineuse. C'est la *poche des eaux* contenant le *liquide amniotique*, et qu'il faut bien se garder d'ouvrir. Après un nouvel effort apparaissent les pieds par leur face antérieure et bientôt après le mufle du veau. C'est à cet instant que la poche des eaux se déchire et laisse écouler une quantité, parfois considérable, de liquide citrin et limpide.

Si, au bout d'un temps variable de une à deux heures, la bête s'est fatiguée en vains efforts, si on ne voit rien apparaître à la vulve, il y a lieu de chercher à savoir si le fœtus est en bonne position.

La main et le bras droits, préalablement enduits d'huile ou mieux de vaseline, sont introduits avec précaution dans le vagin et l'opérateur s'assure si tout est bien normal à une distance plus ou moins grande de l'orifice. Dans ce cas il n'y a qu'à attendre, surtout si la vache est primipare, et à s'en rapporter aux efforts de la nature. Les tractions, aussi modérées qu'elles soient, sont plus nuisibles qu'utiles. Quand on a aperçu les pieds et le mufle, au bout de trois ou quatre nouveaux efforts, la tête sort tout entière et bientôt le reste du corps.

La vache met bas généralement couchée. Il en est cependant qui accouchent debout. Dans ce cas le veau glisse le long des jarrets et tombe doucement sur la litière.

Si, pendant le travail du part, le cordon ombilical ne s'est pas rompu, on le coupe en ayant soin de le lier préalablement aussi près que possible de l'ombilic du jeune, c'est-à-dire à 1 ou 2 centimètres.

Aussitôt née, la petite bête secoue la tête, s'ébroue et mugit quelquefois. On la porte alors vers la tête de

E. THIERRY. Vaches laitières. 14.

la mère qui la lèche ; et pour l'exciter à cette opération, véritable massage, on épand une poignée de son
ou de sel sur le veau. Quand il est bien léché, essuyé
d'un côté, on le retourne et la mère continue ses soins.
Au bout d'un temps relativement court, ne dépassant
pas une demi-heure en général, le veau cherche à se

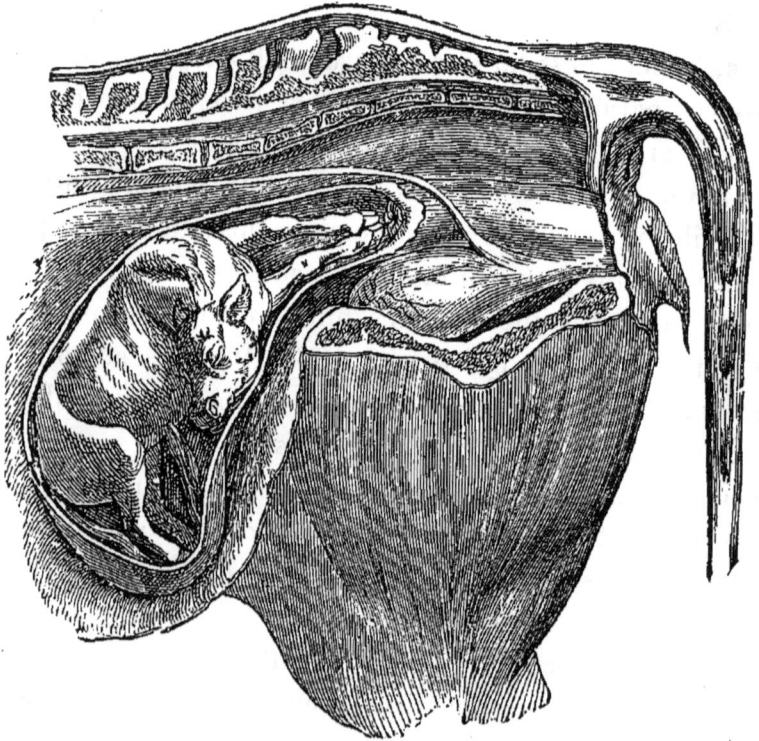

Fig. 50. — Présentation antérieure avec tête déviée à gauche.

mettre debout. C'est alors qu'on le dirige vers la mamelle s'il doit téter sa mère. Dans le cas contraire, on
le fait boire du lait tiré à sa mère. Mais nous reviendrons sur cette question en étudiant l'allaitement.

Par je ne sais quel préjugé que rien n'explique, on

a l'habitude fâcheuse, dans beaucoup de localités, de mettre dans la bouche du veau une poignée de sel marin, vénéneux à cette dose, ou un œuf entier que l'on casse en l'introduisant dans la cavité, de telle sorte que le petit animal avale même la coquille. A quoi bon ? C'est au moins inutile et cela peut être dangereux.

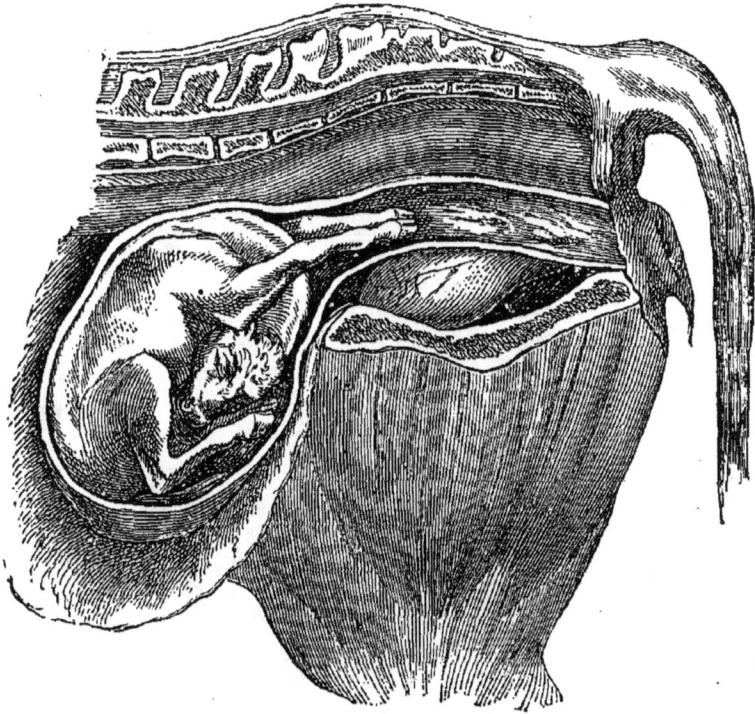

Fig. 51. — Présentation antérieure avec la tête pliée en dessous.

Mais le part ne s'effectue pas toujours aussi simplement que nous venons de le dire. Toutefois, quand la présentation est antérieure, le travail se fait en plus ou moins de temps, sans qu'il soit, si ce n'est très rarement, nécessaire d'intervenir.

Dans la présentation antérieure, il peut arriver que
l'un ou même les deux membres restent en arrière, et
que la tête seule arrive au passage. S'il n'y a qu'un
membre avec la tête, il faut, avant tout, n'exercer aucune traction sur le membre qui se présente. Il y a
lieu d'introduire la main et d'aller chercher l'autre
membre, généralement assez facile à amener.

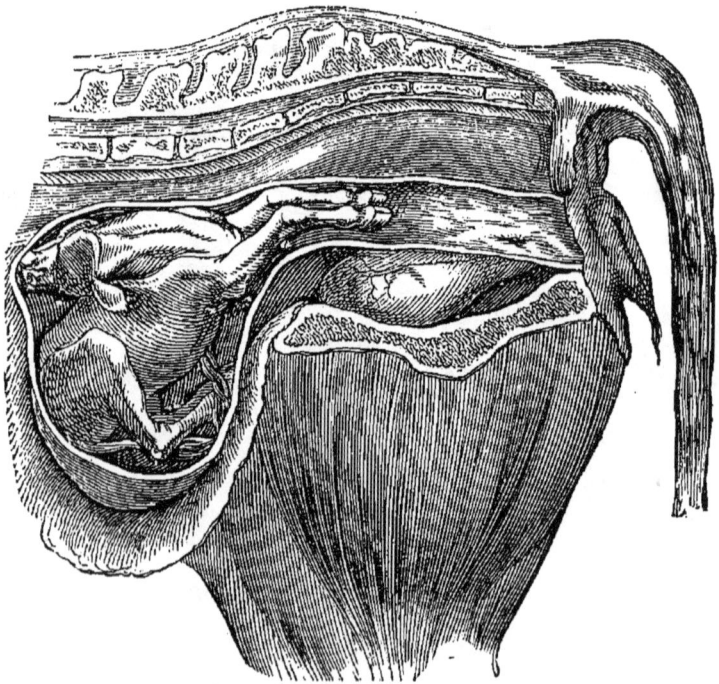

Fig. 52. — Présentation antérieure avec la tête repliée en dessus.

Quand la tête vient seule, il faut le plus souvent la
refouler pour aller successivement chercher les
membres retardataires.

D'autres fois enfin, les deux membres se montrent
sans la tête, qui est repliée sur l'encolure jusque sur

l'une des épaules (fig. 50) ou entre les membres antérieurs jusque sous l'abdomen (fig. 51). La tête peut encore être repliée sur le dos avec l'encolure en extension forcée extrême (fig. 52). C'est surtout dans ce cas, qu'il faut à tout prix éviter les tractions sur les membres du veau. On risque, en tirant, de tout perdre, la

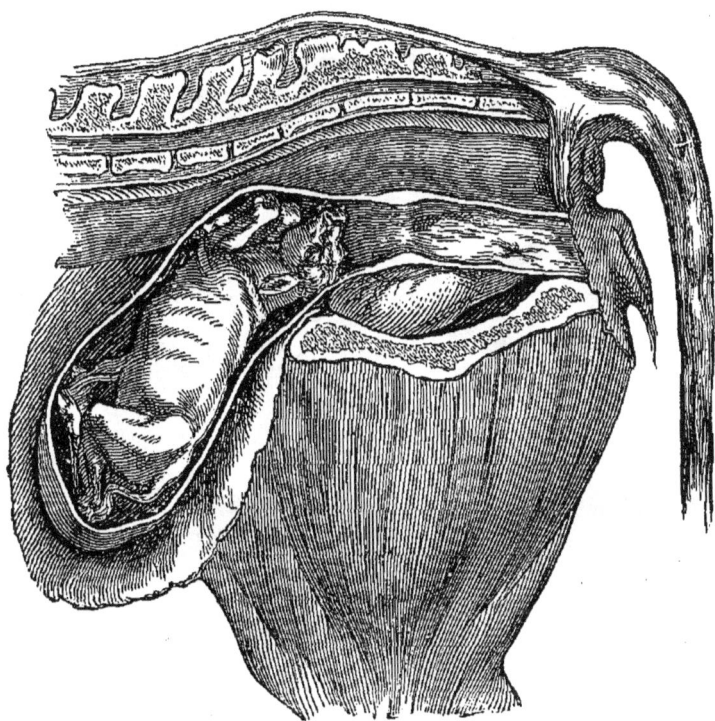

Fig. 53. — Présentation antérieure avec position dorsale vertébro-pubienne.

mère et le petit. Il faut alors fixer les membres à des lacs, pour les retrouver à volonté, et par d'habiles manipulations, mettre la tête en bonne position. Il arrive aussi que la présentation soit antérieure, le veau venant sur le dos (fig. 53). Mais généralement dans ce

cas il y a une torsion incomplète de l'utérus, demi-
torsion en général et il ne faudrait pas s'exposer à
amener le veau sans s'être bien assuré de l'état de la
matrice et du vagin.

Il arrive encore assez souvent, surtout lorsqu'il s'agit
de génisses de race peu précoce, à gros squelette, que

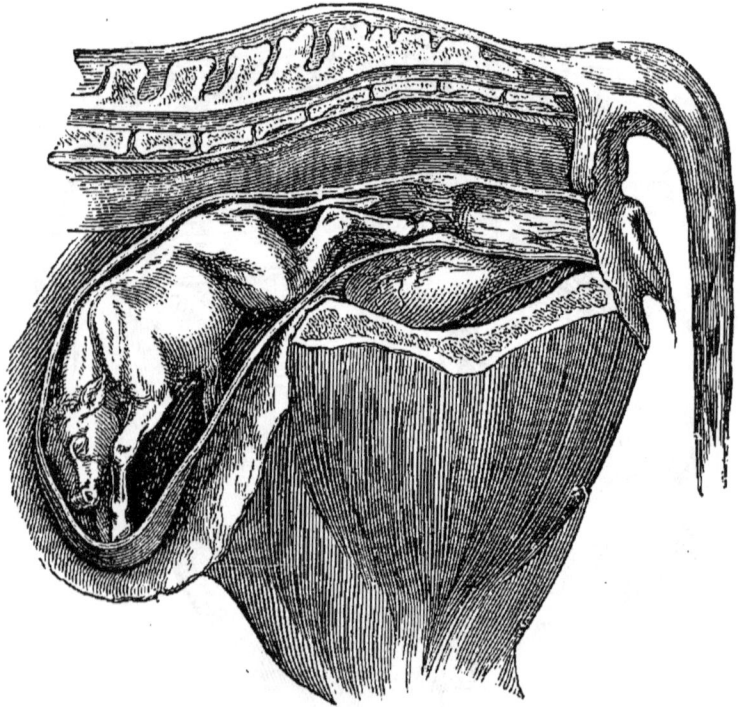

Fig. 54. — Présentation postérieure avec position lombo-sacrée.

le veau sorte jusqu'aux lombes et qu'ensuite le travail
reste stationnaire. Dans ce cas, ce sont les deux articulations fémoro-tibio-rotuliennes, toujours très volumineuses chez les jeunes, qui s'opposent au passage.
Elles se trouvent en quelque sorte accrochées au
bord antérieur de la symphyse pubienne. On remédie

à cet accident par des tractions modérées et méthodiques aidées d'un mouvement alternatif de haut en
bas et d'un côté à l'autre imprimé au petit.

Le veau se présente quelquefois par les pieds postérieurs (fig. 54). Cette présentation est facile à reconnaître en ce que c'est toujours la face plantaire qui se

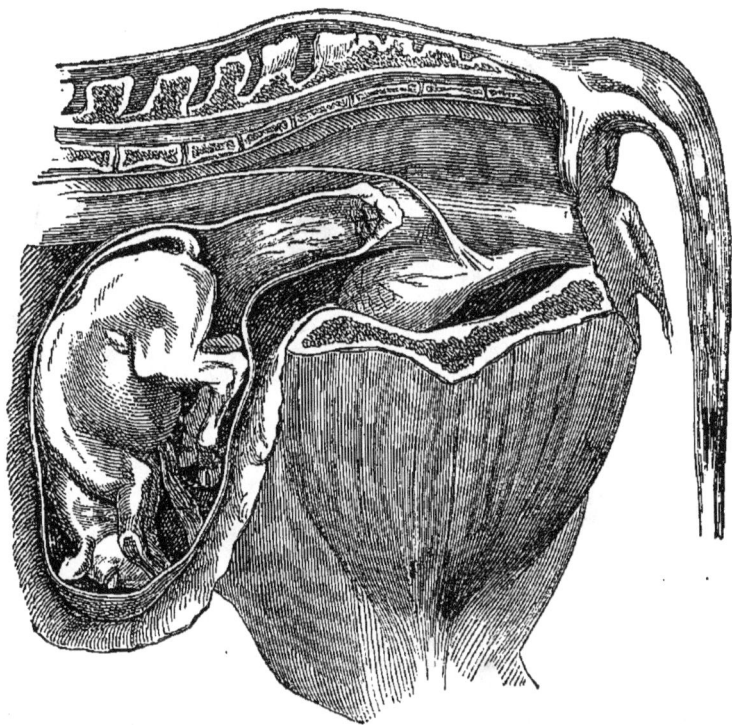

Fig. 55. — Présentation postérieure avec jarrets fléchis et arc-boutant.

montre au lieu de la face antérieure des sabots. Dans la
présentation par le derrière, la parturition n'est pas plus
laborieuse que dans la présentation antérieure. Toutefois, elle doit être rapide sous peine de laisser le fœtus mourir par asphyxie avant son expulsion.

Dans la présentation postérieure, il arrive quelquefois que les deux pieds viennent bien et que le travail
n'avance pas. C'est que la queue se trouve relevée sur
la croupe. Il faut donc toujours s'assurer si cet appendice est bien à sa place.

L'un des membres peut être replié sous l'abdomen

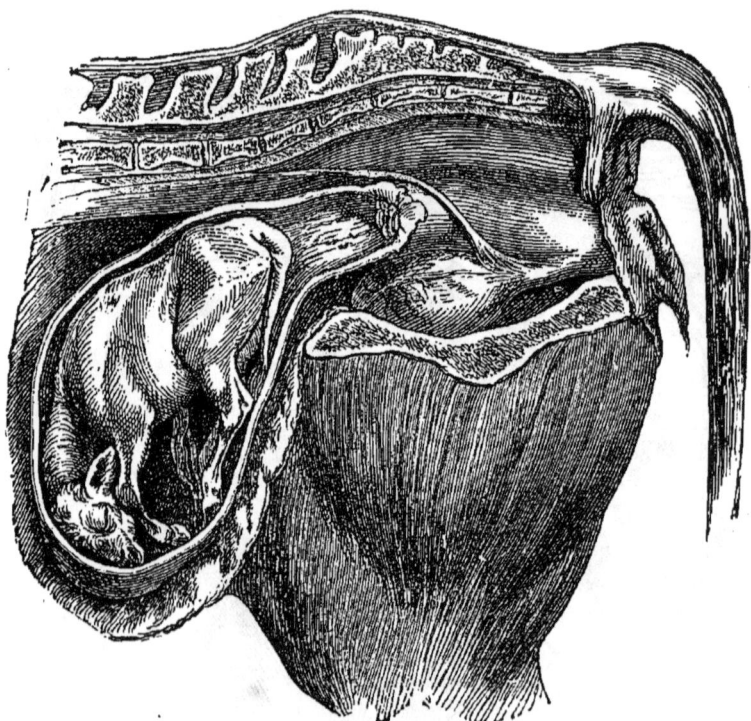

Fɪɢ. 56. — Présentation postérieure avec membres postérieurs complètement
restés en avant.

du fœtus. Ici encore, il ne faut pas tirer sur le membre
apparent, mais aller dégager le membre en retard. La
queue et les fesses apparaissent seules et les deux
membres restent en arrière (fig. 55 et 56). Il faut les
amener successivement. Mais c'est toujours plus difficile

que lorsqu'il s'agit des membres antérieurs. Quand, dans la présentation postérieure (fig. 57), le veau vient sur le dos, il y a là encore une torsion plus ou moins complète qu'il importe de vérifier pour ne pas s'exposer à déchirer la matrice toujours très friable.

Toutes les fois que la gestation est gémellaire, l'un

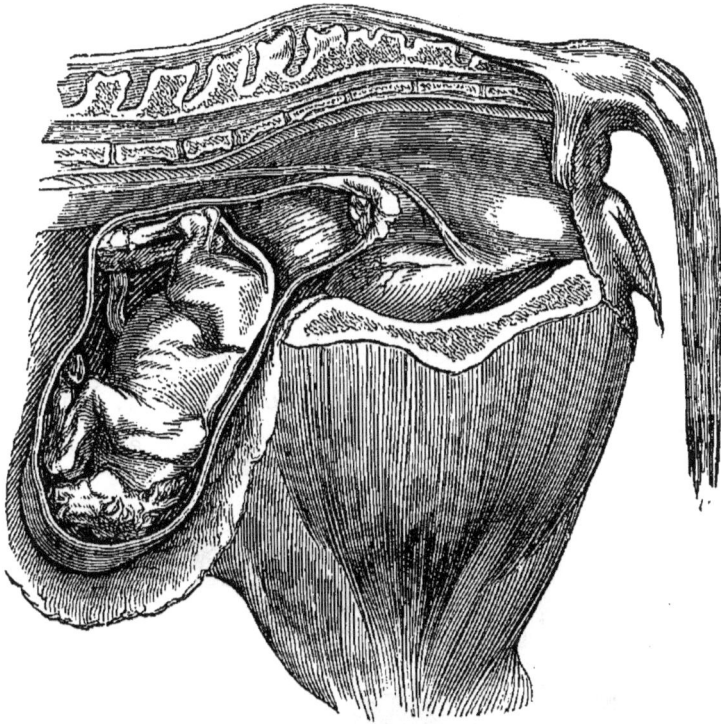

Fig. 57. — Présentation postérieure avec position dorso lombo-pubienne.

des veaux se présente par le devant et l'autre par le derrière. Je ne les ai jamais vus se présenter tous deux de la même façon. La parturition n'est pas plus laborieuse en général que dans la gestation simple. Cependant il peut arriver qu'avec une tête il se présente trois pieds. Il faut dans ce cas explorer avec le plus grand soin pour ne pas s'exposer à des complications graves.

E. THIERRY. Vaches laitières. 15

Enfin, il y a ce que l'on appelle des présentations transversales, le fœtus se présentant par le dos (fig. 58) ou par le ventre. Dans le premier cas il est facile de s'as-

Fɪɢ. 58. — Présentation transversale du dos.

surer de l'état des choses. Mais ce n'est qu'avec mille peines qu'on vient à bout de l'accouchement. Dans le second cas, il peut, sans la tête, se présenter trois ou

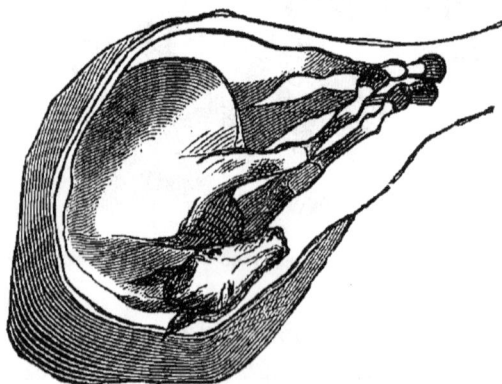

Fɪɢ. 59. — Présentation des quatre membres et de la tête transversale.

quatre membres (fig. 59). Il faut encore ici explorer avec une grande attention avant de tenter d'amener le veau heureusement.

Le travail de la parturition peut commencer, puis
se ralentir sans qu'on ait rien vu au passage. Ou bien
il y a une contraction spasmodique du col utérin, ou
bien il y a une torsion du vagin et du corps de l'utérus
(fig. 60). Dans les deux cas, comme dans la plupart des

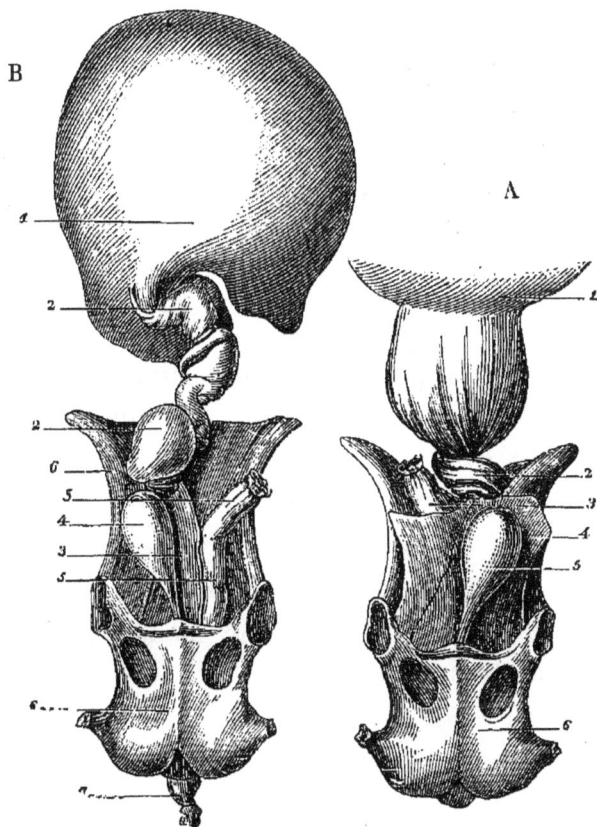

Fig. 60. — Torsion de l'utérus, d'après Gurlt.

A. Torsion simple : 1, utérus ; 2, point de la torsion ; 3, rectum ;
4, vessie ; 5, paroi abdominale ; 6, bassin.
B. Torsion multiple : 1, utérus ; 2, 2, point de la torsion funiculaire ;
3, vagin ; 4, vessie ; 5, rectum ; 6, bassin.

cas difficiles dont nous venons de parler, le plus sage, le
plus simple, le plus économique est d'appeler le vétérinaire et de ne toucher à rien avant son arrivée. Nous

avons souvent eu des insuccès, dans des cas de dys-
tocie, dus à des manœuvres intempestives tentées par
des accoucheurs d'occasion ou par des empiriques
inexpérimentés.

On rencontre de vieilles vaches ou des vaches mal
soignées, mal nourries, maigres, qui manquent de
forces pour mettre bas. Il y a là indication de tonifier
la parturiente par l'administration de boissons stimu-
lantes : vin, cidre, bière, eau-de-vie. Il faut éviter de
donner ces breuvages excitants à de jeunes bêtes dont
les efforts expulsifs sont, le plus ordinairement, trop
violents.

Après le part normal, et surtout après une parturition laborieuse, la première indication consiste dans
la diète sévère pour la mère, à laquelle on ne donnera,
pendant deux ou trois jours, que des boissons
blanches et tièdes. On ne devra ensuite donner des
aliments solides qu'avec la plus grande réserve et peu
à peu. C'est une erreur grossière de croire qu'une
vache n'aura pas de lait si on ne la nourrit en abondance immédiatement après le part.

VII. — DÉLIVRANCE.

Quand le veau est né, tout n'est pas fini, il reste les
enveloppes fœtales à expulser, c'est-à-dire la délivrance
à effectuer. En raison de la multiplicité des placenta
de la vache attachés aux cotylédons utérins, la délivrance n'est jamais aussi rapide que chez les autres
femelles domestiques. Il est rare même, dans les par-
turitions ordinaires, que le délivre suive immédiate-

ment le jeune sujet. Généralement c'est au bout d'une ou deux heures que la vache expulse les enveloppes fœtales par des efforts, moins violents peut-être que ceux nécessaires à la mise-bas. Aussitôt sorties, ces membranes sont rapidement envahies par la putréfaction, il y a donc lieu de les éloigner promptement de l'étable, de les enfouir dans le fumier en les arrosant d'eau additionnée d'au moins 10 0/0 d'acide sulfurique du commerce. Ce sont elles qui, en séjournant dans la vacherie, peuvent, selon nous, provoquer l'apparition de l'avortement épizootique.

Quand, au bout de 12 ou 24 heures, la délivrance ne s'est pas effectuée, il faut intervenir. Le plus sage, encore dans ce cas, est d'appeler le vétérinaire. Mais en attendant son arrivée il sera bon de faire, à l'aide d'une forte seringue, des injections d'eau tiède vineuse additionnée de 4 à 5 grammes par litre d'acide phénique. On peut aussi administrer à la dose de 45 à 60, 80 grammes au plus, dans les 24 heures et en deux fois, dans un peu de vin chaud, de cidre ou de bière, la teinture utérine de Caramija. L'excipient le meilleur de ce médicament est le vin blanc tiède. Nous nous sommes souvent très bien trouvé de l'emploi de cet agent dans les cas de non-délivrance.

VIII. — ACCIDENTS ET MALADIES CONSÉCUTIFS A LA PARTURITION.

On ne saurait trop recommander aux propriétaires de tenir très proprement les vaches en parturition, de les mettre à l'abri du froid et des courants d'air qui peuvent amener des réactions fébriles graves et parfois mortelles.

Il est un accident très sérieux de parturition, qui se manifeste sans signes précurseurs et contre lequel il est nécessaire d'être toujours en garde. Nous voulons parler du *renversement de l'utérus*. Cet accident se produit généralement au moment où la vache fait le dernier effort expulsif qui doit mettre le veau complètement dehors de l'utérus, ou pendant les efforts nécessaires à l'expulsion des enveloppes. Le vétérinaire seul peut remédier à cet accident[1]. Mais en attendant qu'il soit arrivé, il y a quelques précautions indispensables : mettre la matrice à l'abri des chocs et des froissements par la litière ou autres corps. Pour cela, il n'y a qu'à envelopper complètement l'organe hernié dans une nappe bien propre et trempée, préalablement, dans de l'eau tiède phéniquée. Mais comme la vache fait des efforts expulsifs, parfois effrayants, il y a lieu de les calmer par l'administration d'une certaine dose d'alcool, 100 à 125 grammes de bonne eau-de-vie par exemple dans une infusion de feuilles d'oranger ou même dans une bouteille de vin blanc. Si cette dose ne suffit pas à amener une certaine torpeur par ivresse, on peut la renouveler au bout d'une heure ou deux heures. On peut se contenter de donner, à un quart d'heure ou une demi-heure d'intervalle, trois ou quatre bouteilles de vin blanc ou toute autre boisson alcoolique.

---

1. Voyez Signol, *Aide-mémoire du Vétérinaire, médecine, chirurgie, obstétrique,* police sanitaire, 1894, page 432.

Dans les deux jours, qui suivent le part, même le part le plus naturel, sans aucune complication, la vache peut être affectée d'une maladie fort grave, très souvent mortelle, à siège mal déterminé, de nature peu connue, la *fièvre vitulaire*.

Tout à coup, sans signes prémonitoires, au moins pour les gens chargés des soins de la parturiente, la bête qui paraissait gaie, s'intéresser à son veau, avoir bon appétit, en même temps qu'elle avait beaucoup de lait, refuse tout aliment, devient triste et se couche pour ne plus se relever. La mamelle se flétrit, le lait ayant disparu comme par enchantement. Le coucher est caractéristique, sterno-costal, avec la tête fichée perpendiculairement au sol, le nez enfoui dans la litière. Un frisson général, de longue durée et très fort, se manifeste ; la conjonctive devient rouge vif. Il y a une fièvre intense.

C'est encore au vétérinaire qu'il faut recourir en hâte. En attendant, on fera sur tout le corps des frictions sinapisées et on couvrira la bête pour entretenir la chaleur et pousser aux sécrétions cutanées. Le vétérinaire fera le reste.

Les praticiens, nous devons le dire, qui ne sont pas d'accord sur l'essence même de la maladie, ne le sont guère plus sur le traitement à employer. Les uns disent avoir guéri avec la réfrigération générale, d'autres avec les révulsifs, d'autres enfin, et nous sommes du nombre, par une saignée générale abondante et les révulsifs.

Nous dirons quelques mots de l'avortement en parlant des principales maladies de la vache laitière. Disons seulement que la vache qui avorte doit être soignée comme la vache qui a accouché à terme.

IX. — SOINS A DONNER AU VEAU.

Si l'on doit redouter les accidents survenus à la mère pendant ou après le part, il ne faut pas non plus négliger les soins à donner au veau. Celui-ci souffre toujours plus ou moins pendant la mise-bas. Il naît plus ou moins robuste, plus ou moins vigoureux. Dans ce cas il n'y a qu'à attendre les efforts de la nature dont les effets se manifestent peu de temps après la naissance. On peut même, comme le conseille M. A. Marlot, sustenter le petit sujet trop long à se mettre debout ou trop faible pour le faire, en lui donnant de temps à autre une cuillerée à bouche de bon vin rouge ou blanc coupé d'eau d'orge miellée. Puis, dès qu'il paraît plus vigoureux, on le met au lait maternel.

Mais, après un part prolongé, le veau peut naître dans un état de mort apparente. On doit tenter de le rappeler à la vie par l'insufflation de l'air dans la bouche ; ce dont s'acquitte très bien le vacher en le faisant avec sa bouche. On peut aussi recourir aux insufflations lentes à l'aide d'un soufflet à feu. On aide l'effet de l'opération par des compressions méthodiques du thorax, sur la région costale.

Enfin on peut recourir à un moyen conseillé par M. le docteur Laborde et employé avec succès, la traction rythmée de la langue. Cette opération agit par action réflexe en provoquant des hoquets d'abord passifs et devenant bientôt spontanés. La respiration, ainsi provoquée, est d'abord très vite et devient bientôt régulière. Le procédé Laborde consiste à ouvrir la bouche du veau, à tirer fortement la langue au dehors et à lui faire exécuter, par des tractions graduées et de plus en plus fortes, des mouvements alternatifs de va et vient. Nous avons eu recours à cette pratique, qui a parfaitement réussi sur l'agneau.

Il nous paraît toujours nécessaire de s'occuper, après la naissance, du cordon ombilical auquel les vachers et même des propriétaires ne font pas assez attention. Nous avons souvent constaté des inflammations purulentes, voire gangréneuses et mortelles qui eussent été évitées si le cordon eût été coupé à deux ou trois centimètres de l'ombilic, puis lavé avec de l'eau phéniquée ou crésylée et saupoudré ensuite avec de l'acide borique, du plâtre coaltaré, ou simplement avec de la poudre de charbon ou de la suie de cheminée.

CHAPITRE XIV

ÉLEVAGE

L'élevage commence dès que le petit a vu le jour. Il doit être alimenté et recevoir des soins particuliers, dont, en général, on n'a pas assez souci, surtout dans la petite culture. On est trop enclin à considérer comme perdu le lait consommé par le veau; et, avant qu'il soit temps, on le soumet à une alimentation dont les influences fâcheuses se répercutent sur son développement et sur celui de ses descendants. C'est pourtant des soins et de l'alimentation donnés au veau que dépendent la production fructueuse et l'avenir des familles et des races bovines.

Quel que soit le mode d'exploitation des bovidés, qu'on fasse l'élevage des reproducteurs ou celui des veaux de boucherie, qu'on exploite la vache pour son lait, l'éleveur a tout avantage, et n'a que des avantages, à bien soigner et à bien nourrir les veaux. Le seul aliment qui convienne à ces jeunes animaux c'est le lait maternel. Mais il y a plusieurs modes d'alimentation que nous devons examiner; car l'allaitement peut être fait en laissant le veau teter sa mère, ou en lui donnant le lait de celle-ci dans des vases spéciaux: seau, baquet, biberon.

Que le jeune tette ou boive, après qu'il a été extrait du pis, le lait de sa mère, c'est toujours l'allaitement naturel. Mais si, en même temps que le lait de la mère servi avec plus ou moins de parcimonie, on donne au veau d'autres substances alibiles; ou si même on le prive absolument de ce lait, on pratique l'allaitement artificiel.

I. — ALLAITEMENT NATUREL.

Aussitôt que le petit animal peut se tenir debout, et même si, pour une cause quelconque, il ne peut se lever, on doit donner au veau le premier lait sécrété par les mamelles de la mère. Ce premier lait, appelé *colostrum*, a des propriétés particulières. Il est laxatif et favorise l'expulsion du *meconium*, véritables excréments accumulés pendant la vie fœtale dans l'intestin du petit. Il n'est pas rare d'ailleurs de rencontrer des veaux atteints de constipation et souffrant de la non-expulsion du meconium. Dans ce cas, on aide l'action du colostrum par quelques lavements à la glycérine ou à l'huile à manger ordinaire.

Le colostrum diffère du lait proprement dit par un excès de caséine, l'absence de lactose et de sels et par une moindre quantité de beurre et d'eau.

Si donc le jeune sujet doit teter sa mère, on l'approche de la mamelle et on lui place dans la bouche, non sans peine quelquefois, la tetine qu'il suce bientôt. On continue à le faire teter chaque jour quatre fois ou au moins trois fois, à des heures régulières. Dès le lendemain ou, au plus tard, le surlendemain de sa naissance, le veau se dirige seul vers le pis de sa mère et tette à satiété. Il faut, qu'après chaque *tetée,* le petit animal soit bien rassasié. Aucun autre aliment ne saurait remplacer le lait maternel.

Dans les huit ou dix premiers jours, le veau laisse généralement un peu de lait dans la mamelle. Il faut, après son repas, traire ce lait qui, dès le cinquième jour environ, est devenu normal et peut être utilisé dans le ménage.

A mesure de sa croissance, si la vache n'est pas bonne laitière, le veau peut ne plus trouver assez de lait dans le pis de sa mère. C'est alors qu'on peut recourir à l'allaitement artificiel ; car il faut avant tout que le jeune soit alimenté à regorger. Mais ce qui vaut mieux encore, c'est de le faire teter une seconde vache. Il ne faut jamais que le veau souffre de la faim. Chaque jour il doit augmenter de poids ; ce qu'il est facile d'apprécier par des pesées faites tous les trois ou quatre jours.

L'action de faire teter la mère par le petit a bien
quelques inconvénients quand ils vivent l'un près de
l'autre ; c'est que le sevrage est rendu beaucoup plus
difficile. C'est pourquoi nous ne sommes pas hostiles à
l'habitude prise généralement aujourd'hui de faire
boire les veaux au baquet ou au biberon. C'est ce procédé qu'on appelle encore *allaitement mixte.*

Nous l'avons dit, le veau peut être nourri avec le
lait de sa mère préalablement trait et mis, tiède, dans
un baquet, dans un seau ou dans un biberon. Disons
d'abord qu'il n'est pas bien difficile d'habituer un
veau à boire. Il suffit de mettre un doigt dans le seau
rempli de lait, le veau suce le doigt d'abord ; puis, au
bout de peu de temps, il boit seul. Le nombre
des repas, dans ce mode d'élevage, sera encore de
trois au moins et mieux de quatre.

Le baquet a de grands inconvénients, quand il est en
bois. C'est que le nettoyage en est difficile et qu'il n'est
jamais parfait. Quelque soin que l'on prenne, le lavage
fût-il fait à la brosse, il est impossible de le nettoyer
convenablement et de faire disparaître les éléments
organiques qui s'infiltrent entre les douves. C'est ainsi
que notre confrère et excellent ami Biot, de Pont-sur-
Yonne, a constaté la transmission de la tuberculose à
des veaux par des baquets dans lesquels on leur servait
le lait. Nous préférons de beaucoup le seau en fer-blanc
ou en zinc dont le nettoyage est commode et sûr.

Mais baquet et seau ne valent pas les biberons assez
intelligemment construits pour qu'il soit possible de
les tenir dans un état constant d'extrême propreté.
Les baquets et les seaux, comme le fait remarquer
avec raison M. A. Eloire, sont largement ouverts à

toutes les impuretés de l'atmosphère de l'étable, du corps de la vache, des mains du trayeur et du récipient lui-même plus ou moins propre. Le veau boit, trop souvent du reste, en souillant toute la partie inférieure de sa tête du lait qui imprègne les poils en fixant les poussières et les impuretés. Ce lait rancit, irrite la peau qui se dénude. C'est un des moindres inconvénients. « A la buvée suivante, toutes les impuretés fixées sur cette région baignent dans le liquide, s'y

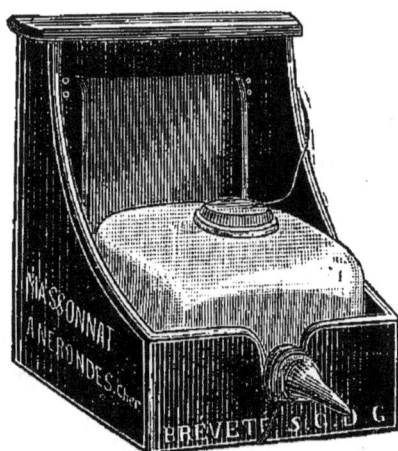

FIG. 61. — Biberon Massonnat de Nérondes.

délayent et le corrompent davantage. Toutes ces infractions aux lois physiologiques s'escomptent pour l'élevage par des maladies et par la mortalité. » (A. Eloire.)

Nous ne connaissons jusqu'ici aucun appareil qui soit aussi ingénieux, aussi simple et aussi commode que le biberon Massonat (fig. 61). Il se compose d'une bouteille applatie de dessus en dessous, de la capacité moyenne de 4 à 5 litres, en verre, en faïence ou en fer battu. Les deux premières substances valent mieux

que le fer battu qui finit toujours par s'oxyder. Cette
bouteille porte, à sa face supérieure, une ouverture
assez large pour passer la main d'un homme et faciliter le nettoyage. Cette ouverture est fermée par un
couvercle en bois qui s'y engage un peu. Sur la face
antérieure de la bouteille, se trouve un goulot que
l'on ferme avec une cheville en bois. C'est à ce goulot
qu'au moment de la *tetée* on fixe, par une petite courroie, une tetine de caoutchouc qui rappelle par ses
dimensions le trayon de la vache. Le tout est placé
dans un coffre suspendu à un mur de l'étable ou de la
boxe du veau. Après le repas, on enlève la bouteille
qui est nettoyée aussitôt à l'eau chaude. Nous ne pouvons entrer dans plus de détails; aussi bien l'habitude
et le bon sens ont bientôt fait d'apprendre à faire teter
les veaux à la mamelle ou au biberon et à les faire
boire au baquet.

Y a-t-il une quantité fixe de lait à donner chaque
jour à un veau? Tous les veaux ne pèsent pas le même
poids à la naissance. Ce poids peut varier de 18 à 40
et 50 kilogrammes. Les auteurs, qui se sont occupés de
la question, ne l'ont pas tranchée de la même manière. Tandis que les uns estiment que le veau doit
consommer un tiers environ de son poids, d'autres ne
lui accordent qu'un cinquième. Enfin des praticiens
jugent que 10 litres de lait produisent, chez le veau,
une augmentation de poids vif de 1 kilogramme. Il
n'est pas non plus facile de préjuger quel devra être
l'accroissement journalier qui est très variable avec les
races comme avec les individus. Un veau de race Durham pesant 30 kilogrammes à sa naissance, comparé
à un veau Schwitz en pesant 50, dépassera celui-ci en

quelques mois. Mais en moyenne on peut estimer que l'augmentation journalière de poids pour un veau bien soigné et nourri à satiété varie entre 800, 1,000 et 1,100 grammes au plus.

Les veaux sont destinés à l'élevage jusqu'à l'âge adulte ou à la boucherie. Dans le premier cas il n'y a pas d'inconvénient sérieux à ce qu'ils broutent quelques bribes de matières alimentaires qui se trouvent à leur portée. Mais dans le second cas, il faut de toute nécessité que le petit sujet vive exclusivement de lait. Tout autre aliment, riz, farines diverses, produits industriels spéciaux, font perdre de la qualité à la viande qui devient plus ou moins rouge et se trouve, *ipso facto,* moins appréciée du consommateur. Le seul moyen vraiment efficace d'empêcher le veau de brouter, c'est de lui mettre une muselière, c'est-à-dire un panier en osier, fixé sur la tête par une courroie et embrassant toute l'extrémité inférieure de la tête.

II. — ALLAITEMENT ARTIFICIEL.

De toutes les pratiques de l'élevage et de l'alimentation des jeunes, nulle n'est aussi défectueuse que l'allaitement artificiel. Quoi que disent certains auteurs, allemands surtout, nous avons peine à croire que les veaux allaités artificiellement vaillent ceux qui n'ont eu, jusqu'au sevrage, que le lait de leurs mères.

Quand on a l'intention de recourir à l'allaitement artificiel, il faut avant tout que le veau ne tette pas sa mère. Mais il ne doit avoir d'autre nourriture, pendant au moins quinze jours, que ce lait même qui lui sera

donné au baquet ou au biberon. D'autres substances
mélangées au lait et données avant cette époque peuvent produire des inflammations mortelles de l'estomac
et de l'intestin.

Il est une autre considération, qui n'a pas moins
d'importance, c'est que les substances alimentaires
données au veau devront avoir une composition chimique se rapprochant le plus possible de celle du lait
et ayant, comme lui, une relation nutritive étroite de $\frac{1}{2}$
ou très proche.

Si, comme dans certaines contrées, on fait usage,
pour l'allaitement artificiel, de lait écrémé, il faut rendre au lait sa matière grasse qu'on trouvera dans la
graine de lin, par exemple, dans les tourteaux qui fourniront en outre les sels indispensables. Si le liquide
employé est l'eau, une infusion, une dissolution, on
devra y ajouter, avec la graisse, les principes rempla-
çant le sucre, tels que les féculents et au besoin aussi
des albuminoïdes.

Moins encore que l'alimentation des adultes, celle
du veau ne permet les à-coup. Ce ne sera donc que
progressivement, lentement que pourra se faire la
substitution d'autres substances au lait.

Plus que pour l'allaitement naturel il est nécessaire
que les repas soient réguliers. L'allaitement artificiel
ne peut être confié qu'à une personne d'une extrême
propreté, très soigneuse et surtout très obéissante aux
ordres d'un maître intelligent. Il ne faut jamais dévier
de la ligne tracée par les prescriptions. Certaines substances seront délayées à chaud, d'autres à froid et
ramenées ensuite à une température uniforme; car il
y a danger réel à donner aux jeunes des aliments ayant

moins de 28° ou 30° centigrades. Ces indications seront exécutées à la lettre.

Parmi les aliments donnés au veau, se trouvent le
lait écrémé. Celui-ci devra toujours être employé
frais, sortant de l'écrémeuse mécanique. Tout autre
lait écrémé peut être acide et renfermer des microbes
pathogènes, par conséquent dangereux.

On a essayé de remplacer les matières grasses, dans
le lait écrémé, par des graisses animales, suif, saindoux
et aussi par l'addition d'huiles diverses. Il nous paraît
plus simple de délayer des tourteaux oléagineux parfaitement pulvérisés. Toutefois la bouillie de tourteau
doit être donnée avec mesure. Il ne faut pas dépasser
la dose quotidienne, servie en trois repas, de 500 à
600 grammes.

La farine de graine de lin est avantageusement employée aussi pour donner la graisse qui manque au
lait écrémé. 5 litres de farine peuvent donner 30 litres
de bouillie. On peut, au lieu de la farine, employer
la décoction de graine de lin qui est elle-même très
nutritive. On l'obtient en faisant bouillir environ
1 litre de cette substance dans 20 litres d'eau. L'ébullition doit durer 15 à 20 minutes.

Un liquide excellent pour préparer les repas des
veaux est fourni par l'infusion de bon foin de pré,
c'est le *thé de foin*, dans lequel on délaye des substances farineuses. L'eau de riz n'est pas moins bonne
que l'infusion de foin. Elle est même plus nutritive.
Avec 500 grammes de riz on fait 20 litres de liquide
alimentaire, un peu pauvre en azote qu'on trouvera
dans un tourteau.

Sous les noms de *lactina* et autres il se vend une

foule de substances pulvérulentes qui ne nous inspirent qu'une confiance médiocre.

Quel que soit l'aliment que l'on veuille substituer au lait, le remplacement se fera lentement. Pendant les quatre ou cinq premiers jours, on ne mélangera au lait qu'un dixième de la ration nécessaire; puis on augmentera progressivement la dose de ces substances en diminuant dans la même proportion celle du lait, de façon que la substitution soit complète au bout de vingt à vingt-cinq jours. On s'expose à des mécomptes en voulant aller trop vite dans l'allaitement artificiel et au lieu de profits on enregistre des pertes sèches.

En résumé, y a-t-il des avantages et peu d'inconvénients à pratiquer l'allaitement artificiel ? Nous n'hésitons pas à affirmer que ce procédé est, en général, peu avantageux et qu'il présente, outre de grands inconvénients, quelque danger. En tout cas il est moins bon que l'allaitement naturel pour le jeune. Aussi bien les praticiens sont loin d'être d'accord, et je ne crois pas qu'il soit possible de trouver, parmi eux, une majorité en faveur de l'allaitement artificiel. On ne saurait non plus soutenir avec certitude que ce dernier soit plus économique que l'allaitement naturel. Comme le conseille M. L. Léouzon, l'opinion de l'éleveur le guidera seul dans son choix entre les deux méthodes.

III. — SEVRAGE.

Le sevrage est toujours très facile pour les jeunes élevés au biberon ou au baquet. Il n'en est pas de même pour ceux qui ont teté leur mère.

Avant d'étudier cette importante partie de l'élevage, il nous paraît bon de poser la question de l'âge auquel doit commencer le sevrage. D'une manière générale, sous divers prétextes, on sèvre les veaux beaucoup trop tôt. C'est ainsi qu'on fait de mauvais veaux de boucherie toujours vendus bon marché, et qu'on ne fait aussi que de mauvais élèves ne pouvant être, dans l'avenir, que de très médiocres reproducteurs. Les veaux destinés à l'élevage complet seuls nous intéressent.

Il y a des caractères physiologiques précis qui déterminent mathématiquement l'âge du sevrage. Ces caractères sont fournis par l'évolution de la première molaire de seconde dentition. Or, cette dent ne se montre guère avant l'âge de 5 à 6 mois. C'est à cette époque seulement que le jeune sujet peut commencer à consommer utilement d'autres aliments que le lait.

Nous l'avons dit, l'opération du sevrage qui ne peut se faire définitivement en moins de quatre à cinq semaines, n'est rien moins que facile pour les veaux élevés à la mamelle. Aussi faut-il y mettre beaucoup de soin et de patience. Mais comme la petite bête n'a pas été muselée avec un panier, elle a déjà brouté quelques bribes de fourrage et d'autres aliments et son estomac est déjà un peu préparé à la nouvelle vie qui va commencer.

Si le veau tette trois fois par jour, on ne le laisse plus teter que deux fois, le matin et le soir, pendant six à huit jours. A midi il reçoit du lait tiède additionné d'eau tiède dans lesquels on a délayé des farines diverses, féveroles, lin, tourteau, riches en protéine, en matières ternaires et surtout en principes solubles dans l'éther. On peut encore mélanger du riz très cuit

assez appété des veaux. Au bout du délai prescrit le
veau ne tette plus que le soir, et on remplace le repas
du matin, comme celui de midi, par des buvées de plus
en plus épaisses. Enfin au bout de la troisième ou de
la quatrième semaine, on supprime complètement la
tétine et on commence à ajouter aux buvées quelques
aliments plus ligneux ou plus solides : foin haché, betteraves et autres racines cuites ou crues et coupées en
tranches très minces. Tout cela doit se faire très lentement, en ayant soin de bien surveiller les fonctions
intestinales dont les troubles se manifestent par de la
diarrhée, plus rarement par de la constipation. Il y a
quelquefois nécessité, dans ces
cas, de revenir au lait pur de
la mère donné au baquet ou
mieux au biberon.

Le sevrage peut même se
faire à l'aide du biberon Massonnat, modifié par M. A. Gouin
(fig. 62). Avec cet appareil,
mieux que dans celui déjà décrit, les matières farineuses ne
restent pas au fond et s'écou-
lent par la téterelle. Ce biberon
est, selon nous, le meilleur appareil de sevrage.

Pour les veaux qui suivent
leurs mères au pâturage, le sevrage s'effectue seul. Mais trop
souvent les jeunes animaux con-
servent la mauvaise habitude de teter longtemps leurs
mères ou d'autres bêtes même non laitières. On y

Fig. 62. — Biberon mural
Massonnat,
modifié par M. Gouin.

remédie en mettant au veau un licol dont la muserolle est garnie de pointes de clous qui, piquant la bête qu'il veut teter, obligent celle-ci à se défendre et à le chasser.

IV. — CASTRATION.

C'est pendant que le veau, dont on veut faire un bœuf, tette encore, en tout cas avant le sevrage, qu'il doit être châtré. Plus les veaux sont châtrés jeunes, moins ils souffrent et plus ils font de beaux bœufs. L'âge le plus favorable pour la castration est, selon nous, entre 8 et 15 jours.

L'opération très simple est exempte de dangers à cet âge. On peut châtrer le veau debout ou couché. Debout, s'il veut bien y rester, l'opérateur se place derrière l'animal maintenu par deux aides, un de chaque côté. Il saisit les bourses et fait, sur le côté gauche et en arrière, une incision assez longue de haut en bas comprenant du même coup de bistouri les trois enveloppes superficielles. Il n'y a aucun inconvénient à blesser la tunique propre ou le testicule lui-même. Aussitôt l'incision faite, le testicule et son cordon sortent des enveloppes sans traction. Avec des ciseaux on excise le cordon au niveau de la plaie cutanée. On en fait autant à droite. L'opération complète ne dure pas plus d'une minute. Il n'y a jamais, à cet âge, qu'une hémorragie insignifiante et pas dangereuse.

Si l'opération se fait sur l'animal couché elle est encore plus facile. On place le veau sur le côté gauche où il est maintenu par un aide tenant la tête et les membres antérieurs. Un autre aide, placé derrière le dos, tient le membre postérieur droit porté fortement en avant. L'opérateur, à genoux vers la région à opérer, maintient sous son genou droit le membre postérieur gauche. Il incise les enveloppes du testicule gauche, en avant et dans toute leur longueur, et comme précédemment il énuclée le testicule et son cordon qu'il excise de la même manière qu'en opérant debout. Il en fait autant sur le testicule droit et tout est terminé en une minute, non compris le temps de préparation.

Cependant, pour éviter les accidents infectieux, toujours possibles dans une étable, l'opérateur fera sagement de laver soigneusement la région, siège de l'opération, avec une solution tiède à 1 pour 1,000 de *sublimé corrosif* et de n'opérer qu'avec des instruments flambés. Puis une fois l'opération terminée, il fera lotionner les plaies à l'eau tiède phéniquée à 5 pour 1,000, ou avec une solution tiède à 2 pour 1,000 de *permanganate de potasse*. Ces lotions, renouvelées chaque jour deux fois au moins, seront continuées jusqu'à la cicatrisation qui n'est parfaite que vers le quinzième jour qui suit l'opération.

La castration des bovidés mâles plus âgés ou adultes ne nous paraît pas avoir d'intérêt dans cette étude de la vache laitière.

V. — Régime après le sevrage.

L'élevage, ou mieux le régime des jeunes bovidés après le sevrage, n'a véritablement d'intérêt que jusqu'à l'âge de dix-huit mois. A cette époque, en effet, les génisses sont déjà pleines ou vont le devenir, et elles commencent à suivre le régime des autres bêtes de l'étable tout en demandant une nourriture substantielle, riche en azote, avec une relation nutritive de $\frac{1}{3}$ à $\frac{1}{4}$ au plus.

Avant tout, même avant de commencer le sevrage, dans les exploitations où on se livre particulièrement à l'élevage des reproducteurs des deux sexes, il faut séparer les mâles des femelles. Cette pratique s'explique de soi, et elle doit toujours, si elle ne précède pas le sevrage, le suivre immédiatement.

Le régime des jeunes, à ce moment, n'a rien de particulier si les animaux sont dans les pâturages où ils se sont peu à peu habitués à l'herbe des prés qui a une relation nutritive se rapprochant très sensiblement de celle du lait. Mais, à l'arrière-saison, quand l'herbe devient rare et sèche, il faut ajouter quelques aliments concentrés ; et c'est facile si on les rentre le soir à l'étable. Dans tous les cas, le pâturage n'a plus sa raison d'être à l'automne et c'est alors qu'il faut nourrir ces jeunes sujets d'une façon appropriée aux besoins de leur organisme. Que les animaux vivent d'ordinaire au pâturage, qu'ils aient été nourris à l'étable, l'avenir des jeunes va dépendre de leur alimentation plus ou moins rationnelle. Mais dans tous les cas, il ne faut jamais laisser isolés les jeunes bovidés qui s'ennuient, mangent moins et sont ainsi retardés dans leur croissance.

Une première règle à suivre est celle de servir au moins quatre repas par jour en stimulant l'appétit le plus possible. Plus l'alimentation sera riche, régulière et fréquente, plus les jeunes animaux se développeront.

Il faut, pour être bons et beaux, qu'ils conservent toujours, comme on dit dans certaines contrées, « leur graisse de veau ». Il faut, comme le répète souvent M. A. Sanson, que la composition de la ration ne diffère que le moins possible des jeunes herbes, pour que cette ration ait à peu près la même relation nutritive et la même digestibilité absolue pour éviter tout retard dans le développement. On doit donc leur réserver le meilleur fourrage auquel on ajoute des racines cuites, des farineux, des tourteaux divers en une quantité suffisante pour subvenir à l'entretien et à l'accroissement. Le foin de pré, le foin de légumineuses ou le regain de ces fourrages, les betteraves ou une autre racine, les tourteaux quels qu'ils soient, le son de froment, la farine de fèves, les germes de malt, etc., seront employés avec avantage.

Mais, dira-t-on, peut-on fixer des quantités de ces substances alimentaires ? Évidemment non, puisque l'animal se développe et que chaque jour ses besoins sont plus grands que la veille, chaque jour sa taille, son volume et son poids dépassant ceux de la veille. L'essentiel est qu'ils soient nourris à satiété ; que l'accroissement soit régulier et constant. On s'en assure par la bascule. De même qu'on s'assure si les animaux ont trop ou pas assez, s'ils laissent des aliments dans leurs crèches, ou si, après le repas, ils demandent encore à manger. Nous pensons que les chiffres donnés par MM. A. Sanson et J. Crevat peuvent à peine servir d'indications générales.

On favorisera encore le développement des jeunes par les pansages scrupuleux et tous les soins d'hygiène précédemment décrits.

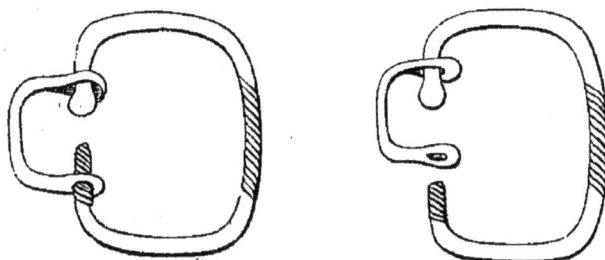

Fig. 63. — Anneau Rolland.

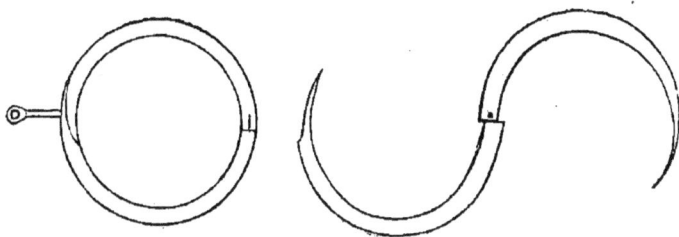

Fig. 64. — Anneau Rueff.

Après le premier hiver, les animaux retournent au
pâturage où ils trouvent l'alimenta-
tion favorable et ne demandent plus
de soins spéciaux.

Il est une opération qu'il convient
de pratiquer à ce moment sur les
jeunes mâles entiers. C'est celle du
bouclement. C'est, en effet, après le
premier hiver, quand les animaux
vont avoir un an, que l'instinct génésique va se développer. Il ne faut pas
attendre que les jeunes taureaux deviennent méchants pour les boucler,
c'est-à-dire pour leur passer un an-
neau à travers l'extrémité inférieure de la cloison

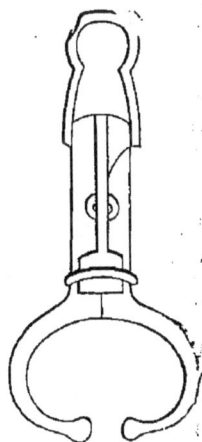

Fig. 65. —
Pince à curseur.

E. Thierry. Vaches laitières. 16

nasale. Il faut prévenir les accidents toujours trop
nombreux par incurie. Le bouclement est trop tardif
quand il les suit. Nous n'avons pas à recommander
ici un modèle d'anneau plutôt qu'un autre. Cependant
nous donnons la préférence, dans notre pratique, à
l'anneau Rolland (fig. 63) ou, en cas de nécessité, à
l'anneau Rueff (fig. 64). L'essentiel est qu'il y ait plaie
et, par conséquent, douleur qu'on renouvellera selon
la nécessité. Nous considérons que la simple mouchette (fig. 65), bonne pour un moment, ne peut jamais
remplacer l'anneau dont l'action et la puissance sont
plus grandes.

VI. — LE VACHER ET LA VACHÈRE.

Le succès de l'élevage dépend, pour une forte part,
de l'intelligence et de la bonne volonté des personnes
à qui sont confiés les jeunes animaux. Nous croyons
donc utile de dire quelques mots des qualités à rechercher chez ces personnes.

Les bovins sont soignés par des hommes ou par des
femmes. Dans les exploitations importantes, comptant
un grand nombre de têtes de vaches, la vacherie est
confiée à un vacher. Au contraire, dans les cultures
plus modestes, quand il n'y a pas plus de dix à douze
vaches, ces animaux sont soignés par des femmes.
D'une façon générale, quand la personne chargée de
la vacherie doit en même temps s'occuper de la laiterie, on préfère la femme. Mais on peut dire que les
animaux sont peut-être moins régulièrement soignés,

tenus moins proprement par une vachère que par un
vacher. Par contre, les bêtes ont plus de caresses,
plus de friandises par une femme que par un homme.

Il est certains accidents graves qui se présentent très
rarement dans les étables tenues par les vachers et qui
sont fréquents dans celles confiées à des femmes. Je
veux parler de la péricardite traumatique occasionnée
par la déglutition d'épingles, d'aiguilles tombées dans
le fourrage. L'homme ne porte guère ces petits outils
sur ses vêtements, tandis qu'on les rencontre sur ceux
de la femme et jusqu'à des aiguilles à tricoter placées
dans leurs cheveux.

Quel que soit le sexe de la personne chargée du soin
des vaches, elle doit avoir les qualités suivantes : il faut
avant tout qu'elle aime ses bêtes ; qu'elle soit d'une
extrême douceur et d'une excessive propreté. Enfin,
le vacher, ou la vachère, doit se soumettre absolument
aux ordres de son patron.

Rarement les femmes sont méchantes avec les animaux. Il n'en est pas de même des hommes et en particulier des vachers suisses. Quand on a l'expérience
de l'étable, qu'on a employé à ce service des français
et des suisses, on ne tarde pas à s'apercevoir que si
ces derniers sont plus prévoyants, plus exacts, plus
soigneux, moins paresseux que les vachers français,
en revanche ces derniers sont plus doux, frappent et
brutalisent moins les animaux.

Nous avons été, dans notre carrière vétérinaire,
souvent appelé à constater des accidents résultant de
la brutalité inouïe des vachers suisses exercée sur de
malheureux animaux. Nous avons connu des taureaux
très doux devenus, en quelques jours, très méchants

par suite des actes cruels commis sur eux par des vachers suisses. Jamais nous n'avons constaté les mêmes faits dans des étables tenues par des français ou par des femmes.

Nous sommes assez disposé à conclure que si, d'une manière générale, un vacher suisse fournit un meilleur travail qu'un français, les bénéfices sont moindres, en fin de compte, par suite des accidents dus à la brutalité du premier. Mais nous nous empressons de reconnaître qu'il y a d'heureuses et assez nombreuses exceptions.

CHAPITRE XV

ACHAT DE LA VACHE LAITIÈRE

La vache laitière est, en France, l'objet d'un commerce important. Il n'est pas de canton qui ne compte, dans certaines régions particulièrement, un certain nombre de marchands qui, tous, jouissent d'une aisance relative, indiquant qu'ils réalisent d'appréciables bénéfices.

Je n'ai pas la prétention de réhabiliter le marchand de bestiaux, le *maquignon* comme on dit, dans l'opinion publique. Mais je crois qu'on exagère singulièrement en disant que tous les marchands sont des *voleurs*. Je sais bien que tous ne sont pas d'une irréprochable loyauté dans les transactions. Mais si on

les observe de sang froid, avec impartialité, quand on
les entend vanter leur marchandise, en cacher les vices
ou les défauts, ne s'attachant qu'aux qualités plus ou
moins réelles ; quand on les compare aux autres négo-
ciants qui, eux aussi, font valoir leurs objets mis en
vente, on acquiert bientôt la conviction, qu'à chances
commerciales égales, le marchand de bestiaux est
infiniment moins voleur, moins « canaille » que l'épi-
cier, le mercier, le drapier, etc. Comme tous les marchands, quels qu'ils soient, le marchand de bestiaux
exploite son semblable. C'est le *struggle for life* et
voilà tout.

Si même on ajoute, aux alea commerciaux dont il
subit la loi commune, les chances de pertes plus nombreuses pour lui résultant de la nature même de la
marchandise, qui dépense quand elle reste en magasin,
qui se détériore et perd facilement de sa valeur, par
suite de maladies ou d'accidents multiples auxquels
elle est constamment exposée, on verra qu'en définitive,
en raison de ses avances, de ses frais, du crédit obligé,
il gagne moins et s'enrichit moins vite que d'autres
quand, même, il ne se ruine pas.

Néanmoins nous croyons ne pouvoir nous dispenser
de mettre l'acheteur en garde contre les « trucs » des
marchands ; car après tout il y a plus d'acheteurs que
de connaisseurs. Nous ne craignons pas d'affirmer
qu'il y a plus à se méfier du simple propriétaire, qui
vend une vache prétendue bonne, que du marchand
qui déclare bonnes toutes celles qu'il expose sur le
marché.

On achète une vache laitière sur un champ de foire
ou dans une étable. Dans ce dernier cas l'animal est

plus facile à examiner et on court moins de risques d'être trompé. En tout cas l'acheteur, désirant avoir du lait le plus tôt possible, peut choisir une vache *fraîche vêlée* ou une vache *prête à vêler*. Il a moins de chance d'être trompé dans le second que dans le premier cas, car il n'est pas rare que des marchands mettent auprès d'une vache, qui parfois l'accepte facilement, un veau qui n'est pas le sien.

La première chose à examiner, dans le choix de la bête, c'est son âge. Cela se fait bien d'après les notions données au chapitre II. Si les marchands ne peuvent travailler la dent de la vache comme on travaille celle du cheval pour le rajeunir, ils agissent sur la corne dont ils font disparaître les reliefs avec la râpe et le papier de verre. L'opération laisse ses traces malgré le vernis dont on fait usage. Dans tous les cas il est utile de contrôler l'âge donné par la dent par celui qu'indique la corne et *vice versâ*.

Il ne faut jamais acheter une laitière, à moins que ce ne soit pour une seule saison et qu'on en ait un besoin urgent, qui a passé l'âge de 8 à 9 ans. A partir de cet âge, et même plus tôt, l'aptitude laitière va en diminuant et la bête perd chaque jour de sa valeur intrinsèque et commerciale. Comme il s'agit d'une laitière nous renvoyons au chapitre VI où nous indiquons avec détail les caractères laitiers et beurriers.

Mais, toutes les fois qu'un marchand, ou un propriétaire, met une vache sur le marché, il a le soin de ne pas la laisser traire pendant au moins vingt-quatre heures, avant la fin du marché ou de la vente. Le pis devient volumineux et quelquefois il est tellement énorme et douloureux que la marche de la bête est rendue pénible. Le lait coule goutte à goutte ou en jet continu par l'effet de la pression de la masse liquide accumulée dans les citernes distendues à l'extrême. Certains marchands tout à fait déloyaux poussent la cruauté et l'amour du dol jusqu'à faire une ligature de l'extrémité du trayon avec un fil fin de laine, et le lait ne s'écoulant plus la mamelle paraît encore plus grosse. Il y a donc lieu de ne tenir qu'un compte relatif du volume de la mamelle. Quand on va dans une étable et même dans celle du marchand, sans être attendu, on n'est pas exposé à être trompé à ce point de vue.

On s'assure ensuite si la vache est bien effectivement pleine; ce qui est très simple d'après le procédé indiqué au chapitre XIII. Quant à la date probable de la parturition, elle est généralement indiquée aussi exactement que possible par le vendeur, qui n'a que peu d'intérêt, quand il en a, à tromper à ce point de vue. Du reste, l'état général de la bête, le volume du ventre, et même la sensation que donne le volume du fœtus à la palpation abdominale ne peuvent laisser que peu ou pas de doutes.

Nous ne connaissons aucun moyen pratique de s'assurer si une vache a vêlé depuis peu de temps. Au delà de six ou huit jours, il n'y a plus aucun signe certain d'un part récent. On ne peut guère en juger que par la quantité de lait qu'elle donne quelques jours après son arrivée chez l'acquéreur. Quant à savoir si le veau qu'on trouve auprès de la bête est bien le sien, l'acquéreur n'a que les caractères de ressemblance entre le petit et la vache pour acquérir une quasi certitude; car, je le répète, il est des vaches qui acceptent bien un autre veau que le leur.

On doit aussi s'assurer de l'état de santé de la bête que l'on veut acheter. Son état général d'embonpoint, la fraîcheur et le lustre du poil, la souplesse de la peau renseignent à cet égard. On peut également faire tousser la bête, en lui comprimant la trachée, pour apprécier la nature de la toux qui doit être forte, ni sèche, ni pénible, ni douloureuse. De même, la percussion de la poitrine qui doit « sonner le creux », ne doit pas être douloureuse.

Enfin il faut être certain que la vache est bien douce et facile à traire. Le caractère est exprimé par la physionomie et par les yeux, qui ont l'air doux ou méchant. Et il est facile d'essayer de traire la vache qui, quoi que puisse faire le vendeur, se défendra si, d'ordinaire, elle est difficile à traire.

La loi du 21 août 1884 a supprimé les vices rédhibitoires pour la vache laitière. Mais, dans le cas où la bête serait atteinte d'une maladie contagieuse, comme elle n'aurait pas dû être mise en vente et vendue, d'après la loi du 21 juillet 1881, le marché est nul de plein droit, sans délai fixe de garantie. La maladie la plus redoutable, qui était rédhibitoire d'après la loi du 20 mai 1838, c'est la tuberculose plus fréquente qu'on ne le croit généralement. Cette maladie est d'autant plus à craindre qu'elle est plus difficile à diagnostiquer quand elle est peu avancée. Aussi nous pensons que le moment n'est pas éloigné où les acheteurs auront pris l'habitude d'exiger des vendeurs un certificat constatant qu'avant la mise en vente la vache a été soumise aux injections révélatrices de *tuberculine*.

Bien qu'il n'y ait plus à proprement parler de vices rédhibitoires pour les animaux de l'espèc bovine, la résiliation de la vente peut avoir lieu s'il y a eu *dol réel* ou « *dol par réticence* » (jugement du Tribunal de commerce de la Seine du 3 mai 1893).

Quand on n'est pas très connaisseur, quand on craint par trop d'être trompé par le vendeur, rien n'est plus simple d'exiger de celui-ci un acte, sur timbre à 60 centimes, dans lequel sont relatées toutes les conditions du marché : santé de la bête, douceur de caractère, tranquillité à la traite, âge, date approximative du part, constatation que le veau qui l'accompagne est bien à elle, le signalement aussi complet que possible, etc., etc.

Il est bien simple d'ailleurs de se faire accompagner et assister, dans le marché, par un vétérinaire ou toute autre personne compétente.

CHAPITRE XVI

MALADIES DE LA VACHE ET DU VEAU

Nous ne voulons pas, nous ne le pouvons pas d'ailleurs, étant donné la nature de ce livre, faire une description même sommaire des maladies qui peuvent atteindre la vache laitière et son veau. Notre intention est seulement d'indiquer quelques maladies et les remèdes qu'il convient de leur opposer en attendant l'arrivée de l'homme de l'art. Nous sommes absolument convaincu que, d'une manière générale, le propriétaire gagne plus à ne rien faire du tout et à recourir au vétérinaire, quand sa bête est malade, qu'à la *médicamenter* au hasard. Nous avons eu, dans notre carrière déjà longue, souvent à déplorer des insuccès dus à des médications irrationnelles, toujours nuisibles, mises en pratique avant notre arrivée auprès des malades. Malgré donc notre crainte de mettre à la disposition des intéressés quelques indications sommaires pathologiques et thérapeutiques, que souvent ils ne sauront pas appliquer à propos, nous ne croyons pas pouvoir nous en dispenser absolument.

Pour éviter les omissions, nous suivrons un ordre alphabétique, et pour chacune des maladies nous nous étendrons plutôt sur les causes que sur toute autre partie de la description, persuadé de la sagesse du précepte : *sublatâ causâ tollitur effectus*. C'est en effet en supprimant ou en atténuant, autant que possible, les causes morbifiques qu'on évitera bien des pertes et des déboires. En matière d'élevage, l'argent qui n'est pas perdu est de l'argent gagné.

Anémie. — Elle atteint, plus fréquemment qu'on ne le croit, les bonnes et les très bonnes vaches laitières. Elle reconnaît pour causes une alimentation insuffisamment riche en principes azotés, les pâturages trop humides pouvant provoquer l'*hydrohémie,* les logements malsains, pas assez aérés. L'anémie est toujours une maladie chronique, de très longue durée. Elle se reconnaît à la faiblesse générale des animaux, à la pâleur des muqueuses apparentes et du mufle, s'il n'est pas de nuance foncée, à l'inappétence et souvent aussi à un léger ballonnement persistant de la panse.

Si la maladie n'est pas trop avancée, on y remédie par une alimentation substantielle, des boissons ferrugineuses, des toniques amers : gentiane, baies de genièvre, noix vomique, écorce de saule, les boissons alcooliques, le bouillon de viande, le lait, etc.

Appétit dépravé. — On l'appelle encore *Pica, malacia*. La dépravation de l'appétit n'est pas une maladie spéciale ; c'est le signe d'autres affections. Il est nécessaire, quand on l'observe, d'en chercher la cause et, avant tout, de ne pas laisser les animaux manger des substances non alimentaires. Il faut savoir aussi que, toujours, le *pica* est l'expression d'un besoin physiologique indiquant l'insuffisance de principes minéraux dans la ration.

Arrière-faix (Rétention de l'). — Cet accident se produit souvent chez les vaches qui accouchent quelques jours avant le terme ou qui avortent. Voir chapitre XIII.

Arthrite. — On appelle ainsi l'inflammation aiguë, sub-aiguë ou chronique d'une articulation. La maladie se présente, chez la vache, le plus souvent sous les deux dernières formes. Elle est aussi connue, suivant les contrées, sous les noms de *goutte*, d'*oint*, etc.

Il est une arthrite qui intéresse particulièrement les éleveurs, et qui se manifeste sur les vaches dont la délivrance ne s'est pas bien effectuée après le part, ou encore chez celles qui ont avorté. Elle atteint tout spécialement l'articulation du grasset. Son traitement est très incertain. Prise au début, l'arthrite peut encore guérir. Il faut appeler le vétérinaire aussitôt qu'on s'aperçoit de la boiterie d'un membre postérieur après le vêlage ou l'avortement non suivis d'une complète délivrance.

Asphyxie pulmonaire. — Cet accident se produit assez souvent dans les étables où les animaux sont entassés en trop grand nombre. On voit la bête essoufflée, battant du flanc, avec les yeux d'un rouge foncé. Il faut se hâter de la mettre au grand air. L'accident peut se terminer par la congestion pulmonaire nécessitant d'autres soins. C'est encore un accident qu'on observe, paraît-il, chez les animaux qui passent brusquement de la plaine à la montagne, à une grande altitude. La maladie est aussi assez fréquente sur les animaux entassés dans les wagons de chemins de fer pendant l'été lors de longs stationnements au soleil ; ou sur ceux qui font de longues marches par les grandes chaleurs. L'irrigation à l'eau fraîche hâte la guérison.

Avortement. — C'est l'expulsion avant terme du produit de la fécondation. La vache qui avorte ne demande pas plus de soins particuliers que celle qui met bas normalement. Il y a donc lieu de savoir si la vache a ou non expulsé les enveloppes fœtales et d'agir en conséquence.

L'avortement a le plus souvent pour causes des coups, des heurts contre les portes, des coups de cornes. Il est aussi déterminé par l'ingestion de boissons glacées ou trop froides ; l'eau à une température inférieure à 8° ou 10° centigrades suffit à causer l'avortement. L'ingestion de plantes vénéneuses le provoque également. Quand la condition de l'avortement est donnée, il n'y a qu'à le laisser se produire. Si la vache paraît malade, il faut recourir au vétérinaire qui, seul, peut appliquer le remède selon les circonstances.

L'avortement n'est pas un fait bien grave quand il se produit accidentellement chez une seule vache du troupeau. Mais il acquiert les proportions d'un sinistre quand il a lieu chez un grand nombre de têtes d'une étable. C'est l'*avortement épizootique* résultant d'une infection, par un microbe, qu'a étudié M. Nocard, des organes génitaux de la vache et des enveloppes fœtales. On ne peut y remédier qu'en pratiquant une antiseptie rigoureuse des organes générateurs à l'aide de l'eau phéniquée, du Crézyl, du lysol et plutôt avec la solution à 1 à 2 pour 1,000 de bichlorure de mercure.

L'avortement peut encore revêtir un caractère épizootique et être dû à l'infection de l'étable par le bacile de la tuberculose.

Barbillons. — On appelle barbillons les excroissances muqueuses plus ou moins longues, plus ou moins aplaties ou coniques qui existent dans la bouche de tous les bovins. Selon M. Peuch, ils sont susceptibles de s'enflammer surtout pendant le régime hivernal. Dans ce cas il y a inflammation générale de la bouche et nous comprenons que l'excision de ces follicules, en produisant une saignée locale, hâte la guérison de la stomatite simple.

Il ne faut pas confondre ces excroissances, qui peuvent parfois être morbides, avec les tubercules mu-

queux qui recouvrent les orifices des canaux salivaires.
En tout cas nous considérons comme étant le résultat
d'un préjugé fâcheux l'habitude des empiriques de
couper ces excroissances dans la bouche des veaux
qui tettent mal ou n'ont pas d'appétit.

Bronchite. — La bronchite simple, véritable
rhume de poitrine, causée par des refroidissements est
assez rare chez la vache. Mais il est une bronchite
déterminée par la présence, dans le tissu même du
poumon, d'entozoaires et particulièrement d'échino-
coques. Cette maladie assez commune n'est pas très
grave. Malheureusement elle est difficile à reconnaître
et facile à confondre avec le début de la tuberculose.
On y remédie par les fumigations de genièvre, de
goudron, et en faisant boire aux animaux de l'eau
passée sur cette substance. Elle est fréquente sur les
vaches qui paissent dans des pâturages bas et humides.

Cachexie ossifrage. — Cette maladie, encore appelée *ostéomalacie, ostéoclastie*, est caractérisée par la
disposition particulière des os à se fracturer. La cause
principale paraît être l'absence d'éléments calcaires
dans les aliments. Quand cette cause concorde avec
l'état de gestation, la maladie, toujours grave, le devient bien plus encore. Elle se montre, à l'état épizootique, dans les contrées pauvres en calcaire et en acide
phosphorique, et s'accentue davantage dans les années
de sécheresse. C'est ainsi qu'elle s'est montrée sur tout
le territoire français, sauf dans les régions humides,
à la suite des années sèches 1892 et 1893. Elle débute
par des boiteries alternatives d'un membre et d'un

autre, la perte de l'appétit et l'amaigrissement. Elle atteint d'abord les vaches bonnes laitières.

Le traitement consiste dans l'emploi de l'huile de foie de morue, du bouillon de viande, du lait, du vin et de toutes les substances reconstituantes et un peu excitantes auxquelles on adjoint la limaille ou la poudre d'os cuits dans le feu. Nous n'avons qu'une confiance médiocre dans les produits pharmaceutiques vendus comme remèdes souverains contre cette maladie.

Cardite. — Voir *Péricardite.*

Charbon. — Maladie éminemment contagieuse, le charbon se présente sous deux formes absolument différentes et faciles à distinguer : 1° *Charbon bactéridien, fièvre charbonneuse, sang de rate,* il est déterminé par un micro-organisme particulier ou par sa spore ou graine que les animaux absorbent avec leurs aliments en paissant dans des endroits où ont été enfouis des cadavres charbonneux. Il a une marche rapide, souvent foudroyante. Dès qu'on le soupçonne dans son étable, il faut, de par la loi, en faire la déclaration immédiate à l'autorité administrative qui prend les mesures nécessaires.

Les animaux sont pris subitement d'une fièvre intense, avec frisson violent. La muqueuse de l'œil est rouge, violacée ; la respiration est très accélérée et les animaux succombent asphyxiés. Si on saigne les animaux, la saignée est baveuse et le sang est noir, poisseux. La viande est impropre à la consommation.

2° *Charbon bactérien, charbon symptomatique* ou *emphysémateux.* Brusquement aussi les animaux en sont atteints. Il se produit par le même mécanisme que le charbon bactéridien. Il se caractérise par le développement rapide de tumeurs énormes, mal délimitées, chaudes, dures, résonnantes à la percussion. La fièvre est moins violente. Le sang est, ici, rouge rutilant, normal en quelque sorte. Les animaux ne peuvent non plus être utilisés pour la consommation. On doit aussi en faire la déclaration.

M. Pasteur, basant ses études sur l'atténuation par la chaleur de la virulence de la bactéridie, sur les recherches de Toussaint et de M. Chauveau, a découvert un vaccin qui a donné les meilleurs résultats contre le charbon bactéridien.

MM. Arloing, Cornevin et Thomas, après de belles recherches sur la bactérie du charbon symptomatique, ont aussi découvert son vaccin.

Dans les contrées où les vaccins ont été employés à titre préventif, les pertes, par les deux charbons, ont été réduites à ce point que la maladie a presque disparu.

Chute ou renversement du vagin. — Cet accident est caractérisé par la présence, entre les lèvres de la vulve, d'une tumeur plus ou moins volumineuse, rose d'abord, puis rouge et s'excoriant facilement si on n'y remédie pas dès le début. Il se présente particulièrement chez les vaches pleines, vers le quatrième ou le cinquième mois de la gestation. Le plus souvent on ne s'aperçoit de rien quand la bête est debout. Si même, la bête couchée, la tumeur est apparente, elle disparaît dès qu'on fait lever la vache. Nous ne connaissons aucun remède vraiment efficace contre cet accident qui, en général, n'est pas grave. Le meilleur moyen, selon nous, est de tenir le derrière de la vache toujours très élevé par la présence d'une grande quantité de litière sous le train postérieur. Il faut aussi laver avec soin, à l'eau tiède phéniquée, la tumeur souvent souillée par les fèces.

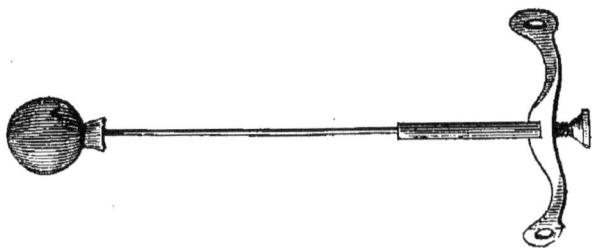

FIG. 66. — Pessaire à pelote avec la traverse pour le fixer. (Signol).

On peut recourir à l'emploi des pessaires (fig. 65). Mais nous devons reconnaître que ces instruments ne nous ont jamais donné de résultats satisfaisants, non plus que dans la chute de la matrice.

Cocotte ou fièvre aphteuse. — On l'appelle encore *stomatite aphteuse.* Maladie très contagieuse. Salivation abondante, ampoules, dans la bouche et sur le mufle, pleines d'un liquide incolore, limpide, un peu séreux ; boiteries, ampoules entre les onglons qui peuvent se déchausser. Ampoules également, moins volumineuses, sur les mamelles et sur les trayons. Soins extrêmes de propreté. Il faut faire la déclaration dès qu'on soupçonne la maladie.

Congestion intestinale. — Le *coup de sang* sur l'intestin n'est pas rare chez la vache après l'ingestion d'eau froide ou glacée. Violentes coliques manifestées par des coups de pied, que se donne la bête, dans le ventre ; elle se couche et se relève brusquement. La saignée est le seul remède utile et pratique, secondée par des frictions irritantes sur les membres avec l'essence de térébenthine ou la farine de moutarde délayée dans de l'eau froide.

Corps arrêtés dans l'œsophage. — La vache recherche assez volontiers les tas de racines fourragères, betteraves, carottes, pommes de terre et ceux de fruits, pommes et poires qu'elle mange gloutonnement. Si le gardien la laisse faire, elle prend son temps pour mastiquer et ne déglutit que quand le bol peut traverser l'œsophage. Mais si on se précipite pour chasser la bête, elle avale goulûment, pour ne pas perdre sa *gueulée,* le fruit ou la racine qui ne peut franchir l'entrée de la poitrine. Salivation abondante et météorisation. Si celle-ci est excessive, il faut ponctionner la panse à l'aide du trocart (fig. 67), et essayer ensuite de refouler le corps avec un bâton lisse et huilé, et mieux avec la sonde œsophagienne (fig. 68) munie de son mandrin. Si le gonflement n'est pas trop accentué, on peut essayer par d'habiles manipulations à faire remonter le corps jusqu'au pharynx et l'opération est facilitée par la tension des gaz emprisonnés dans le rumen. Ce dernier procédé, quand il est possible, vaut mieux que le premier. C'est toujours une faute lourde, dont les conséquences peuvent être très graves, que l'essai d'écrasement, entre deux maillets, du corps étranger.

On devrait trouver le trocart et la sonde œsopha-

gienne parmi le mobilier nécessaire de toute vacherie
bien installée.

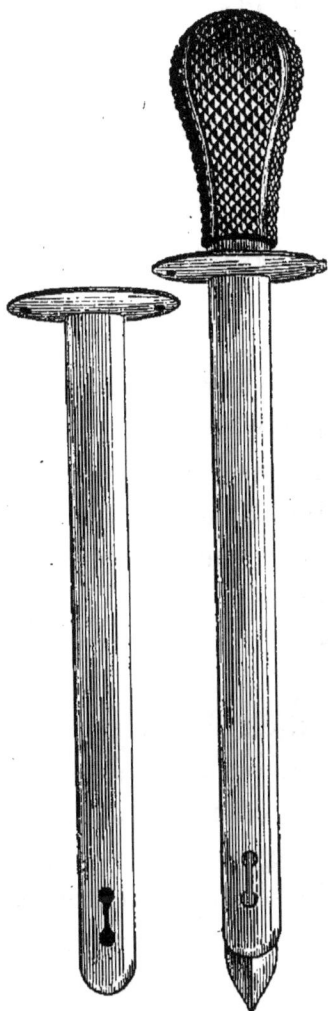

Fɪɢ. 67. — Trocart.   Fɪɢ. 68. — Sonde œsophagienne.

Cowpox. — Apparition sur les mamelles et plus
particulièrement sur les tetines, après un mouvement
fébrile qui passe souvent inaperçu, de pustules ombi-

liquées plus ou moins nombreuses, transmissibles à l'homme. C'est le liquide sécrété et renfermé dans la pustule qui constitue le vaccin proprement dit employé contre la variole humaine. Soins de propreté, lotions astringentes avec la décoction de feuilles de noyer. Ne pas traire la vache à la main ; recourir aux tubes trayeurs.

Cette maladie se produit surtout chez les vaches qui cohabitent avec des chevaux ayant de prétendues *démangeaisons* dans les paturons.

Dartres. — Nom générique communément employé pour désigner diverses maladies de la peau confondues à tort, caractérisées par des démangeaisons. Le plus sage est d'appeler le vétérinaire qui, seul, peut faire la distinction entre l'eczéma, la teigne, la gale et les maladies pédiculaires, qui ont toutes le prurit pour premier symptôme, et appliquer le traitement approprié.

Diarrhée. — Si les veaux, élevés à la mamelle, sont rarement atteints de diarrhée ou *entérite diarrhéique*, il n'en est pas de même de ceux qui sont soumis à l'allaitement artificiel. Cette maladie se manifeste aussi au commencement du sevrage. Le petit animal ne paraît pas très malade ; mais ses excréments, abondants et très fluides, sont jaunâtres, puis blanc-gris, d'où le nom de *foire grise,* d'une repoussante fétidité. Il devra être remis au lait maternel, mais à la demi-ration au plus. On lui administrera de l'eau de riz, additionnée de 5 à 10 ou 15 gouttes, selon l'âge, de laudanum de Sydenham, 3 à 4 verres en tout par jour. On se trouvera bien aussi de l'emploi de la crème de tartre soluble à la dose de 20 à 30 grammes, suivant la taille. Un vétérinaire italien conseille la préparation suivante :

Salol.	8 grammes.
Oxyde de bismuth.	15 —
Carbonate de chaux.	30 —

Mélangez et divisez en 6 parties égales ou 6 doses.

On administre les deux premières doses à deux heures d'intervalle, les autres de quatre en quatre heures. Chaque dose se donne dans une infusion de camomille.

Nous avons eu à nous louer de l'emploi d'une autre préparation, qui n'a que le tort d'être un peu plus coûteuse que la précédente :

Benzoate de naphtol. . . ⎰	1 gramme.
Salicylate de soude. . . ⎱	
Sous-nitrate de bismuth.. .	15 grammes.
Opium brut râpé.	25 centigrammes.

1 paquet toutes les douze heures, chacun dans un verre d'eau de riz miellée.

Inutile de nous occuper ici de la diarrhée des vaches, dont les causes sont multiples, et qui est souvent symptomatique de maladies plus graves.

Échauboulure. — Connue aussi sous les noms d'*ébullition, coup de sang de la peau.* — Maladie peu grave, apparaissant tout à coup, sous forme de tumeurs nombreuses, assez dures, peu ou pas douloureuses et plus ou moins larges et aplaties, à la tête, sur les parties antérieures du corps et aux ouvertures naturelles, bouche, yeux, anus, vulve. Elle se manifeste chez les bêtes fortement nourries, exposées aux ardeurs du soleil. Une saignée générale, des purgatifs salins viennent rapidement à bout de la maladie, aidés de lotions d'eau vinaigrée et même de vinaigre chaud sur les parties malades.

Entérite. — L'inflammation de l'intestin est souvent accompagnée d'une réaction sur l'estomac, d'où le nom de *gastro-entérite*. Le rumen est gonflé, la bête cesse de manger et de ruminer, se plaint au moindre déplacement et souvent aussi sans qu'il y ait mouvement. Suspension de la sécrétion du lait ; la mamelle se flétrit peu à peu. Grande flexion de la ligne dorso-lombaire quand on met la main sur le dos. La maladie est peu grave à la condition d'une diète sévère et absolue d'aliments solides, pendant quatre ou cinq jours. Boissons blanches additionnées de 150 à 200 grammes de sulfate de soude par jour pendant trois ou quatre jours. Si la maladie persiste, appeler le vétérinaire pour éviter le passage à l'état chronique difficile à guérir et amenant toujours une grande dépréciation de la vache.

Fracture des cornes. — Assez fréquente surtout chez les jeunes bêtes. Essayer de maintenir la corne fracturée par un pansement aseptique à l'eau phéniquée. Au bout de cinq ou six jours, s'assurer si la consolidation est commencée. Si non faire l'amputation. Mais nous pensons qu'on peut utilement recourir à l'emploi de l'appareil Coulet (fig. 69), si simple, ou à un appareil analogue qu'on peut toujours faire, extemporanément, avec le premier morceau de bois tombé sous la main.

Si on emploie cet appareil, le pansement ne sera
levé, à moins de suppuration, que quinze jours environ
après l'accident.

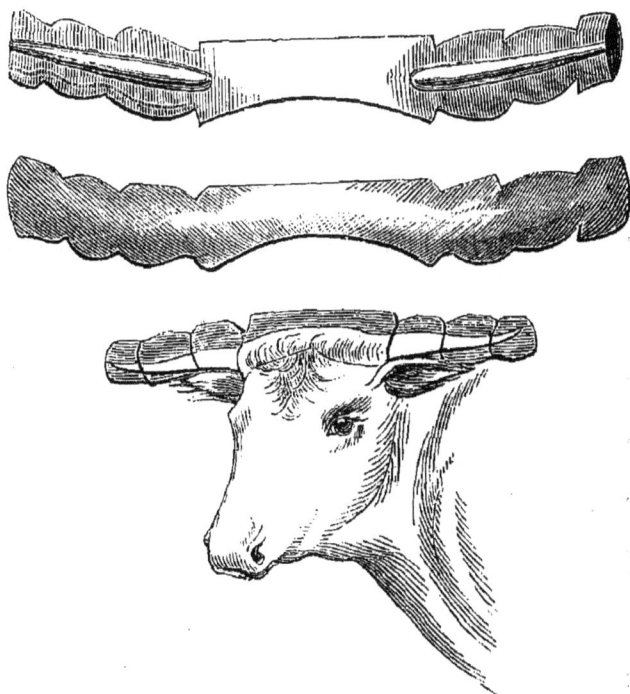

Fig. 69. — Appareil Goulet pour la fracture des cornes.

Gale. — Un seul acarien, selon M. Mégnin, déter-
mine la gale chez le bovidé, c'est le *psoroptes bovis*.

Enlever les croûtes et faire des onctions quotidiennes
de pommade soufrée.

Gangrène de la bouche chez les jeunes veaux.

— Nous n'avons jamais observé cette maladie. D'après
Lenglen (d'Arras), les veaux chétifs et souffreteux issus
de mères âgées, maigres, insuffisamment nourries et

ceux qui sont mal soignés et atteints de diarrhée, y sont exposés. La cause occasionnelle paraît être l'évolution des dents. Traitement analeptique, reconstituant, tonique : œufs, bouillon de viande, lait. Enlever les escharres de la muqueuse buccale mortifiée ; laver à l'eau salée puis à l'eau phéniquée.

Hématurie. — Le *pissement de sang,* ou *mal de Brou,* n'est pas souvent essentiel, à moins qu'il ne soit déterminé par l'ingestion, au printemps, de bourgeons d'arbres divers et particulièrement du troène. Il est fréquent chez les vaches qui paissent dans les bois. Il est plus souvent symptomatique d'affections générales graves : tuberculose, anémie profonde, etc. On vient facilement à bout de l'hématurie simple par les toniques et par un médicament qui paraît avoir une action puissante : *l'eau de Rabel.* Le *perchlorure de fer* agit également bien. Dans tous les cas de pissement de sang, il nous paraît utile de recourir aux toniques reconstituants.

Hernies. — 1° *Hernie ombilicale.* — Cet accident, assez rare chez le veau, se présente quelquefois sous forme d'une tumeur molle, facilement réductible à la pression, quand le veau a déjà quelques mois. On la traite par la pommade jaune de chromate de potasse.

2° *Hernie ventrale.* — Plus que d'autres animaux, les vaches sont exposées aux hernies ventrales par coups de corne qui déchirent les parties sous-cutanées en laissant la peau à peu près indemne. Il faut en hâte réduire la tumeur par des moyens chirurgicaux qui sont appliqués par l'homme de l'art.

3° *Hernie de la matrice.* — L'accident le plus grave que puissent produire les coups de corne dans l'abdomen d'une vache, c'est la hernie de la matrice quand elle est gravide (fig. 70). Si la gestation n'est pas très avancée, on peut essayer d'y remédier par un bandage de corps qui maintient la tumeur. Si au contraire la vache approche de son terme, tout en maintenant la tumeur par un bandage solide, il faut attendre la parturition et surveiller la vache jour et nuit jusqu'à la délivrance.

Fig. 70. — Hernie ventrale où l'utérus avec le fœtus, arrivé presque à terme, est logé dans la poche.

Indigestion d'eau. — Elle est assez commune chez les vaches laitières toujours très altérées. On s'oppose à l'accident en ne laissant pas les animaux boire beaucoup à la fois. Nous avons déjà dit que la boisson devait être donnée en deux fois aux vaches laitières.

Quand l'indigestion d'eau se produit, on y remédie par l'administration de 50 à 60 grammes d'eau-de-vie et, au besoin, de 1 à 5 centigrammes de strychnine.

Mammite. — C'est une inflammation aiguë de la glande mammaire due souvent aux courants d'air, aux coups de tête donnés par le veau pendant qu'il tette. Gonflement, parfois énorme, de l'organe qui devient chaud, douloureux, avec écoulement de lait sanguinolent par le trayon. Fièvre ; boiterie du membre correspondant au quartier atteint. Diète ; saignée à la veine mammaire opposée ; application de boue de meule.

Éviter les agents vinaigrés ; recourir, pour prévenir la gangrène, au liniment ammoniacal.

MM. Nocard et Mollereau ont fait une étude intéressante d'une forme de mammite à caractère contagieux qui demande des soins spéciaux.

Météorisation. — Ne pas confondre avec celle qui caractérise le début de la gastro-entérite. La météorisation est caractérisée par le gonflement considérable, souvent extrême, de la panse, résultant de l'ingestion, même en petite quantité, de luzerne ou de trèfle échauffés par le soleil ou mis en tas. La fermentation des matières sucrées de ces fourrages, dégageant une quantité énorme de gaz, est la cause de l'accident.

Ne pas laisser pâturer les vaches dans les prairies artificielles ; avoir soin de bien écarter le fourrage si on le rentre à la ferme et l'arroser d'eau fraîche avant la distribution, sont les meilleurs moyens d'éviter la météorisation. Quand elle se produit, malgré ces pré-

cautions, donner à la vache une poignée de sel de
cuisine dans une bouteille d'eau froide, et renouveler au besoin deux ou trois fois l'administration de
ce breuvage. Si le mal persiste, si la bête est très
gonflée et s'il y a menace d'asphyxie, essayer l'introduction de la sonde œsophagienne (fig. 68) dans le
rumen, ou mieux pratiquer la ponction de cet estomac
à l'aide du trocart, ou même avec un couteau à longue
lame pointue. L'opération est bien simple. On coupe,

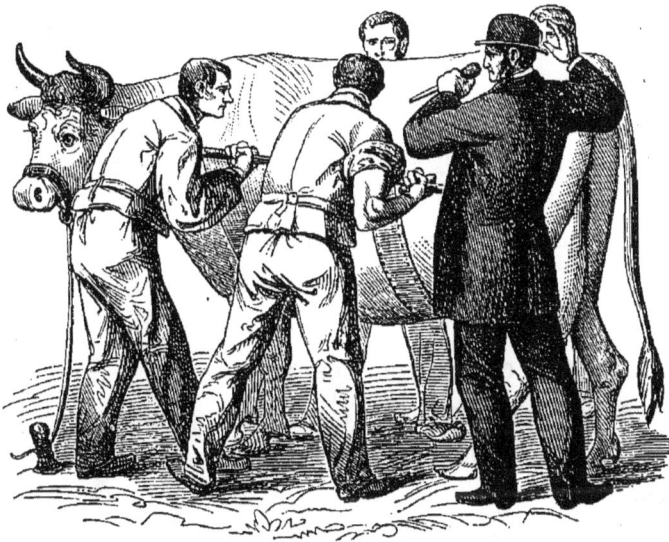

Fig. 71. — Opération de la ponction du rumen.

avec des ciseaux, le poil de la région du flanc sur une
petite surface située, autant qu'il est possible d'en
juger en raison du gonflement qui efface les limites des
régions, à égale distance de la dernière côte, des apophyses transverses des vertèbres lombaires et de la
pointe de la hanche. Il vaut mieux, dans le doute,
ponctionner plus bas que trop haut. Avec un bistouri

ou un canif, on incise nettement la peau à l'endroit tondu, et tenant le trocart par son manche, à pleine main gauche, on place la pointe dans l'incision et d'un coup vigoureux de la main droite (fig. 71) on l'enfonce, avec sa canule, de toute sa longueur.

On laisse la canule que l'on fixe, par ses anses, à l'aide d'un ruban faisant le tour du corps.

Si on n'a qu'un couteau à sa disposition, on frappe franchement pour faire pénétrer la lame d'un seul coup, puis on la retire et on la remplace, dans l'ouverture qu'elle a faite, par un tube en bois, généralement en sureau.

Métrite, ou *inflammation de la matrice.* — Cette maladie se présente à l'état aigu ou à l'état chronique. Dans le premier cas, il y a fièvre intense, frissons, coliques, décubitus, tristesse, abattement, etc. Il faut recourir en hâte au vétérinaire.

La métrite chronique résulte toujours de la non-délivrance après le part ou de manipulations inopportunes exercées, pendant l'accouchement, par des mains inexpérimentées. Ecoulement blanc, purulent, parfois sanieux et fétide par la vulve. Les vaches atteintes de métrite chronique ne peuvent généralement plus être fécondées malgré les promesses fallacieuses des marchands de poudre... « pour faire retenir les vaches ».

L'infécondité, par cette cause, est très commune.

Non-délivrance. — Voir chap. XIII, § 7.

Œstre. — On voit souvent à la surface du corps des vaches qui vont aux pâturages, dans la région dorso-lombaire, de petites tumeurs, quelquefois un peu douloureuses et plus ou moins nombreuses, occasionnées par la larve de l'œstre (*hypoderma bovis*), qui a pondu son œuf à la surface de la peau. C'est la larve elle-même qui perce la peau et va se loger dans le tissu conjonctif sous-jacent. Il ne faut pas confondre ces tumeurs avec les piqûres de taons. Elles disparaissent seules au printemps suivant quand la larve est devenue insecte parfait. On peut, et ce serait utile, faire sortir les vers des tumeurs par la compression.

Onglet. — C'est un engorgement œdémateux du du corps clignotant résultant, ordinairement, de la présence d'un corps étranger piqué dans la conjonctive (épillets de brôme stérile, balles de céréales — orge et seigle surtout —). On guérit aisément cet accident en enlevant le corps étranger et en faisant des lotions fraîches d'eau légèrement alcoolisée.

Ophtalmie. — C'est l'inflammation aiguë de l'œil. Elle se produit souvent avec ulcération de la cornée transparente. Au début, petite saignée, fomentation de l'œil avec infusion aromatique tiède. Nous l'avons rencontré à l'état enzootique sur des bœufs au pâturage pendant l'été sec de 1868. Le traitement indiqué a réussi sur la plupart des animaux.

Ostéosarcome. — C'est une tumeur qui apparaît, sans cause immédiate appréciable, aux os de la mâchoire. Généralement l'origine du mal a été un coup ayant favorisé l'apparition et le développement d'un cryptogame, l'*actinomyce*, bien étudié chez les bovidés par M. Nocard. La tumeur est dure, douloureuse quand elle est récente, et va toujours en s'accroissant avec une certaine rapidité, jusqu'à ébranler les dents et ne plus permettre à l'animal de se nourrir. Dès qu'une tumeur, même très petite, apparaît à la mâchoire d'une vache, appeler le vétérinaire qui peut encore agir avec l'iode et les iodures. Mais quand la tumeur est volumineuse, il faut se hâter de vendre à la boucherie. Si la bête est saine d'ailleurs, il n'y a aucun danger pour le consommateur.

Péricardite et cardite traumatiques. — Nous n'avons jamais rencontré cette maladie chez des vaches soignées par des hommes. Les femmes peuvent, généralement, être seules la cause de cet accident qui résulte de la déglutition de corps étrangers piquants, aiguilles, aiguilles à tricoter, épingles, etc., que les femmes, à la campagne, portent toujours sur elles. L'objet tombe dans le fourrage et est ainsi pris, par la bête, pendant son repas. Nous avons une fois rencontré, à l'autopsie d'une vache, une alène courbe de cordonnier, sans le manche bien entendu. Les vaches ont, comme on le sait, la mauvaise habitude de boire l'eau si malpropre des ruisseaux des rues; et c'est encore là qu'elles trouvent ces corps étrangers qu'elles absorbent[1]. L'objet piquant pénètre dans le réseau et

---

1. Nous avons rencontré, en 1863, deux clous de menuisier enkystés dans un abcès du foie. Ces clous étaient arrivés dans l'organe par le même mécanisme que celui qui conduit les aiguilles au cœur. La vache, objet de cette observation, avait la fâcheuse habitude de boire dans les ruisseaux. J'ai adressé ces deux clous au Musée de l'École d'Alfort à l'époque où je les ai trouvés.

s'implante dans ses lames. Si c'est une épingle, elle y reste indéfiment, retenue par sa tête. Si c'est une aiguille, ou un objet pouvant passer d'outre en outre, elle perce la paroi stomacale, le diaphragme et se dirige vers le cœur, par un mécanisme particulier, perce le péricarde dans lequel elle pénètre et tombe au fond du sac, à moins, ce qui arrive souvent aussi, qu'elle ne blesse le cœur. Dans tous les cas, le mal est fort grave et assez facile à diagnostiquer pour le vétérinaire. Le propriétaire constate d'abord un embarras gastrique, avec légers ballonnements intermittents, se reproduisant tous les cinq ou six jours. Ces signes se produisent au moment où le corps perce la paroi de l'estomac et va se diriger vers le cœur. Puis la bête paraît guérie jusqu'à ce qu'elle ait la respiration courte, qu'elle fasse entendre une plainte continue, qu'un œdème parfois énorme se produise sous le sternum, entre les membres antérieurs, que les jugulaires se gonflent et atteignent le volume du bras d'un homme. A ce moment, il n'y a généralement plus rien à faire. On a vu des animaux guérir à la suite d'abcès soussternaux renfermant le corps étranger qui sort avec le pus. Les ménagères éviteraient cet accident toujours possible, en ayant le soin de retirer les aiguilles qu'elles peuvent avoir sur elles, avant d'aller soigner leurs vaches.

Péripneumonie contagieuse. — Maladie très grave du poumon et de son enveloppe, se manifestant quelquefois par un mouvement fébrile même léger et disparaissant tout à fait, mais aussi pouvant suivre son cours et amener la mort en quelques jours. Dès qu'on s'aperçoit de la maladie, qui est très contagieuse, ou qu'on a lieu de la soupçonner, il faut en faire la déclaration. En général, quand une bête d'une étable est atteinte, toutes les autres bêtes le seront à moins qu'elles n'aient antérieurement été contaminées et guéries. Le Préfet peut ordonner l'inoculation de tous les animaux ayant cohabité avec l'animal infecté, et dans le cas de mort des animaux inoculés, le propriétaire reçoit une indemnité de l'État, variable suivant les cas. Notre éminent confrère Arloing vient de découvrir un vaccin, la *pneumo-bacilline,* et des expériences doivent avoir lieu à Melun sur l'initiative de notre vaillant ami Rossignol. Si elles réussissent, les propriétaires seront à l'abri du danger et des pertes, en faisant vacciner leurs vaches contre la péripneumonie.

Poux. — Deux espèces de poux vivent sur la vache : Le *grand pou du bœuf* (Hematopinus *eurysternus,* famille des Pédiculés) qui a une longueur de 3 millimètres, et le *petit pou, pou à mâchoires (Trichodectes scalaris,* famille des Ricinés). Tous deux tourmentent assez les animaux pour les faire maigrir. Ceux qui sont bien soignés, étrillés et brossés chaque jour, vivant dans des étables proprement tenues, n'en sont jamais atteints. Le traitement est des plus simples : commencer par un nettoyage à fond de l'étable, des murs, des râteliers, crèches, etc., puis asphyxier les poux avec un corps gras en badigeonnant les régions envahies avec de l'huile de lin en particulier ; renouveler l'opération deux fois à cinq ou six jours d'intervalle pour tuer les petites bêtes qui n'auraient pas été écloses au moment de la première opération. En mettant les animaux dehors pour les badigeonner, pour peu qu'il y ait un peu de soleil sur leur corps, les poux viennent tous à la surface du poil et il est facile alors de les toucher avec l'huile.

Éviter, comme un danger très sérieux, l'emploi des pommades à base de mercure (onguent gris).

Renversement de l'utérus. — Voir chap. XIII, § VIII.

Rhumatisme. — Les vaches mal logées dans des étables basses, humides, trop chaudes en été, froides en hiver, sont exposées à contracter des rhumatismes articulaires et musculaires qui s'expriment par des boiteries, de la douleur des articulations et des grosses masses musculaires. L'hygiène seule remédie à ce mal.

Les veaux peuvent aussi être atteints de rhumatismes articulaires concomitants de la diarrhée, la suivant ou la précédant, se terminant souvent par des abcès et la mort.

Frictions d'alcool camphré sur les jointures malades qui seront ensuite enveloppées de flanelle. Crème de tartre soluble (20 à 30 grammes) en électuaire avec du miel ou un œuf; sulfate de soude (150 grammes par jour) à la mère dont il boit le lait.

Toux. — Toutes les fois qu'une vache tousse avec quelque persistance, que la toux n'est pas franche, forte, il y a lieu de redouter la tuberculose pulmonaire. Consulter le vétérinaire.

Les veaux toussent rarement. Cependant ils peuvent être atteints de bronchite ou de broncho-pneumonie, quand ils sont mal logés, dans des étables humides, froides, exposées aux vents du nord. La maladie est très grave. Sinapismes sous la poitrine et sur les membres. Electuaire de poudre d'ipecacuanha, 2 à 5 grammes par jour selon la force.

Tuberculose. — C'est sans contredit la plus redoutable des maladies qui puissent atteindre les bovins, parce qu'elle est très insidieuse, à très longue échéance, et que durant son évolution elle peut contaminer beaucoup d'autres animaux et, si c'est une laitière, beaucoup de personnes. La tuberculose, comme toutes les maladies contagieuses, n'a qu'une seule cause : la contagion par le *bacille* de Koch. Cependant elle n'apparaît que dans certaines conditions qui favorisent son développement : agglomérations, étables humides, basses, froides, abondance excessive du lait, mauvaise alimentation, etc. Elle atteint le poumon, tous les viscères, les mamelles et le système lymphatique. Elle est toujours très obscure au début; aussi à l'article *toux*, nous avons recommandé de se faire renseigner par l'homme de l'art. Quand on soupçonne la présence de la tuberculose dans son étable, il faut en faire la déclaration. Si elle apparaît ou si on a une présomption, il ne faut pas hésiter à soumettre tous les animaux de l'étable à l'injection révélatrice de la *tuberculine* qui permet de faire « la part du feu », c'est-à-dire de faire disparaître tous les animaux affectés. Ce procédé, préconisé par M. Nocard, a donné, entre ses mains, les meilleurs résultats pratiques. Nous regrettons que le cadre de ce livre ne nous permette pas d'entrer dans de plus longs développements. Les compagnies d'assurances contre la mortalité du bétail feront bien, désormais, de n'accepter, à l'assurance, que les animaux de l'espèce bovine ayant subi l'inoculation-critère de tuberculine.

Tumeur ombilicale. — Voir chap. XIII, § IX.

Verrues, *fics* ou *poireaux*. — Ce sont des excroissances hétéromorphes qui apparaissent en différentes régions du corps. Elles n'ont pas de sérieux inconvénients quand elles n'existent pas sur les tetines des mamelles. Les inciser avec les ciseaux ou les arracher avec les ongles et toucher, aussitôt après, la partie saignante avec un pinceau trempé dans l'acide acétique. Il est bon d'éviter que le sang touche les parties voisines. La verrue paraît avoir la propriété de se semer.

CHAPITRE XVII

LE LAIT. — LA LAITERIE

Bien que notre cadre ne comporte pas l'étude des industries laitières, il nous paraît indispensable de donner de courtes indications, en renvoyant le lecteur, pour plus amples renseignements, aux ouvrages spéciaux qui traitent de cette matière. Nous désirons surtout ici nous adresser à la petite culture qui n'obtient de son bétail qu'une quantité limitée de lait et qui ne fabrique le beurre et le fromage que sur une très petite échelle. Les propriétaires ou les fermiers de grandes exploitations rurales, bien aménagées, mieux outillées encore, ayant à leur disposition la force motrice, et voulant agir sur des produits considérables, sauront bien que ce n'est pas dans une monographie spéciale de zootechnie qu'ils trouveront les renseignements techniques qui leur conviennent au point de vue de l'industrie laitière.

Avant de nous occuper de la laiterie proprement dite, lieu où le lait est mis en dépôt au sortir de la vacherie, nous devons dire quelques mots du lait normal, du lait malade, cruenté, bleu ou rouge, des diverses altérations qu'il subit et des effets produits sur les personnes qui le consomment, des sophistications et des divers procédés de conservation.

I. — LAIT NORMAL.

Aucun produit n'est plus utile. Ses modes d'emploi sont multiples. L'homme le consomme en nature, ou il en extrait le beurre et le fromage pour son alimentation. Le lait se prête à diverses manipulations culinaires, il est employé à titre de condiment ou il entre, en des proportions variables, dans la préparation d'un certain nombre de mets. Nous parlerons, dans un chapitre spécial, de l'emploi du lait comme agent thérapeutique.

Le lait normal de vache est un liquide blanc à reflet légèrement bleuâtre, d'une odeur agréable rappelant celle de la vache, de saveur sucrée, d'une densité variable, avec les éléments qui le composent, de 1,028 à 1,036 (Cornevin). Il est alcalin à l'état frais. Comme l'œuf, le lait est un aliment complet à relation nutritive étroite. Sa composition varie avec les races, les individus, le mode d'alimentation, etc. Voici une moyenne:

EAU	CASÉINE	ALBUMINE	BEURRE	LACTOSE	SELS
14.71	3.01	0.75	3.66	4.82	0.70

(HIRT.)

.La composition minima serait :

Eau. . . . . 83 pour 100.
Caséine. . . . . . . 1.90 —
Beurre. . . . . . . 1.50 —
Lactose. . . . , . . 3 —
Sels. . . . . 0.65 —

La composition maxima serait :

Eau. . . . . 90 pour 100.
Caséine. . . . . . . 4.3 —
Beurre. . . . . . . 4.50 —
Lactose. . . . . . . 5.50 —
Sels. . . . . 1. —

(CORNEVIN.)

L'analyse des cendres permet de reconnaître sur 1,000 parties :

Sodium. 6.38
Potassium. 24.71
Chlore. 14.39
Oxyde de calcium. 17.31
Oxyde de magnésium. 1.90
Acide phosphorique. 29.13
Acide sulfurique. 1.15
Oxyde de fer. 0.33
Silice. 0.09

(SCHMIDT.)

E. THIERRY. Vaches laitières.   18

Au repos dans un vase et mis au frais, le lait se divise : une partie, comprenant les globules de graisse, s'élève à la surface et donne la crème. La matière grasse est elle-même composée de margarine, de butyrine, de stéarine et de lécithine, qui est phosphorée. La seconde partie reste au fond et est en grande partie constituée par le caséum.

Le lait renferme en outre de l'air, et environ 7 pour 100 d'acide carbonique.

A. Modifications produites par l'ébullition. — Quand elle est un peu prolongée, les gaz sont expulsés et la proportion d'eau diminue. L'arôme disparaît et il se forme à la surface une pellicule qui, d'après M. Ch. Richet, n'est que de l'albumine coagulée. Bouilli, il est plus digestible par suite de la perte d'une partie de sa protéine. Le coagulum, par la présure, du lait cuit est floconneux et ne constitue pas une masse compacte et homogène comme celui qui a été obtenu à froid.

B. Examen du lait a l'aide d'instruments. — Il est souvent, sinon toujours, nécessaire de s'assurer de l'état et de la qualité du lait vendu pour la consommation publique. Nous pensons que les producteurs, les marchands et les consommateurs eux-mêmes feraient bien de connaître ces instruments et d'en apprendre l'emploi.

a. *Lacto-densimètre.* — Il y en a de plusieurs sortes, qui ne sont, les uns et les autres, que des aréomètres à volume variable et à poids constant, à l'aide desquels on apprécie la densité, insuffisante pour renseigner sur les autres qualités. Nous ne pouvons que signaler ces appareils : ceux de Bouchardat et Quévenne, de

Lenglet, de Pinchon. Mais tous ces instruments, aussi exacts qu'ils puissent paraître, ne le sont jamais en réalité. D'ailleurs tous les laitiers savent bien qu'on peut enlever au lait une partie de sa crème et lui redonner une densité voisine de 1,032, en ajoutant de l'eau d'une façon modérée (J. Rouvier). Nous avons toujours réprouvé les jugements correctionnels, nombreux autrefois, et seulement basés sur les constatations faites par le commissaire de police à l'aide du pèse-lait.

b. *Crémomètre*. — Il faut donc recourir à d'autres instruments tels que les crémomètres et, parmi eux, ceux de Jeannier et de Krocker paraissent les plus sûrs. Ces instruments sont basés sur le principe que abandonné à lui-même, pendant un certain temps, le lait se sépare en deux couches, dont la supérieure formée par la réunion des corpuscules graisseux constitue la crème qui renferme en moyenne 372 parties de beurre pour 1,000.

Une objection sérieuse a été formulée contre les crémomètres, c'est que les couches de crème de même hauteur et obtenue dans les mêmes conditions ne renferment pas la même quantité de matière grasse (Cornevin) ; d'où l'indication du contrôle du crémomètre par le lacto-densimètre.

c. *Lacto-butyromètre, de Marchand*. — Un pharmacien de Fécamp, M. Marchand, a donné son nom, il y a plus de quarante ans, à un appareil assez simple dans lequel le lait, traité successivement par la soude caustique et par l'éther, donne la proportion exacte de beurre qui ne doit jamais descendre au-dessous de 30 pour 1,000, ce qui équivaut à 1 kilogramme de beurre pour 33 litres 33 de lait.

d. *Autres appareils.* — Il est encore d'autres instruments, d'un emploi plus délicat sinon plus difficile, permettant de doser exactement la caséine et le sucre contenus dans le lait. Il serait trop long de les étudier ici.

Aussi bien la Cour d'Appel de Paris, depuis longtemps déjà, ne ratifie plus les jugements prononcés pour fraude sur la qualité du lait, si l'appréciation n'a été faite qu'à l'aide des pèse-lait des commissaires de police. Elle exige une analyse complète par des experts spéciaux des échantillons prélevés ou saisis.

Nous l'avons dit précédemment, le lait de la même vache, de la même traite, n'est pas identique à lui-même, quant à ses qualités physiques et à sa composition suivant les moments, plus ou moins éloignés de la traite, où on l'examine. Le lait du commencement d'une traite n'est pas même identique à celui de la fin.

II. — LAIT MALADE.

A. Le LAIT CRUENTÉ n'est pas précisément impropre à l'alimentation de l'enfant ou de l'homme ; mais il peut être répugnant. On y rencontre quelques stries sanguines, provenant évidemment de la mamelle, sans que celle-ci soit pour cela malade. Le lait n'est pas entièrement rougi, comme cela arrive souvent dans les cas de mammite aiguë. Ces stries sanguinolentes, dont on ignore exactement l'origine et ressemblant aux stries qu'on rencontre parfois en ouvrant un œuf frais, viendraient, pour certains auteurs, de la traite faite trop à fond. Elles peuvent provenir, à notre avis, des dilacérations, par tractions trop violentes sur la tetine pendant la mulsion, de la membrane qui tapisse l'intérieur de la citerne et du trayon.

B. Le LAIT FILANT est impropre à la consommation, mais il peut être employé à la fabrication du beurre. Il a subi une altération qui lui donne une consistance gommeuse et permet de l'étirer en filaments. Nous n'avons jamais observé cette altération étudiée par Schmidt-Mulheim et Lœffler.

C. Le LAIT AMER est mauvais à consommer et peut être nuisible. On observe le lait amer chez les vaches qu'on va cesser de traire pour cause de gestation. L'amertume ne se manifeste pas le plus souvent, au moment de la traite, mais seulement après quelque temps de repos du lait. La crème monte mal, inégalement, dans les différents vases contenant le produit d'une même traite. Le lait s'acidifie très promptement.

D. LAIT PUTRÉFIÉ. — Ce lait, pendant la durée de la montée de la crème, est atteint par la fermentation putride en l'espace de deux ou trois jours. La couche de crème devient livide, dégage de l'acide sulfhydrique. Le coagulum n'a pas de consistance. Cette maladie s'observe surtout dans les laiteries malpropres.

E. LAIT BLEU. — Dès notre enfance, nous avons eu occasion d'observer le lait bleu, avec notre père P. Thierry, vétérinaire, qui a laissé un nom respecté, chez notre grand-père maternel. A certaines époques de l'année, août et septembre, quand les trois vaches allaient paître dans des prés bas remplis de prêle et de carex, la crème de leur lait se couvrait d'îlots, d'un bleu pâle, qui devenaient bientôt confluents.

Aujourd'hui on ne paraît plus avoir le droit d'admettre que l'influence des pâturages suffise à amener le bleuissement du lait. Toutefois nous ne sommes pas éloigné de penser que l'alimentation agissant sur la qualité du lait, la crème de celui-ci ne devienne, dans ces conditions, un milieu favorable au développement du *Vibrio cyanogenus* ou à celui d'un cryptogame, le *Penicillium glaucum* dont les germes se trouvent dans la laiterie[1].

Nous conseillons, quelle que soit l'origine du mal, la désinfection à fond de l'étable, de la laiterie et de tous les ustensiles qui peuvent y être employés.

F. Lait rouge. — Il serait dû à un microcoque (*micrococcus prodigiosus*) qui est rouge carmin et vénéneux.

Ces laits colorés, sauf celui qui n'est que cruenté, sont tous impropres à la consommation et on ne doit pas même les employer à l'alimentation des porcs.

III. — Altérations du lait dues aux maladies de la vache.

Dans certains états pathologiques chroniques, le lait devient impropre à l'alimentation, et ne saurait être employé à quoi que ce soit, ni à la fabrication du beurre, ni à celle du fromage.

Le lait des vaches ostéomalaciques ne doit pas être consommé en nature, il renferme une trop grande quantité de chaux (Gusscrow). Mais il peut être utilisé

---

1. Voyez Macé, *Traité de bactériologie*. Seconde édition. Paris, 1892.

à la fabrication du beurre plutôt même qu'à celle du fromage.

La tuberculose rend absolument inutilisable le lait provenant de vaches dont les mamelles sont atteintes par cette maladie. Le lait tuberculeux est particulièrement dangereux pour les enfants élevés par l'allaitement artificiel. Il peut transmettre la diathèse. S'il n'est pas nécessairement virulent, il faut le tenir par prudence en suspicion (J. Rouvier). Selon le même auteur, la fréquence des manifestations tuberculeuses, phtisie, carreau, coxalgie, tumeurs blanches, caries vertébrales, etc., dont l'origine paraît inexplicable chez des enfants appartenant à des familles très robustes, ne peut être attribuée qu'à l'usage de lait de vaches tuberculeuses.

Nous estimons que, quand il s'agit de l'alimentation des enfants et des malades, on doit toujours donner la préférence au lait de vaches jeunes et surtout ne toussant jamais.

IV. — FALSIFICATIONS DU LAIT.

Nous croyons l'avoir déjà dit, dans le cours de ce livre, jamais peut-être à Paris, on n'a consommé d'aussi bon lait que depuis quelques années; ce qui est dû à la concurrence que se font les laitiers. C'est à qui vendra le meilleur lait. Mais pour avoir du lait véritablement bon, il faut y mettre le prix, et il n'est pas extraordinaire que le client, qui ne veut pas payer assez cher, achète un lait plus ou moins *baptisé*.

Le *mouillage*, c'est-à-dire l'addition d'eau, devait

tout naturellement être la première fraude employée par le laitier. Quand l'eau n'est pas en trop forte proportion, il n'y a pas grand mal, si cette eau est d'ailleurs saine, et cela ne peut porter atteinte à la santé du consommateur. Ce n'en est pas moins un acte blâmable, un vol justiciable, avec raison, de la police correctionnelle. Mais, aujourd'hui, il faut être stupide, la fraude étant si facile à déceler au seul examen des caractères physiques, pour falsifier le lait mis en vente.

L'*écrémage* du lait est une fraude plus sérieuse, non moins facile à reconnaître malgré l'addition de solutions gommeuses, de jaunes d'œuf, d'ichtyocole ou d'émulsions huileuses, etc. On retrouve, par les procédés variés d'analyses, les divers produits ajoutés en remplacement des substances naturelles disparues. On est même allé jusqu'à remplacer la crème par un magma innommé de cervelle triturée dans un mortier. Les cellules et les tubes nerveux du cerveau sont bientôt découverts par le microscope.

Nous ne pouvons que conseiller aux falsificateurs de s'abstenir, car ils peuvent avoir désormais la certitude que leur méchante action est facile à mettre au grand jour, et que les quelques sous qu'ils croient ainsi extorquer à leurs clients se transformeront en autant de pièces de vingt francs qu'ils perdront à bref délai.

V. — MODIFICATIONS DU LAIT AU CONTACT DE L'ATMOSPHÈRE.

Il est une indication qu'il est bien difficile de mettre en pratique, c'est celle du transvasement du lait après la traite. Le lait tiré dans un vase de fer-blanc et laissé dans ce vase se conserve mieux que quand il est versé dans un autre d'une autre matière, zinc, fonte, terre cuite, etc. Il serait en tout cas préférable, si le transvasement est indispensable, de le mettre dans un récipient de même nature que celui dans lequel il a été recueilli.

Le lait, laissé au contact de l'air, absorbe des quantités prodigieuses de substances étrangères, de poussières atmosphériques, de microbes qui pullulent dans une proportion invraisemblable. Deux expériences de Miquel ont donné des résultats inimaginables. Du lait trait à 6 heures du matin renfermait par centimètre cube :

Au bout de deux heures. .	9.000	bactéries.
Une heure après.	31.750	—
Deux heures plus tard. . .	36.250	—
Sept heures plus tard. . .	60.000	—
Neuf heures plus tard. . .	120.000	—
Vingt-cinq heures plus tard.	5.600.000	—

Dans la seconde expérience, la progression de la multiplication bactérienne a été encore plus extraordinaire et arrivait au bout de vingt-cinq heures au chiffre fantastique de 63,500,000.

Les médecins, en Angleterre, en Allemagne, en France, etc., ont constaté, sans doute possible, la transmission, par le lait infecté, de la fièvre typhoïde, de la scarlatine, de la diphtérie n'atteignant que les personnes ayant consommé un lait suspect déterminé.

Malgré les dénégations de beaucoup de nos maîtres, Boulay d'Avesnes, a constaté la transmission de la vache à l'homme, par le lait, de la fièvre aphteuse. Et

M. Nocard a reconnu que, dans les épidémies, la contamination par le lait est de beaucoup la plus efficace.

Les matières septiques en suspension dans l'atmosphère et mélangées fortuitement au lait le rendent également très dangereux. Or, les différents accidents morbides provenant du lait ont été amenés par l'air du lieu où ce produit a séjourné. C'est ainsi que du lait, déposé dans une salle d'hôpital, a été trouvé envahi par les bacilles pathogènes, provenant des malades couchés dans cette salle.

Mais l'air n'est pas le seul agent de contamination du lait. L'eau est au moins aussi coupable. Quand le laitier met de l'eau dans son lait, il ne prend pas la peine de la filtrer et encore moins de la stériliser et de la rendre ainsi inoffensive. On nous a conté la plaisanterie d'un laitier des environs de Paris (Bords de la Marne) qui avait la spécialité et le talent rare de l'élevage des goujons dans son lait. On voulait sans doute exprimer l'idée que le fraudeur ne s'occupait guère de la qualité de l'eau servant au « baptême » du lait qu'il vend à ses concitoyens.

Si les vases, servant à mettre le lait, ne sont pas parfaitement essuyés, séchés après le lavage avec des linges propres et chaque jour renouvelés, si l'eau, qui a servi au nettoyage, n'a pas été bouillie, elle peut laisser des germes nombreux qui altèreront la qualité du lait ou le rendront même nuisible.

Tous les infiniment petits, qui pullulent dans le lait, peuvent aussi, sans le rendre absolument malfaisant, faire développer des fermentations modifiant essentiellement ou détruisant même les principaux éléments constitutifs du lait : crème, caséine et lactose, changeant ainsi sa couleur, son odeur, sa saveur, sa puissance nutritive et sa digestibilité.

VI. — CONSERVATION DU LAIT.

Le lait, étant d'un usage si journalier dans tous les ménages, on a dû chercher les moyens de le conserver, en ne laissant perdre que le moins possible de ses qualités, pour permettre son transport à des distances quelquefois assez grandes. Le lait naturel fraîchement trait, peut, tout en subissant de légères modifications non nuisibles, être transporté à 100 et même 150 kilomètres, par chemin de fer, avant d'être livré au consommateur. Nous connaissons des producteurs qui expédient de province le lait de la traite du soir qui sera livré, à la clientèle, le lendemain matin à Paris.

Quand le lait est recueilli après un nettoyage complet de la mamelle et de la tetine ; quand les récipients sont de la plus extrême propreté ; que la laiterie où il séjourne est également irréprochable, sans s'altérer sensiblement et en restant bon pour le consommateur, le lait peut voyager et conserver toutes ses propriétés alibiles pendant trois ou quatre jours. Malheureusement toutes ces précautions, si élémentaires, ne sont pas toujours bien prises et, généralement, le lait, qui a voyagé, peut à peine se conserver vingt-quatre heures après son arrivée à destination. D'où la recherche nécessaire des moyens certains de conservation.

Il faut avant tout rejeter l'addition de substances médicamenteuses conseillées pour arrêter ou prévenir les transformations diverses du lait.

Les préparations chimiques, l'acide carbonique, le bicarbonate de soude, l'ammoniaque, l'acide borique, l'acide salicylique et le salicylate de soude, le benzoate de magnésie n'ont donné que des résultats précaires, soit parce qu'ils ne conservent réellement pas, soit parce qu'ils n'empêchent pas la pullulation des microbes pathogènes, soit enfin parce qu'ils donnent au lait une odeur et une saveur désagréables ou répugnantes.

Les procédés physiques paraissent préférables ; mais ils ont encore l'inconvénient, comme la concentration par la chaleur, même la pasteurisation, de modifier un peu la nature et la saveur du lait.

L'évaporation de l'eau du lait par l'action de courants d'air vaut encore mieux à la condition que cet air soit absolument pur. C'est le procédé Gallais.

Une compagnie anglo-suisse condense le lait par l'évaporation dans le vide. Ce procédé serait, dit-on, un des meilleurs ; car une boîte entamée peut rester huit à dix jours exposée à l'air sans s'altérer (J. Rouvier).

M. Ch. Gravier, propriétaire de la ferme modèle (?) de Vichy aurait aussi réussi dans la préparation du lait condensé. Il est même arrivé à réduire le lait en tablettes ou en poudre par l'addition de sucre dans le produit de la condensation.

Le lait condensé est transportable à de grandes distances sans avoir à redouter aucune altération. M. le docteur J. Rouvier dit l'avoir employé avec succès dans les traversées [1].

---

1. Voyez J. Rouvier, *Le lait, caractères dans l'état de santé et de maladie, altérations et falsifications, germes de maladies, micro-organismes du lait.*

Parmi les laits en poudre et en tablettes, un des meilleurs serait celui de la ferme de Vichy.

Le froid est encore un moyen de conservation qui, pourtant, n'a pas la propriété de détruire les divers microbes.

Parmi les moyens de stérilisation, le meilleur paraît être celui de Soxhlet qui, au lieu d'employer la chaleur intense, se contente de l'action prolongée d'une chaleur modérée, procédé simple, facile et efficace (J. Rouvier).

Une société nouvelle, au capital de 1,500,000 francs, vient de se fonder en France pour la préparation des laits stérilisés et condensés. Comme tous les établissements similaires, cette société industrielle a recours à des procédés qui sont basés sur les immortelles découvertes de M. Pasteur.

VII. — LA LAITERIE.

De tous les locaux de la ferme aucun n'a autant besoin que la laiterie de dispositions spéciales bien appropriées, nul non plus n'a besoin d'être tenu plus propre et plus aseptique.

Une laiterie bien comprise doit toujours être en quelque sorte isolée. Il faut en tout cas qu'elle soit éloignée des fumiers, de la fosse à purin, des machines à battre, des tarares et des habitations de tous les animaux.

Elle doit être fraîche et non humide, facile à ventiler. L'eau doit pouvoir y arriver en abondance et s'en écouler facilement sans stagnation possible après le lavage. La laiterie sera orientée au nord et appuyée, quand c'est possible, à un coteau qui l'abrite du côté sud.

Suivant que la laiterie sera destinée à la vente du lait en nature, ou à la confection, en petites quantités, du beurre et du fromage, ou qu'elle doive comporter une installation compliquée pour la transformation du lait, elle sera plus ou moins grande. Nous ne nous occuperons pas de cette dernière ici, nous réservant d'en dire un mot dans le court chapitre consacré aux industries du lait.

Quand la laiterie ne doit répondre qu'aux besoins d'une petite ou d'une moyenne exploitation, deux compartiments de plain-pied sont suffisants, avec l'addition, dans le fond, d'un caveau voûté plus frais encore et non humide en contrebas, pour la conservation de la crème.

Dans le premier compartiment a lieu la réception du lait et la sortie de celui qui est vendu en nature. Dans le second se trouvent tous les ustensiles avec un évier pour le lavage de ceux-ci. C'est dans cette partie que se trouvera aussi l'appareil de chauffage pour l'hiver.

La laiterie doit être pavée de briques sur champ ou dallée en portland artificiel d'un nettoyage très facile. Pourtant on peut reprocher à ce dernier de devenir glissant quand il est un peu usé. Les parois et le plafond seront blanchis à la chaux, à moins que les murs ne soient recouverts de plaques de faïences, ce qui serait préférable en raison de la facilité de l'entretien en parfait état de propreté.

Les tables de la laiterie seront en pierre dure, en marbre ou en faïence vernissée, elle seront d'une hauteur de 50 à 60 centimètres. Des auges peu profondes pour le rafraîchissement des produits, seront placées sous les tables. L'eau y arrivera et s'en écoulera d'une façon continue après avoir rempli son office. On en règlera le débit à volonté.

Les ouvertures, de petites dimensions, seront vitrées et garnies de volets et de châssis avec toiles métalliques. Les uns et les autres seront utilisées suivant les saisons.

CHAPITRE XVIII

INDUSTRIES LAITIÈRES

Nous ne pouvons qu'effleurer à peine ce sujet. Nous renvoyons le lecteur aux ouvrages spéciaux, qui traitent de la fabrication du beurre et du fromage [1]. Nous ne reviendrons pas sur les industries qui ne s'occupent que de la conservation du lait. Nous voulons dire quelques mots de la fabrication du beurre et des fromages.

Les laiteries dans lesquelles on se livre à la fabrication, sur une assez grande échelle, de ces dérivés du lait, doivent avoir une assez grande étendue en rapport avec l'importance de la production. Les indications

1. Voyez Ferville, l'*Industrie laitière, le lait, le beurre et le fromage.* (Bibliothèque des connaissances utiles).

que nous donnerons ne peuvent avoir d'utilité que
pour la petite et la moyenne culture pour des raisons
que nous avons déjà exposées.

I. — Beurre.

Une laiterie, dans laquelle on veut fabriquer du
beurre, doit avoir au moins trois, pièces, une pour la
réception du lait, un caveau dans lequel s'opère la
montée de la crème, enfin un local pour le *barattage*.
C'est dans cette pièce que doivent se trouver les bassins
à rafraichir, divisés en plusieurs compartiments disposés de telle façon que l'eau qui y arrive s'en écoule
dès qu'elle a été utilisée. Il y aura encore dans ce local
les tablettes à pétrissage et à malaxage.

Le beurre est le produit le plus précieux extrait du
lait. Il résulte de l'agglomération en masses plus ou
moins volumineuses, par le barattage, de la matière
grasse contenue dans le lait. Le beurre est, en France,
et particulièrement en Normandie et en Bretagne,
l'objet d'importantes transactions.

Bien qu'il soit possible et facile d'extraire le beurre
directement du lait, généralement on commence par
obtenir, sur les récipients où il est en dépôt, une
couche très riche en graisse. C'est la *crème* sur laquelle on agit pour la transformer en beurre en lui
faisant perdre le liquide ou *lait de beurre* dans lequel
nagent les globules de graisse.

Normalement, dès que le lait est déposé à la laiterie,
et qu'il est un peu refroidi, en vertu de sa densité,
la crème monte à la surface. Mais cette sorte de sépa-

ration est lente et, si l'on est obligé d'attendre qu'on ait une quantité assez importante de crème pour la baratter, la première obtenue s'altère tandis que la montée n'est pas encore effectuée sur les derniers pots remplis. .

D'après M. Cornevin la montée est d'autant plus longue que les globules graisseux sont plus ténus. C'est ainsi qu'il explique la rapidité avec laquelle on peut faire du beurre avec de la crème provenant du lait de vaches normandes et la lenteur de l'opération avec du lait de hollandaises, les globules graisseux étant plus volumineux dans le lait des premières que dans celui des secondes. De même si on veut faire le beurre avec le lait lui-même, il se fera plus vite avec celui dont la graisse est en corpuscules plus volumineux.

Pour ne pas attendre la montée de la crème on emploie un appareil connu sous le nom d'écrémeuse. Nous conseillons, pour les productions petites et moyennes, l'emploi de l'écrémeuse centrifuge à main de Pilter (fig. 72), d'une grande simplicité et d'une commodité telle qu'un enfant peut l'actionner. Au dernier concours général agricole de Paris (1895), cet appareil (Alpha Colibri) a remporté un succès qui nous paraît mérité. On peut obtenir avec lui 70 litres de crème à l'heure.

Il est nécessaire que le lait à écrémer ait une température favorable que M. Pilter fixe à 28° ou 30° centigrades. A une température inférieure la quantité de crème, pour une quantité de lait donnée, est beaucoup moindre. La séparation se fait plus difficilement dans l'écrémeuse.

Que la crème soit obtenue par la simple montée ou

par l'écrémage mécanique, il ne faut pas attendre
plus de quatre à cinq jours avant de l'utiliser. Au
delà de ce délai elle s'altère, rancit et se couvre de
moisissures. Toutefois, avant d'être barattée, si elle
provient de l'écrémage du lait chaud sortant de la
mamelle, ou si elle a été chauffée dans l'écrémeuse,
elle doit être refroidie pendant environ quatre heures
et descendre, à l'aide de la glace quand on peut s'en
procurer, à la température de 4° centigrades.

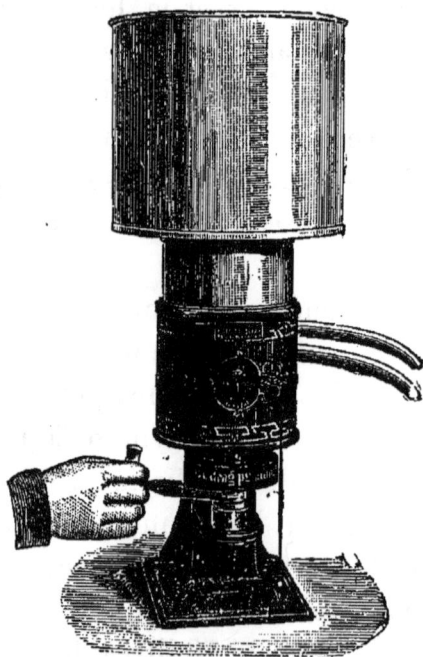

Fig. 72. — Écrémeuse Pilter.

Pour que le beurre se fasse bien, qu'il ait tout
l'arôme recherché dans le beurre français si exquis,
il faut que la crème subisse une légère fermentation
acide dont M. Pilter a tracé les règles et la durée qui
est en moyenne de 16 à 20 heures.

C'est alors qu'a lieu le barattage, et pour les moyennes exploitations nous indiquons, comme simple et pratique, la baratte à main Chapellier (fig. 73). Avec cet instrument, il est facile, en très peu de temps, d'obtenir du beurre directement du lait lui-même. Cette préparation extemporanée du beurre ne manque pas d'être avantageuse.

Fig. 73. — Baratte Chapellier

Le barattage se fait en un temps plus ou moins long, suivant la saison. Il est plus long à faire en été qu'en hiver. Quand les globules de graisse sont rassemblés, on extrait la masse de la baratte et on lui fait subir les opérations du *lavage*, du *délaitage* et du *malaxage*.

Pour laisser au beurre tout son arôme *sui generis*, il faut éviter le plus possible les manipulations à la main.

Le beurre est alors placé dans les réservoirs, dont nous avons indiqué le rôle, où le courant opère un premier lavage. Puis on le passe dans la délaiteuse à main (fig. 74) où par la force centrifuge, et par le même mécanisme que celui des turbines de sucrerie, tout le lait de beurre est enlevé. Avec cette délaiteuse on peut

Fig. 74. — Délaiteuse à main Pilter.

même se dispenser du lavage qui enlève aussi une partie de l'arome du beurre.

Vient enfin le malaxage, qui n'a plus de liquide à enlever après la précédente opération, mais qui sert à donner plus d'homogénéité à la pâte. L'opération se fait avec un malaxeur à main (fig. 75) qui vaut infiniment mieux que le pétrissage par les mains plus ou moins chaudes de la personne chargée de ce service.

Pour manipuler la masse, pour l'extraire de la délaiteuse et la reporter sur le malaxeur, pour le mettre

Fig. 75. — Malaxeur à main Chapellier.

en pain ou en motte, on ne se servira que de spatules en bois, tenues très propres, et ayant des formes différentes suivant les contrées, les habitudes locales et individuelles.

II. — Fromage.

La laiterie où se fait le fromage n'a rien de particulier, à moins qu'il ne s'agisse de fromages à pâte cuite dont nous ne pouvons nous occuper dans ce livre. On ne peut que recommander, encore et toujours, la plus grande propreté.

Le fromage provient de la coagulation de la caséine

qui maintient tous les globules gras quand le lait n'a pas été écrémé ou ceux qui ont échappé à l'écrémage. Celui que donne le premier est un fromage *gras;* et on appelle fromage *maigre* celui qui est formé par le lait écrémé. Il est même certains fromages de luxe qui résultent de l'addition de crème au fromage gras.

La masse obtenue par la coagulation est le résultat de la fermentation du lactose et de la formation d'acide lactique. Elle se fait naturellement dans la caillette des veaux, et c'est de là qu'on extrait le ferment pour en faire une *présure* artificielle.

Selon M. Duclaux, le caillé peut provenir d'une présure spéciale sécrétée par certains microbes du lait et en particulier par ceux qu'il appelle précisément les *microbes du lait*[1].

Quand le caillé est bien formé, il est extrait des vases et mis dans d'autres, percés de trous, par lesquels s'écoule le petit lait. Ces vases, à jours, sont en terre cuite ou en osier. Il est ensuite séché, salé et traité de diverses façons suivant les habitudes locales et suivant aussi les exigences des amateurs.

Le fromage maigre se fait seul, au fond des pots où a eu lieu la montée de la crème, sans qu'il soit besoin, si ce n'est rarement, d'employer la présure. Le caillé privé de son petit lait, est ensuite égoutté comme le fromage gras, puis séché, dans certaines contrées au point qu'il acquiert une grande dureté qui lui a fait donner le nom pittoresque de « *fromage à la cognée* ».

---

1. Voyez Duclaux, *Le lait, Études chimiques et microbiologiques,* 1 vol. in-16 avec figures. (Bibliothèque scientifique contemporaine).

Il y a plusieurs sortes de fromages ; les fromages doux à pâte molle, les fromages doux à pâte ferme et les fromages aigres.

Les premiers sont dits *frais* et *affinés* ou *passés* suivant qu'ils sont consommés aussitôt après la fabrication ou qu'on les laisse subir une fermentation. Tels sont les fromages de Maroilles, de Camembert, de Brie, de Troyes, d'Ervy, de Saint-Florentin, de Langres, etc.

Les fromages à pâte ferme sont divisés en *pressés* et en *cuits :* ceux du Cantal, de Port-du-Salut, les Gruyères, etc.

Je ne sache pas qu'en France on fabrique de fromages aigres.

Quand, dans une même exploitation, dans une même laiterie, on veut faire tout à la fois du beurre et du fromage, il faut réserver, dans cette laiterie, un compartiment spécial pour le fromage. Il faut encore que ce local soit aussi éloigné que possible de celui où on fabrique le beurrre et celui où la crème est mise en dépôt.

Les fromages s'altèrent et deviennent nuisibles et, par conséquent, doivent être rejetés de la consommation, quand la maturation est trop avancée. Le fromage renferme alors des microbes et des ptomaïnes toxiques dangereux surtout pour les cardiopathes et les athéromateux.

III. — AUTRES PRODUITS DÉRIVÉS DU LAIT.

Parmi ces produits, deux seulement, dont l'emploi est immédiat, intéressent l'agriculteur et l'éleveur, c'est le *lait de beurre* ou *babeurre* et le *petit lait* qui s'écoule du caillé.

Le lait de beurre convient merveilleusement à l'alimentation des veaux et des porcelets. Indépendamment des matières quaternaires qu'il renferme en proportion assez élevée, on pense que son acide lactique augmente la digestibilité des éléments avec lesquels il se met en contact (Cornevin).

Le petit lait, de couleur verdâtre, résidu de la fabrication du fromage, est assez acidulé. On le donne aussi aux veaux et aux porcs, et ceux-ci en sont particulièrement avides. C'est, dit aussi M. Cornevin, le meilleur excipient des médicaments à administrer aux porcs. Il paraît qu'on prescrit à l'homme des cures de petit lait ; voire de lait de beurre. Nous avons souvent fait nourrir de jeunes chiens, atteints de la *maladie des chiens* avec ces produits qu'il prenaient toujours de préférence à tous autres aliments.

CHAPITRE XIX

LE LAIT COMME AGENT THÉRAPEUTIQUE EN MÉDECINE HUMAINE

« De toute antiquité, le régime lacté a fait partie des ressources curatrices destinées à combattre les états morbides les plus variés. Fréquemment mentionné dans les auteurs sanscrits, nous le voyons préconisé

par Hippocrate dans la *phtisie*... » (E. Rondot.) Les
médecins de l'antiquité latine ont, eux aussi, employé
le lait dans les mêmes circonstances que les médecins
grecs. Mais le moyen âge l'a proscrit sous le prétexte
d'empoisonnements rapides terminés par la mort. Le
siècle dernier lui a donné une nouvelle faveur. Mais les
indications ne furent précisées que par les médecins
contemporains, qui ont su utiliser les grandes découvertes et les travaux de Laënnec ouvrant une voie nouvelle aux études plus complètes des maladies du cœur
et, après les recherches de Bright, à celles des maladies du rein, qui n'étaient pas mieux connues. L'honneur du traitement rationnel des affections viscérales
et vasculaires par le régime lacté revient, sans conteste,
croyons-nous, à Serres, Guinier, Pécholier, Karell,
Jaccoud, G. Sée, Hanot, Henri Huchard, Debove et à
toute la pléiade des médecins des hôpitaux qui, il faut
bien le dire, ont trouvé de sagaces disciples parmi les
praticiens de la province.

Le lait, qui est par excellence la nourriture de l'enfant, devrait constituer sa seule boisson jusqu'à l'âge
de 6 ou 7 ans. C'est aussi la boisson qui convient le
mieux aux vieillards dont le système vasculaire est
toujours plus ou moins athéromateux, et dont les
fonctions rénales et hépatiques sont si souvent défec-
tueuses. C'est par je ne sais quel préjugé inexplicable
qu'on entend dire souvent : « Le vin est le lait des
vieillards. » De toutes les boissons nulles ne lui sont
plus funestes que les boissons fermentées : vin, cidre,
bière.

La réhabilitation du lait comme aliment complet,
comme boisson ordinaire de l'enfant et du vieillard,

comme agent thérapeutique est des plus justifiée. Malheureusement les malades soumis au régime lacté le commencent trop tard ou refusent de le suivre. — *Principiis obsta...* — ; et les cas de mortalité dûs au refus du lait comme unique aliment, dans certains états morbides, sont nombreux et bien connus.

Évidemment, pour certaines personnes le lait a quelques inconvénients ; il n'est pas bien supporté par tous les estomacs ; il donne de l'acidité gastrique et du *pyrosis;* il donne la diarrhée ou il constipe, suivant les idiosyncrasies, etc. Mais il est facile de remédier à tout cela par l'addition d'eaux minérales : Vals, Vichy, etc., de l'eau de chaux, du bicarbonate de soude, de la pepsine, de la pancréatine, du benzoate de Naphtol (Henri Huchard), etc.

Le lait de vache qui est, comme nous l'avons déjà dit, un aliment complet, a un coefficient de digestibilité très élevé le rendant très nutritif. Comme agent thérapeutique il a des propriétés diurétiques et éliminatrices bien tranchées. Si même, dans les cardiopathies il ne dispense pas de l'emploi de la digitale ou de ses dérivés, il est l'adjuvant indispensable de cette médication.

Dans toutes les maladies du tube intestinal, on recherche surtout ses propriété nutritives, analeptiques.

Dans les engorgements œdémateux, dans les épanchements séreux on l'emploie pour aider et activer la dépuration rénale et le nettoyage automatique de la machine humaine.

M. H. Huchard signale, dans ses travaux si nombreux, les heureux résultats obtenus par le régime

lacté dans l'artério-sclérose et dans toutes les cardiopathies.

Dans les affections hépatiques : congestion du foie,
cerrhoses atrophique et hypertrophique, dans la lithiase
biliaire aussi bien que dans l'insuffisance et la lithiase
rénales, dans la néphrite albumineuse, le lait a donné
souvent les succès les plus surprenants et les résultats
les plus inespérés.

La goutte et la diathèse urique, maladies des « gens
qui vivent trop bien », les rhumatismes musculaires
sont justiciables du régime lacté. La diathèse herpétique
n'a pas non plus de plus sérieux antagoniste que le lait.
Combien de dartreux, d'eczémateux, etc., ont eu à se
louer d'améliorations ou de guérisons de leur état par
l'emploi du lait en boisson ou comme unique aliment!
Pour le pauvre, ou du moins pour les gens peu fortunés, le régime lacté peut presque toujours les dispenser des voyages si coûteux aux stations thermales.

Il n'est peut-être pas d'ailleurs une seule maladie
chronique contre laquelle l'emploi judicieux du lait,
comme régime exclusif ou mixte, ne soit indiqué. Et
les malades qui le supportent et le digèrent, avec ou
sans adjuvant, n'ont jamais eu, que nous sachions,
qu'à s'en féliciter.

Mais disons-le encore, en terminant ce chapitre : il
faut bien choisir le lait, en connaître la provenance,
c'est-à-dire les qualités et la santé de la vache qui le
fournit. Avec un lait sain les valétudinaires se rétabli-
ront promptement sans courir les risques d'intoxication
par les ptomaïnes toujours abondantes dans les côte-
lettes et dans les beefsteaks saignants.

CHAPITRE XX

STATISTIQUE

Les statistiques, quelles qu'elles puissent être, inspirent toujours une confiance médiocre à ceux qui les consultent. Cependant ce sont ceux-là mêmes qui les critiquent avec quelque passion qui s'en servent le plus souvent.

D'une manière générale on peut admettre qu'elles donnent des indications approximatives très suffisantes et qu'il est toujours facile de les rectifier quand il s'agit d'y trouver des renseignements bien déterminés pour telle ou telle spécialité industrielle, commerciale ou agricole.

On dit bien, non sans parti pris et non sans injustice : « On sait comment les statistiques sont faites ; on demande des renseignements à des administrations pour lesquelles elles n'ont aucun intérêt, etc. » Cela peut être vrai. Mais les administrations et l'autorité mettent en œuvre des agents qui, d'ordinaire, font bien leur devoir et fournissent des renseignements aussi exacts que possible. Je n'ai ni la prétention ni l'autorité scientifique nécessaire pour tenter la réhabilitation des statistiques ; mais je sais bien comment, en ce qui me concerne, j'ai toujours donné les renseignements demandés, et avec quel zèle aussi s'acquittent de leur mission les agents venus auprès de moi pour se renseigner. Sans doute, du jour au lendemain une statistique n'est plus mathématiquement exacte. Mais ce n'est pas l'exactitude absolue qu'on lui demande.

Quoi qu'il en soit, nous ne croyons pas tout à fait inutile de donner, à la fin de cet opuscule, une statistique, que nous considérons comme aussi près que possible de la vérité, des vaches laitières et des élèves existant en France à la fin de l'année 1893 ; les statistiques de 1894 n'étant pas encore publiées.

Malgré la sécheresse persistante des années 1892 et 1893, d'après la statistique établie par le Ministère de l'Agriculture, dans les premiers mois de l'année 1894, on peut juger que le nombre de têtes de gros bétail n'a pas sensiblement diminué pour l'ensemble de la France, bien qu'il y ait eu des réductions locales considérables. Sans parler du bœuf, on comptait au 31 décembre 1893 :

Vaches. . . . . . . , . . .	6.005.246
Génisses.	1.412.612
Élèves de six mois à un an. . .	1.029.970
Veaux au-dessous de six mois.. .	914.046
Total. . . .	9.361.874

Par kilomètre carré, la densité de la population que constituent les vaches laitières et les élèves est d'environ 20 têtes.

Dans le département de l'Yonne, que nous connaissons mieux, d'après les calculs consciencieux de M. Émile Crochot, vétérinaire à Auxerre, pendant l'année 1894 le bétail aurait diminué, à la suite de la sécheresse des étés 1892 et 1893, de 23,17 pour 100, c'est-à-dire de près d'un quart. Mais nous devons dire que tous les départements français n'ont pas été aussi terriblement éprouvés que l'Yonne, eu égard à la disette fourragère, où tout a manqué à la fois : prairies naturelles, prairies artificielles, plantes-racines, etc.

En estimant à une moyenne très approximative et presque exacte de 220 francs chaque tête de bétail, on voit que le capital représenté seulement par les vaches laitières et les élèves — et encore une fois nous ne parlons ni des bœufs ni des taureaux — arrive au chiffre important de 2 milliards 59 millions 612,280 francs.

Au point de vue des transactions avec l'étranger, la France importe beaucoup plus de vaches ou de génisses devant faire des laitières, qu'elle n'en exporte. Cela s'explique par la consommation prodigieuse de lait qui se fait chez nous. Mais aujourd'hui, pourtant, la France exporte pour un chiffre très appréciable ses laits concentrés, condensés et stérilisés sous les formes liquide et solide.

TABLE ALPHABÉTIQUE.

TABLE ALPHABÉTIQUE

FIN DE LA TABLE ALPHABÉTIQUE.

TABLE DES MATIÈRES.

TABLE DES MATIÈRES

FIN DE LA TABLE DES MATIÈRES

BIBLIOTHÈQUE NATIONALE — R.F. — IMPRIMÉS

BREVANS (J. de). **Le pain et la viande.** 1892, 1 volume in-18 de 368 pages, avec 86 figures, cart. (*Bibliothèque des connaissances utiles*).. . . . . 4 fr.

Le Pain. — Les Céréales. — La Meunerie. — La Boulangerie. — La Pâtisserie et la Biscuiterie. — Altérations et Falsifications. — *La Viande.* — Les Animaux de boucherie. — La Boucherie. — La Charcuterie. — Les Animaux de Basse-Cour. — Les Œufs. — Le Gibier. — Les Conserves alimentaires. — Altérations et Falsifications.

— **Les légumes et les fruits.** 1893, 1 vol. in-18 de 324 pages, avec 132 figures, cart. (*Bibl. des conn. utiles*). . . . . 4 fr.

Les Légumes. — La Pomme de Terre. — La Carotte. — La Betterave. — Les Radis. — L'Oignon. — Le Haricot. — Le Pois. — Le Chou. — L'Asperge. — Les Salades. — Les Champignons, etc. — *Les Fruits.* — La Cerise. — La Fraise. — La Groseille. — La Framboise. — La Noix. — L'Orange. — La Prune. — La Poire. — La Pomme. — Le Raisin, etc. Conservations, Altérations et Falsifications.

BROCCHI (P.). **Traité de zoologie agricole et industrielle** comprenant la pisciculture, l'ostréiculture, l'apiculture et la sériciculture, par P. Brocchi, professeur à l'Institut agronomique. 1886, 1 vol. gr. in-8 de de 984 pages, avec 63 figures, cart.   18 fr.

M. Brocchi passe successivement en revue tous les animaux vertébrés ou invertébrés, et indique leurs mœurs de façon à faire ressortir soit les services qu'ils peuvent rendre, soit au contraire les dégâts qu'il peuvent commettre.

CHAUVEAU et **ARLOING.** **Traité d'anatomie comparée des animaux domestiques.** 1890, 1 vol. in-8 de 1,064 pages, avec 455 fig., en partie coloriées. . . . . 24 fr.

COLIN (G.). **Traité de physiologie comparée des animaux,** considérée dans ses rapports avec les sciences naturelles, la médecine, la zootechnie et l'économie rurale, par G. Colin, professeur à l'École vétérinaire d'Alfort. 1886-1888, 2 vol. in-8 avec 261 figures. . . . . 28 fr.

CUYER et **ALIX.** **Le cheval.** Extérieur, régions, pied, proportions, aplombs, allures, âge, aptitudes, robes, tares, vices, achat et vente, examen critique des œuvres d'art équestre, structure et fonctions, races, origine, production et amélioration, démontrés à l'aide de planches coloriées, découpées et superposées. Dessins d'après nature par E. Cuyer: texte par E. Alix, vétérinaire militaire, lauréat du ministère de la guerre. 1886, 1 vol. gr. in-8 de 703 pages de texte avec 172 fig. et 1 atlas de 16 pl. col. Ensemble 2 vol. gr. in-8; cart. 60 fr.

Ce livre s'adresse aux vétérinaires, aux éleveurs, à tous ceux qui, soit par nécessité, soit par goût, s'occupent du cheval et veulent éviter dans leurs acquisitions les erreurs qu'entraîne l'ignorance de l'organisation du cheval.

DUPONT. L'âge du cheval, et des principaux animaux domestiques, âne, mulet, bœuf, mouton, chèvre, chien, porc et oiseaux, par M. Dupont, professeur à l'École d'agriculture de l'Aisne. 1893, 1 vol. in-16 de 180 pages avec 36 planches dont 30 col. . . 6 fr.

FONTAN. Nouvelle médecine vétérinaire domestique ou l'art de conserver la santé des animaux, par Fontan, médecin vétérinaire. 1894, 1 vol. in-18 jésus de 350 pages, avec 100 fig., cart. . . . . 4 fr.

Ouvrage couronné par la Société nationale d'agriculture.

GOYAU. Traité pratique de maréchalerie, comprenant le pied du cheval, la maréchalerie ancienne et moderne, la ferrure appliquée aux divers services, la médecine de l'hygiène du pied. 3ᵉ *édition.* 1890, 1 vol. in-18 de 528 pages, avec 364 fig. . . 8 fr.

GUYOT (E.). Les animaux de la ferme, par E. Guyot, agronome éleveur, ancien élève diplômé des Écoles d'agriculture. 1891, 1 vol. in-18 de 344 pages avec 146 fig., cart. (*Bibl. des conn. utiles*). . . . . 4 fr.

Anatomie, physiologie et fonctions des animaux domestiques ; utilisation ; valeur économique ; le cheval, le bœuf, le mouton, le porc ; races, alimentation, reproduction, amélioration, maladies, logements ; le chien et le chat ; poules, dindons, pigeons, canards, oies, lapins, abeilles. — Ce livre résume tout ce que l'on sait sur nos différentes espèces d'animaux domestiques et leurs nombreuses races, sur leur anatomie, leur physiologie, leur hygiène, leurs malades, etc.

LACROIX-DANLIARD. La plume des oiseaux, histoire naturelle et industrie. 1891, 1 vol. in-18 de 368 pages, avec 94 figures, cart. (*Bibliothèque des connaissances utiles*). . . . 4 fr.

— Le poil des animaux, histoire naturelle et industrie des pelleteries et fourrures, poils et laines, de la chapellerie et de la brosserie, etc. 1892, 1 vol. in-18 de 419 p. avec 79 fig., cart. 4 fr.

LARBALÉTRIER. L'alcool au point de vue chimique, agricole, industriel, hygiénique et fiscal, par A. Larbalétrier, professeur à l'École pratique d'agriculture du Pas-de-Calais. 1888, 1 vol. in-18 de 350 pages, avec 50 fig. (*Bibl. scient. contemp.*). . 3 fr. 50

— Les engrais et la fertilisation du sol. 1891, 1 vol. in-18 de 352 pages, avec 74 figures, cart. (*Bibl. des conn. utiles*). . 4 fr.

L'alimentation des plantes et de la terre arable. Les amendements, chaulages, marnages, plâtrages. Les engrais végétaux. Les engrais animaux, le guano. Les engrais organiques mixtes et le fumier de ferme. Les engrais chimiques, composition et emploi, préparation, achat, formules.

LOVERDO. Les maladies cryptogamiques des céréales.
1892, 1 vol. in-16 de 312 pages, avec 35 fig. (*Bibl. scient. contemp.*). . . . . 3 fr. 50

M. Loverdo a réuni dans son livre toutes les données les plus récentes de la science sur les parasites de nos céréales, blé, seigle, maïs, orge, avoine et sorgho.

Une fois l'ennemi connu, l'auteur étudie les moyens de défense, puis pour prévenir les effets de la maladie, le traitement dans le cas où les moyens de défense n'ont pas suffi.

MONTILLOT. Les insectes nuisibles, aux forêts, aux céréales et à la grande culture, à la vigne, au verger et au jardin fruitier, au potager et au jardin d'ornement. 1891, 1 vol. in-18 jésus de 350 pages, avec 150 fig., cart. (*Bibl. des conn. utiles*). . . 4 fr.

MOREAU (Henri). L'amateur d'oiseaux de volière. Espèces indigènes et exotiques, caractères, mœurs et habitudes. Reproduction en cage et en volière. Nourriture, chasse, captivité, maladies. 1892, 1 vol. in-18 de 432 pages avec 51 fig., cart. 4 fr.

PERTUS. Le chien. Races. — Hygiène. — Maladies par J. Pertus, médecin-vétérinaire. 1893, 1 volume in-18 jésus de 310 pages avec 50 figures, cartonné. . . . . 4 fr.

SCHRIBAUX et NANOT. Éléments de botanique agricole, à l'usage des écoles d'agriculture, des écoles normales et de l'enseignement agricole départemental, 1 vol. in-18 jésus de 328 pages, avec 260 figures, 2 pl. color. et carte. Cartonné. . . . . . 4 fr.

TROUESSART. Les oiseaux utiles. 1892, 1 vol. in-4, avec 44 pl. col. d'après les aquarelles de Léon-Paul Robert, cart. 35 fr.

Le naturaliste et l'économiste ont le droit de s'inquiéter en voyant les petits oiseaux insectivores disparaître peu à peu de nos campagnes, au grand préjudice de nos céréales et de nos arbres fruitiers. C'est aux naturalistes et aux personnes éclairées qui s'intéressent à l'Agriculture de réagir de tout leur pouvoir contre les abus qui règnent encore aujourd'hui.

Liste des planches. — La Buse, la Hulotte, l'Effraie, l'Engoulevent, le Martinet, l'Hirondelle des cheminées, l'Hirondelle de fenêtres, le Gobe-Mouches, le Choucas, l'Étourneau, le Merle, la Grive, le Taquet, le Tarier, le Rouge-Gorge, la Rouge-Queue, le Rossignol, la Fauvette des jardins, la Fauvette à tête noire, la Fauvette cendrée, l'Hypolaïs, la Phragmite, le Pouillot, le Troglodyte, la Lavandière jaune, la Bergeronnette, la Farlouse, l'Alouette, la Mésange charbonnière, la Mésange nonette, la Mésange bleue, la Mésange à longue queue, la Mésange huppée, le Moineau, le Pinson, le Chardonneret, le Tarin, la Sitelle, la Huppe, le Torcos, le Pic-vert, le Pic-Epeiche.

VESQUE. Traité de botanique agricole et industrielle, par J. Vesque, maître de conférences à la Faculté des sciences de Paris et à l'Institut agronomique. 1885, 1 v. in-8 de XVI-976 pages, avec 598 figures, cartonné. . . . . 18 fr.

www.ingramcontent.com/pod-product-compliance
Lightning Source LLC
Chambersburg PA
CBHW030332220326
41518CB00047B/888